# 海塔油田滚动开发探索实践

姜洪福　辛世伟　等　著

科学出版社

北　京

# 内 容 简 介

本书系统客观揭示了海塔断块油田地质特征和开发实践中遇到的问题，全面总结了油田在 20 多年滚动开发实践中积累的成功经验和好的做法，所取得的研究成果和技术基本满足油田开发实际需要，尤其是水平井体积压裂的尝试以及 $CO_2$ 混相驱和空气驱、大规模压裂、撬装增压注水、聚合物驱油和调剖等技术的有效探索，现场应用效果明显，在油田高效开发中发挥了巨大作用。

本书内容翔实，图文并茂，案例丰富且十分典型，论述深入浅出，言简意赅，数据可靠，实践性强，所采用的研究思路、方法、技术及取得的认识，可供从事油气勘探开发的科技工作者参考。

**图书在版编目（CIP）数据**

海塔油田滚动开发探索实践／姜洪福等著. —北京：科学出版社，2021.12
ISBN 978-7-03-071049-9

Ⅰ. ①海… Ⅱ. ①姜… Ⅲ. ①断层油气藏–油田开发–研究–内蒙古、蒙古 Ⅳ. ①TE347

中国版本图书馆 CIP 数据核字（2021）第 271204 号

责任编辑：王 运 张梦雪／责任校对：张小霞
责任印制：吴兆东／封面设计：北京图阅盛世

科 学 出 版 社 出版
北京东黄城根北街 16 号
邮政编码：100717
http://www.sciencep.com
**北京建宏印刷有限公司** 印刷
科学出版社发行 各地新华书店经销
\*
2021 年 12 月第 一 版 开本：787×1092 1/16
2021 年 12 月第一次印刷 印张：18 1/4
字数：433 000
**定价：248.00 元**
（如有印装质量问题，我社负责调换）

# 序 一

海拉尔–塔木察格盆地的勘探开发历程，是一个艰苦的科学技术攻关过程，承载着几代石油人的理想和探索，寄托着无数石油人的意愿和期盼，凝聚着广大科技人员和参与者共同的创造性实践和智慧。随着油田从无到有，从小到大，石油人走过了不平凡的几十载，始终站在服务国家能源战略的大局上，与历史同步伐，与时代共命运，创造和积累了无数有益的经验。《海塔油田滚动开发探索实践》这部著作不但客观地呈现了油田开发中的困难和矛盾，而且真实详尽地阐述了油田开发的整个实践过程。油田开发中形成的一些地质认识、开发思想和采取的主要做法都具有较大创新和突破。尤其是薄层水平井体积压裂的尝试以及 $CO_2$ 混相驱和空气驱、大规模压裂、撬装增压注水、聚合物驱油和调剖等技术的有效探索，现场应用效果明显，为保持油田持续有效开发奠定了坚实基础。该书中案例丰富且十分典型，数据翔实可靠，实践性强，认识客观。从侧面也反映了科技人员面对复杂地质条件，坚持解放思想、实事求是、勇于实践、积极进取的历程。进步历经考验，成果饱含付出，创新彰显胆识。相信这本书的编辑与出版，必将给人以启迪，无疑对提高复杂断块油田开发水平和开发效果都有着重要的现实意义，对指导类似油田开发会起到积极的作用。

陈发景

2021 年 12 月 2 日

# 序　二

与国内类似断块油田相比，海拉尔–塔木察格盆地（简称海塔盆地）地质条件的复杂程度有过之而无不及，面对复杂的地质条件、剩余未动用储量品质逐年变差和长期低油价、高成本的经济压力，作者团队审时度势，及时转变思路，果断提出由"投资密集型向技术密集型转变"的开发策略，按照"一切储量皆可动用"的理念，围绕"打好井、压好裂、注好水"，重新认识油田，认识储量，"倾力追求单井高产量"，重点开展了两项系统工程研究。

（1）开展了勘探开发一体化、井位优化部署产能到位工程。针对海塔油田地质条件复杂、有效井位部署难度大的实际情况，探索形成了具有海塔特色的小断块油藏滚动描述技术，在油田滚动开发部署中发挥了巨大作用。一是采用油藏群思想，使表象上复杂的断块油藏变得简单化，逐步认清了海拉尔–塔木察格盆地油藏类型、油水分布特征及油气富集规律；二是以不整合对比技术、主力层顶面构造识别技术为主的断块油田构造族系研究成熟应用；三是沉积体系研究取得突破性进展，地质储层研究与规律性认识更趋客观实际。

（2）开展了灵活撬装提压精细注水调整补充地层能量控递减工程，建立起了特低渗透断块油田有效开发模式，形成了成熟的开发技术系列。针对不同类型油藏开发特点，开展"注水技术革命"和"低渗透技术革命"，形成了中高渗透砂砾岩油藏早期分层注水技术、精细注水调整技术、聚合物深度调剖技术，低–特低渗透砂岩油藏超前注水技术、提压增注补充地层能量技术、缩小井距开发技术、大规模压裂与注水补充能量一体化技术，潜山油藏控水锥技术和周期注水技术。断块油田有效开发的技术路线问题基本得到解决。

雄关漫道真如铁，而今迈步从头越。经过多年的实践，在每年钻井不到 200 口的情况下，2013～2015 年实现了年均 $25×10^4$t 以上高效建产，2013 年油田实现了年产油百万吨的历史性跨越，2015 年上升到 $150×10^4$t，跻身于全国低渗透断块油田大油田行列。

油田开发过程是一个实践—认识—再实践—再认识的过程，尤其像开发海塔盆地这类典型低渗透复杂断块油田更是"一篇大文章"，工作没有捷径可走，海塔石油人以"如痴、如醉、如迷、如狂"的精神状态和"求真、求实、求知、求证"的工作态度，坚持遵循"从简、从省、从快、适用"的新技术，以"管理创新、低成本"的开发战略，注重实际效果，完成了一次又一次的挑战和壮举，每一个案例都极具特点和代表性，希望《海塔油田滚动开发探索实践》这部著作能给予读者一定的启发。

2021 年 12 月 2 日

# 前　言

　　海拉尔–塔木察格盆地的开发经历了一个从实践中摸索并逐步加深认识的过程。从1982 年开始，历经了盆地评价（1982～1989 年），圈闭评价（1990～1994 年），圈闭、区带和油气藏三种评价有机结合（1995～1999 年）的三个阶段；到 2000 年勘探工作开始有所突破，之后进入滚动勘探开发阶段，特别是采用勘探开发一体化的模式，加速了增储步伐，加快了油田产能建设，使海拉尔–塔木察格盆地的储量和油田产量较之前有了较大的飞跃，2013 年实现了原油产量百万吨的历史性跨越，因此也形成了一系列针对此类断块油藏、特殊储层的勘探开发应用技术。

## 1. 盆地评价（1982～1989 年）

　　在区域地质和地震普查成果基础上，优选出乌尔逊、贝尔等 8 个凹陷钻探了 11 口参数井，并在海参 4 井喜获 4.36t/d 低产工业油流，证实了乌尔逊凹陷为有利含油气区，并发现了苏仁诺尔含油构造带。在此基础上对全盆地 16 个凹陷进行了评价排队，应用盆地模拟方法对各断陷进行了油气资源评价，预测海拉尔盆地石油资源量为 $5.3×10^8t$，天然气资源量为 $1471.1×10^8m^3$。同时在勘探程度较高的乌尔逊凹陷进行了圈闭评价。

## 2. 圈闭评价（1990～1994 年）

　　将 16 个凹陷进一步划分为 52 个构造带，并进行了分类评价。其中Ⅰ、Ⅱ类构造带 20 个，圈闭总资源量石油为 $4.03×10^8t$，天然气为 $892.8×10^8m^3$。在此期间，共钻预探井 28 口，仅有 3 口井获低产工业油流，未取得大的突破。

## 3. 圈闭、区带和油气藏三种评价有机结合（1995～1999 年）

　　从断陷盆地复杂断块油气藏这一特殊地质特点出发，确定了以区带、圈闭预探为主，油气藏评价为辅的勘探思路，创新勘探方法，加强地质综合研究和勘探技术的攻关。部署钻井 38 口，其中 14 口井获工业油气流，新发现 2 个含油气断陷，勘探取得突破性进展。

## 4. 滚动勘探开发阶段（2000 年至目前）

　　2000 年以来，按照“整体部署、规模探明，适用技术、效益开发”的勘探开发原则，坚持勘探开发、研究部署、组织实施一体化，保证了勘探评价工作的顺利推进。通过勘探、开发有机结合，进一步明确勘探方向，在三维地震勘探和老地震资料重新处理、解释的基础上，开展了构造精细解释和储层预测及断块油气藏描述研究。特别是随着油田开发工作介入，实行勘探开发一体化，投入开发苏仁诺尔、呼和诺仁、苏德尔特、贝尔、乌尔逊、塔南和南贝尔等 7 个油田，主要含油层位自下而上为布达特（潜山）、铜钵庙、南屯（兴安岭）、大磨拐河。

1）形成断块油藏滚动描述技术

开发初期，由于井控程度低，认为满凹含油，按照整装油藏研究，开发方案整体编制，大面积集中钻井，钻井后发现油藏具有"小、散、窄"特点，局部出现低效井。针对单井产量低、低效井比例高、产能到位率低的实际，"十二五"期间，重点开展了几项地质研究，形成了规律性认识，有效指导开发部署。

（1）构造族系研究（2012～2014年）。开展精细断层分级，确定四级以上断层控制小断洼；将17个不同层次级洼陷细分为177个小断洼；将4个区域不整合细分为9个不整合，细分了地质体，使研究目标进一步具体、明确。

（2）沉积体系研究（2015～2016年）。确定了六种沉积类型，构建了五种控砂模式，形成了相控砂体预测技术，砂体展布方向及规模逐渐接近客观实际。通过构造、沉积研究，成藏规律认识更加清楚。确定油田多分布小断洼边部，离沉积中心较近；研究油源、断层、不整合面和扇体匹配关系，建立了海塔油田四种典型成藏模式。明确了油气近源成藏，有效指导滚动部署。

2）探索形成断块油田有效开发技术

海塔油田主要有中高渗砂砾岩、低-特低渗透砂岩和裂缝潜山三种油藏类型。针对每种油藏类型特点，尤其是"十三五"期间，逐步形成一套适合海塔断块油田有效开发技术系列。

（1）中高渗砂砾岩：形成了以精细调整为主的早期分层注水技术、精细注水调整技术和聚合物深度调剖技术。

（2）低-特低渗透砂岩（2016～2020年）：形成了以建立有效驱动体系为主的超前注水技术、提压增注技术、缩小井距开发技术、大规模压裂（直井缝网压裂）与注水补充能量一体化技术、水平井体积压裂技术、二氧化碳驱技术和空气驱技术。

（3）裂缝潜山：形成了以提高注水利用率为主的控水锥技术和周期注水技术。

随着增储上产步伐逐步加快，生产建设规模逐步扩大，复杂断陷盆地勘探开发技术逐步成熟配套，以及人才队伍和各项成果经验的日渐成熟，把海塔油田建设成为大庆油田重要的外围储量接替区和稳步上产潜力区成为现实。2013年，海塔油田生产原油$103\times10^4$t，实现了上产百万吨的历史新跨越，2015年生产原油$150\times10^4$t。

海塔盆地开发揭示了许多在一般油田上表现得不够充分的现象。大量现象迫切需要我们提高到理论上来加以认识，实践为理论发展创造了条件，实践又在呼唤理论，本书力求在这方面进行一些力所能及的探索。

本书综合了海塔油田广大石油工作者多年来的研究成果，是油田滚动开发20多年经验教训的总结，也是对前人认识、想法的一些补充，是力争较完整、较系统地把海塔盆地开发实践经验概括起来的一次尝试。本书在编写过程中，得到了中国工程院院士孙龙德、程杰成，大庆勘探开发研究院院长王凤兰，北京大学地球与空间科学学院李江海教授，中国地质大学（北京）资深教授陈发景先生、姜在兴教授的指导和帮助，得到了大庆油田有限责任公司呼伦贝尔分公司总地质师李建民和大庆油田有限责任公司国际勘探开发公司总工程师谢朝阳的大力支持，在此一并表示感谢！为了加深读者对内容的理解，增强滚动开发技术的完整性、适用性和可操作性，本书以作者的研究成果和实践经验为依据，采用理论与实际相结合、概念与实例相结合、文字与图件相结合的方法来进行开发过程中的描述。

　　全书共四章，第一章由王运增、孙加华、张世广、董秀超、刘威、齐林海、刘月早、田钊撰写，主要介绍了海塔盆地的构造特征及演化，重点分析了断裂系统，阐述了断裂与沉积、油气的关系，并说明地层层序的划分研究、沉积模式的建立；第二章由姜洪福、王运增、孙加华、辛世伟、李全、付红军、李殿波、许艳龙撰写，主要介绍了成藏特征，阐述了主要油藏类型，用实例和理论相结合方法说明了油藏分布规律及富集条件；第三章由姜洪福、王运增、孔凡忠、秦培锐、刘利、苏磊、潘中亮、陈巍撰写，主要介绍滚动钻井技术，明确定义了单元地质体，围绕"打好井"，开展综合油藏地质规律认识，优选布井区块、优化方案编制，进行钻前风险评估、钻中随钻跟踪、钻后地质再认识，做好方案实施效果跟踪评价；第四章由姜洪福、韩志昌、姜达贵、王金多、陈鹏、王洪伟、洪海峰、刘阳、于航、李斌、刘秋宏、安平、杜园青、邹希光、袁建蓬、任艳滨、赵欣宇撰写，主要讨论了复杂断块油田常见的三种类型油藏的开发调整技术、动态特征和基本对策。此外，卢德根、刘春磊、修增鹏、杨少英、张丽丽、王松喜、徐红艳、满红梅、张伟力和云海富等同志参与了本书的绘图工作。

　　由于断块油田本身的复杂性以及应用技术手段的局限性，断块油田的开发中还有不少难题有待进一步探索研究。本书能较好地启发和帮助专门从事油田开发的专业技术人员去学习、探索、掌握所遇到的此类技术问题。相信通过阅读本书，油田开发专业技术人员能较快地掌握相关的知识，帮助其自身的成长、业务知识的积累。本书是系统总结海塔盆地断块油田规律和经验的一次尝试，包含了一些新的观点，不完善之处有待于在实践中检验修正和发展，不足之处敬请指正。

# 目　　录

# 第一章　断块油田地质特征

## 第一节　构造特征

### 一、区域背景

#### 1. 区域构造位置

海拉尔–塔木察格盆地位于大兴安岭山脉西部的呼伦贝尔大草原，在内蒙古自治区呼伦贝尔市西南部，面积为 79610km$^2$，在我国境内海拉尔盆地面积为 44210km$^2$，蒙古国塔木察格盆地面积为 35400km$^2$。海拉尔–塔木察格盆地位于蒙古–大兴安岭裂谷盆地群的东部，东以大兴安岭隆起相隔，与大杨树盆地、松辽盆地相望（罗笃清和姜贵周，1993）；西为西北隆起，与蒙古国乔巴山盆地相邻；北部与拉布达林盆地相连（图1-1）。

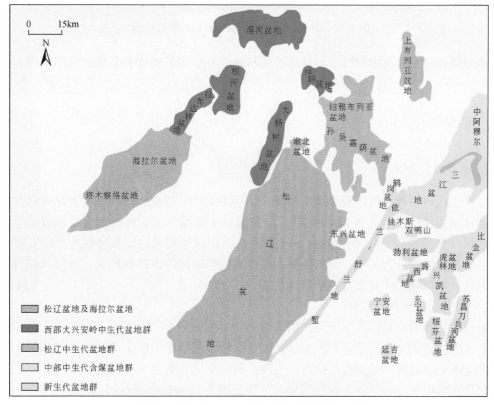

图 1-1　海拉尔–塔木察格盆地区域构造位置

### 2. 区域构造背景

海拉尔-塔木察格盆地受燕山中晚期基底构造控制，在海西造山带的基础上发生了剧烈的断陷作用（张青林等，2005），经历了早白垩世裂谷盆地发育的全过程（张人权等，1997），构造由铜钵庙组-南屯组时期多凸多凹的断陷盆地群，经大磨拐河组-伊敏组时期断拗过渡期，最后形成统一的拗陷，断裂和断块活动由强到弱，贯穿了断陷-拗陷形成的全过程。

海拉尔-塔木察格盆地为典型的断陷-拗陷叠合型盆地，由多个箕状断陷组成，断陷群总体走向为北北东向（图1-2）。海拉尔盆地，主要由一系列呈北东向分布的犁式正断层控制的箕状断陷群构成，另外还发育少量由南北向和北东东向犁式正断层控制的断陷群（张晓东等，1994）。塔木察格盆地位于蒙古国东部，向北延伸进入我国，与海拉尔盆地南部接壤，是海拉尔盆地向南的延伸部分，东南为巴音宝力格隆起。

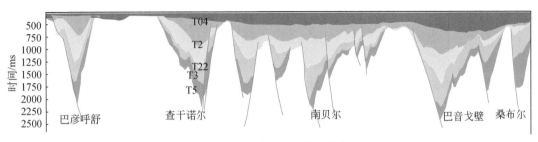

图1-2　海拉尔-塔木察格盆地断陷结构对比图

本书研究的主要范围为海拉尔盆地的乌尔逊、贝尔凹陷和塔木察格盆地的塔南、南贝尔凹陷。

## 二、盆地构造特征

### 1. 构造单元划分

在古生代西伯利亚板块板缘增生过程中（范柱国等，2002），研究区表现为自北西向南东递进增生的特点（高名修，1988），以德尔布干断裂为界，北西侧为额尔古纳早加里东增生带（焦养泉和周海民，1996），晚古生代为相对稳定地块，东南侧为大兴安岭中海西增生带。盆地划分为五个一级构造单元，由西向东依次为西部拗陷区、西部隆起区、中央拗陷区、东部隆起区和东部拗陷区（伍英等，2009）。

#### 1）海拉尔盆地构造特征

海拉尔盆地分三拗两隆五个一级构造单元，可细分为16个凹陷、4个凸起。乌尔逊凹陷、贝尔凹陷（图1-3）是位于海拉尔盆地呼伦湖凹陷南部的两个最大规模的相邻次级断陷，两个断陷以北西向的巴彦塔拉断裂为界。断陷早期为各自独立的断裂系统，断陷发育晚期两个次级断裂连为一体，在我国境内整体面积为 $5250km^2$（罗群和庞雄奇，2003）。

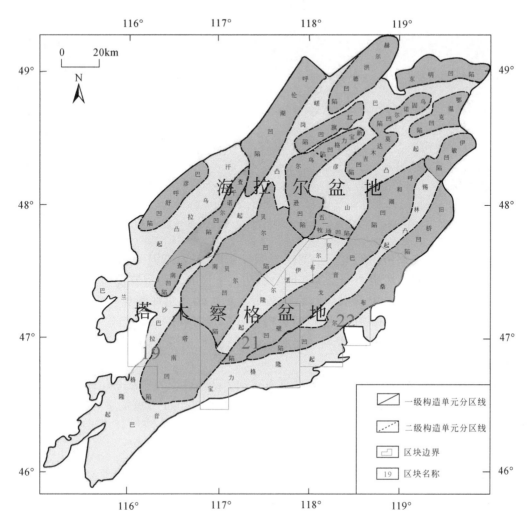

图 1-3 海拉尔–塔木察格盆地构造分区图

乌尔逊凹陷位于海拉尔盆地中央,呈近南北向展布,它是在内蒙古–大兴安岭上古生界浅变质岩褶皱系基础上(张吉光,1992),在右旋张扭应力作用方式下,呈北东向锯齿状展布的西缘主断裂活动过程中逐步形成和发育的。乌尔逊凹陷进一步划分为乌北次凹和乌南次凹。

贝尔凹陷构造样式和构造格局(刘泽容,1998)远比乌尔逊凹陷复杂。贝尔凹陷是由一系列北东向犁式正断层控制的箕状断陷和北东东向断层带(如霍多莫尔断层带、苏德尔特断层带)控制的箕状断层共同构成的断陷。凹陷进一步划分为贝西南次凹、贝中次凹和贝东北次凹(图 1-4)。

2)塔木察格盆地构造特征

塔木察格盆地在平面上可以划分为三拗二隆五个一级构造单元,即:①西部拗陷区;②巴兰–沙巴拉格隆起区;③塔木察格拗陷;④贝尔–布伊诺尔隆起区;⑤巴音–桑

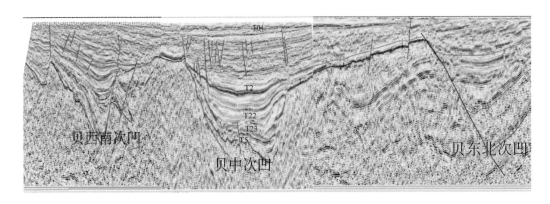

图 1-4　海拉尔盆地贝尔凹陷过 inline1190 的地震剖面图

布尔拗陷。其中塔木察格拗陷由三个凹陷组成（张丽媛等，2010）。塔南凹陷和南贝尔凹陷为两个重要凹陷，塔南凹陷呈复式断陷结构，主要由西部斜坡带、西次凹、西部潜山断裂构造带、中次凹、中部潜山断裂构造带、东次凹和东部断鼻带组成，凹陷中部受断层控制，形成北东向的中部潜山断裂构造带，是有利的成藏部位；凹陷西部缓坡带在地层上倾方向由反向断层控制，形成反向断裂带；凹陷东部也发育有一系列断裂构造。

南贝尔凹陷分东西两个次洼，总体为北东走向，凹陷表现为西断东超的箕状断陷，东西最大宽度为 15km，南北最大长度为 80km，面积约为 3200km²（张丽媛等，2010）。整体上可以划分为东次凹、西次凹和南部潜山披覆带三个一级构造单元（图 1-5）。

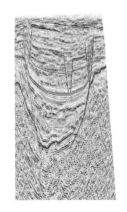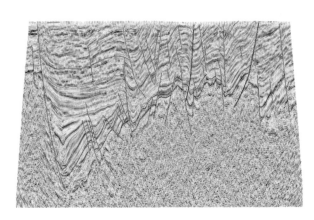

图 1-5　塔木察格盆地南贝尔凹陷过 inline2703 的地震剖面图

2. 断裂构造特征

1）海拉尔盆地

海拉尔地区中生代以来最醒目的构造受不同方向、不同级次、不同规模断裂的控制，呈隆拗相间排列。海拉尔地区断裂族系多，发展时间长，北北东、北东、北西、东西几组方向交织成网,组成复杂的断裂网络(图1-6),断裂以北东、北北东向为主,北西向次之,亦有近东西向断裂存在。其中北北东和北东断裂发育较早、规模较大,对拗(或断)陷起控制作用;而北西向断裂发育较晚、规模较小,对北东、北北东向断裂起切割作用,同时也分割了拗(或断)陷;近东西向断裂分割基底岩性使南北产生差异,可能形成更早。

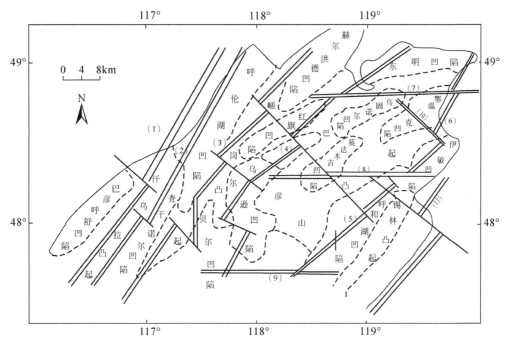

图1-6 海拉尔盆地主干断裂示意图

2)塔木察格盆地

塔木察格及周缘地区最主要的构造特点是:呈北东向展布的东、西两大基底断裂束,两大断裂束向南撒开,撒开部位及其间形成了塔木察格中生代盆地。

在区域性断裂之间发育一系列与其平行及斜交的断裂,均切断基底与上覆盖层(图1-7)。塔南主要发育的断层类型及特征如下(图1-8)。

(1)北东向断裂,与区域构造走向一致,以西倾和西北倾为主。此类断层延伸长,断距大,是该区的主控断裂。此类断层多为长期发育的断层,断开层位 T22、T5(T22 为大磨拐河组底,T5 为侏罗系兴安岭群底),多为控注或控隆断层,以强拉张为主。

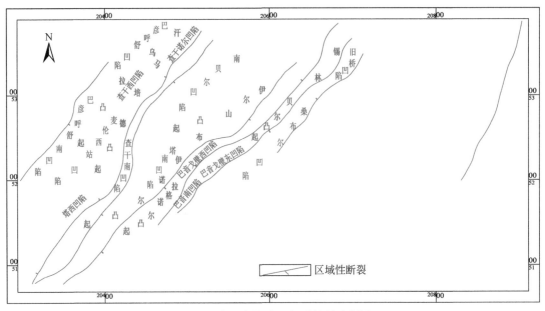

图 1-7　塔木察格盆地主干断裂示意图

东部断层带为东部断鼻构造带与东部次凹的分界断层,走向北东,倾向北西,区域内延伸距离长达 14km,向北延伸到盆地边部。该断层是一条发生较早的长期继承性发育断层,对铜钵庙组、南屯组和大磨拐河组地层沉积和构造都具有控制作用。此断层断距由浅层至深层逐渐变大,T5 层最大可达 1900m。

中部断层带发育在中央隆起带上,走向近于南北,断面西倾,最远延伸约 8km,是一条长期继承性发育的断层,较前两条断层活动量要小得多,最大断距只有 180m。

西部断层带位于西部断裂潜山带,走向南北转北东,倾向西转北西,延伸 5 ~ 6km。该断层断开了 T5 ~ T2 之间的所有地层,断距相对较大,T5、T3、T22 都超过 300m。

(2) 北北西向断层。此类断层对地层沉积不起控制作用。当这些北北西向断层与北东向大断层相交接时,可形成断块圈闭。

南贝尔主要发育的断层类型及特征如下(图 1-9):

该区构造主要由南北两个洼槽和中部隆起带构成,断裂以北东向为主,西北部深大断裂为主控陷断裂,继承性活动,断距上小下大,T2 层断距一般为 20 ~ 150m,T5 层断距一般为 400 ~ 2000m。

北洼槽控藏断裂位于斜坡带的中低部位,北东走向,倾向 80°,该断层在南屯组一段Ⅱ油组顶面构造图上体现最清晰,实际由四条断层交切相连而成,长度 4.78km,断穿层位 T23 ~ T5,断距 5 ~ 250m。

中央隆起带断层位于北洼槽斜坡的高部位,构造上属于北洼槽的中央隆起带,为一条北东向西北倾的断层,与北洼槽的控油断层成对偶关系,延伸长度 17.3km,断开层位为 T2 ~ T5,断距一般为 50 ~ 300m。受晚期走滑应力的影响(朱战军和周建勋,2004),断层南部发生后期反转,表现为逆断层,该段断层走向北东,倾向 110°,延伸长度 5.6km。

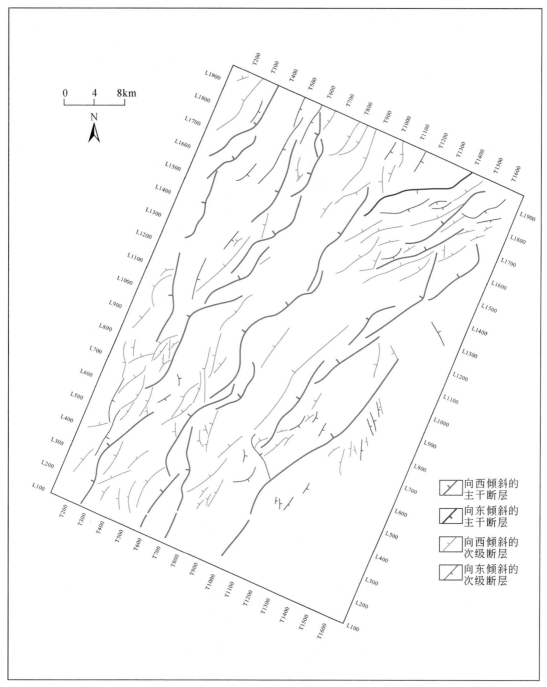

图 1-8　塔南凹陷主干断裂示意图

南洼槽断裂也是北东走向为主，其中主要控藏断裂近东西向，位于洼槽中部，为贯穿基底的深大断裂，T5 层断距一般为 400～1300m，是该区非常有利于油气富集的断裂构造带。

图1-9　南贝尔主干断裂示意图

# 第二节　地 层 特 征

## 一、地层研究

通过对盆地岩石地层学、生物地层学、地震地层学、磁性地层学、同位素地层学、地化地层学等地层学分支学科的研究（贾东等，2005），将海塔盆地地层进行划分（张吉光等，1998），自下而上钻遇的地层见表1-1。经过多年勘探开发实践，各凹陷经常应用的地震反射界面有T5、T3、T23、T22、T21、T20、T2、T1、T04，其中T5、T22、T2、T1、T04反射界面对应的是区域不整合面，地震剖面上削截现象明显，是可以连续追踪对比的区域地震标志层（表1-1）。

**表1-1　海塔盆地充填序列和地层特征**

| 层位 | | | | | 层位代号 | 厚度/m | 地震反射界面 |
|---|---|---|---|---|---|---|---|
| 系 | 统 | 群 | 组 | 段 | | | |
| 第四系 | | 贝尔湖群 | | | Q | 30～60 | |
| 新近系 | | | | | N | 60～110 | |
| 古近系 | | | 呼查山组 | | E | | |
| 白垩系 | 上统 | 扎赉诺尔群 | 青元岗组 | | $K_2q$ | 0～250 | —T04— |
| | 下统 | | 伊敏组 | 三段 | $K_1y^3$ | 150～450 | —T1— |
| | | | | 二段 | $K_1y^2$ | 100～200 | |
| | | | | 一段 | $K_1y^1$ | 100～350 | —T2— |
| | | | 大磨拐河组 | 二段 | $K_1d^2$ | 150～500 | —T21— |
| | | | | 一段 | $K_1d^1$ | 50～250 | —T22— |
| | | 兴安岭群 | 南屯组 | 二段 | $K_1n^2$ | 50～700 | —T23— |
| | | | | 一段 | $K_1n^1$ | 150～800 | —T3— |
| | | | 铜钵庙组 | | $K_1t$ | 70～300 | —T4— |
| | | | 塔木兰沟组 | | $K_1x$ | 40～100 | —T5— |
| 侏罗系 | | 布达特群 | 基底 | | $J_3b$ | （未穿） | |

海塔盆地地层年代与邻区对比见表1-2。

**表1-2　海塔盆地地层年代与邻区对比简表**

| 反射界面 | 海塔盆地 | 二连盆地 | 松辽盆地 |
|---|---|---|---|
| T04 | 伊敏组 | 赛汉塔拉组 | 泉头组 |
| T2 | 大磨拐河组 | 腾二段 | 登娄库组 |
| T22 | 南屯组 | 腾一段 | 营城组 |
| T3 | 铜钵庙组 | 阿尔善组 | 沙河子组 |
| T4 | 塔木兰沟组 | 兴安岭群 | 火石岭组 |
| T5 | 基底 | 基底 | 基底 |

1. 上侏罗统布达特群（$J_3b$）地层特征

根据盆地钻井揭示，基底岩性非常复杂，主要为一套杂色含凝灰质砂砾岩、蚀变火山岩、蚀变和轻变质的砂泥岩和似砂状结构火山碎屑岩，局部地区分布有岩浆岩和变质岩。岩性变化大，成岩性强，裂缝发育，具有明显的构造变动。布达特群顶面对应的 T5 反射界面是区域高角度不整合，地震剖面上为中频强振幅连续双轨反射，反射界面之上是下白垩统塔木兰沟组火山岩（张吉光，2002b）。

2. 白垩系下统塔木兰沟组（$K_1x$）地层特征

塔木兰沟组地层属于上侏罗统与下白垩统之间，岩性为紫红色、暗紫色、灰绿色安山质凝灰岩和安山熔岩，致密状，一般发育流纹构造、气孔构造等，在海塔盆地红旗凹陷、乌尔逊凹陷乌南次凹、南贝尔凹陷东次凹多有钻遇，在平面上分布范围较小，大多数地区不发育火山岩。塔木兰沟组顶面对应 T4 反射界面，反射界面上为下白垩统铜钵庙组地层，与铜钵庙组地层呈低角度不整合接触。

3. 下白垩统铜钵庙组（$K_1t$）地层特征

铜钵庙组下部地层主要可分为两部分地层，下部地层多为一套含安山质火山岩的地层，在海拉尔-塔木察格盆地乌尔逊凹陷乌南次凹、南贝尔凹陷东次凹、塔南凹陷多有钻遇，在平面上分布范围较小，大多数地区不发育火山岩，在地层中部发育紫色泥岩或灰色泥岩，多灰色泥岩，具有一定的生油能力，泥岩层多与凝灰质砂砾岩互层。在本层的上部多发育巨厚的杂色、灰色凝灰质砂砾岩，单层厚度可达 100m，地层的分布不受现断陷控制，在平面上分布不均匀，地层与基底多平行。在铜钵庙组上部多相变成凝灰质砂砾岩与薄层泥岩互层。铜钵庙组顶面对应的 T3 反射界面，为铜钵庙组与南屯组分界线，与上覆南屯组地层呈低角度不整合接触。

4. 白垩系下统南屯组（$K_1n$）地层特征

南屯组地层为海拉尔及塔木察格盆地的主要目的层之一，按照岩石组合自下而上分为南屯组一段和南屯组二段。

1）南屯组一段（$K_1n^1$）

该组地层厚度为 150～800m，为灰色、灰黑色粉砂质泥岩、泥岩与较粗的凝灰质碎屑沉积（包括灰绿色中粗砂岩和灰绿色砾岩）互层，南屯组一段中部泥岩集中发育，是盆地内第二套烃源岩层。

2）南屯组二段（$K_1n^2$）

该组地层厚度为 50～700m，主要为一套灰色、灰绿色、灰白色细砂岩和泥质粉砂岩，局部夹有灰色、灰绿色砾岩和厚层灰黑色泥岩。南屯组二段泥岩发育集中段是区内第三套烃源岩。南屯组顶面对应 T22 反射界面是区域高角度不整合面，为南屯组顶面剥蚀之后的反射特征，具明显削截特征，与上覆大磨拐河组地层呈高角度不整合接触。

5. 白垩系下统大磨拐河组（$K_1d$）地层特征

根据岩石组合特征，该组地层自下而上分为一、二两段。

1) 大磨拐河组一段（$K_1d^1$）

该组地层厚度为 50 ~ 250m，主要为灰黑色泥岩夹粉砂岩、细砂岩。灰色、灰白色砂岩，其中含有大量凝灰岩碎屑颗粒，并含有许多植物碎屑，胶结较为疏松，分选较好。该套层段夹有多层薄层状黄灰色泥岩和泥灰岩。另有一些灰黑色泥岩或泥质粉砂岩夹层。

2) 大磨拐河组二段（$K_1d^2$）

该组地层厚度为 150 ~ 500m，为一套灰色粉砂岩、砂岩夹黑色泥岩。多处表现为灰色与灰白色细砂岩间互成层，呈韵律层理。该套层段夹有灰黑色泥岩、泥质粉砂岩等。泥岩和细砂岩界面处多出现冲刷面，局部富含炭化植物碎片。大磨拐河组顶面对应的 T2 反射界面是平行不整合面，与上覆伊敏组地层呈平行不整合接触。

6. 下白垩统伊敏组（$K_1y$）地层特征

伊敏组为一套砂泥岩及煤层呈不等厚互层，厚 600 ~ 1000m，分为三段。伊敏组一段为砂岩、砂泥岩及煤层；伊敏组二段为灰色泥岩、厚砂岩及煤层；伊敏组三段为灰白色砂岩、灰绿色泥岩。伊敏组内部和顶面有 T1、T04 两个地震反射界面，T1 反射界面地震剖面上为中频强振幅连续反射，为伊敏组一段+二段顶面反射特征。T04 反射界面是区域高角度不整合面，与上覆上白垩统青元岗组地层呈角度不整合接触。

7. 上白垩统青元岗组（$K_2q$）地层特征

青元岗组为一套紫红色、棕红色、灰绿色泥岩夹砂岩，底部为灰白色杂色砂砾岩，厚 150 ~ 220m。与上覆古近系地层呈不整合接触。

# 二、海塔盆地地层层序

## 1. 地层划分总原则

我国东部中、新生代断陷盆地整体的沉积序列一般都可划分出五个级别的具有地层对比意义的层序地层单元，本次研究遵循该划分原则（表 1-2）。一级至三级的层序地层单元从概念上与经典的层序地层学的巨层序、超层序及层序大体对应，主要是以不同规模的各级局部剥蚀区、区域冲刷面或沉积间断面为界，内部一般都显示出从水进到水退的沉积旋回结构；四、五级层序地层单元以及沉积体系域则依据代表基准面上升时形成的水进界面进行划分。一、二级及部分三级层序的发育往往与古构造运动或构造沉降速率变化有关，建立盆地规模的层序地层对比格架的关键是识别和追踪古构造运动局部剥蚀区；高频的层序地层单元的发育则主要与气候变化引起的湖平面和沉积物供给量的变化有关，这些地层单元的识别和对比主要是通过识别和追踪各级沉积旋回中的湖泛面或水进界面。在油田开发区块内，利用丰富的开发井资料，可在上述组合单元内按相控及沉积韵律进一步细分到六级层序（小层）。按上述层序级次建立的层序地层格架便于追踪对比，可为盆内沉积体系和沉积相分析和生、储、盖组合的预测提供等时的地层对比框架（表 1-3）。

表1-3　断陷湖盆层序级次和划分

| 层序级别 | 层序界面特征 | 地质含义和层序结构 | 时间跨度/Ma |
|---|---|---|---|
| 一级<br>（巨层序） | 盆地范围内可追踪对比的角度或微角度局部剥蚀区 | 盆地或单一盆地从形成到衰亡的整体沉积序列 | 40～60 |
| 二级<br>（超层序） | 盆地较大范围内可追踪的角度或微角度局部剥蚀区、区域性沉积间断面，沿界面发育规模较大的下切谷充填或底砾岩层 | 由与盆地构造作用有关的区域性（二级）沉积旋回构成（幕式裂陷作用、多期盆地构造反转或区域应力场转化、区域岩浆-热事件等） | 10～50 |
| 三级 | 由局部（盆地边缘）不整合和与其对应的整合面所限定，界面具有冲刷下切的水道砂砾岩或下切谷沉积、沉积体系叠置样式的转化或沉积环境的突变 | 由盆内三级的沉积旋回所构成。与盆内构造作用、湖平面变化或沉积基准面等周期性变化有关，包括气候引起的湖平面变化、断块掀斜作用、基底差异沉降、同沉积断裂活动等 | 1～10 |
| 四级 | 较明显的湖进界面，以湖相泥质沉积层为标志，盆地边缘有时具湖侵内碎屑泥砾沉积 | 由盆内四级的沉积旋回所构成，主要与湖平面或沉积基准面变化有关 | 0.08～1 |
| 五级<br>（准层序） | | 由盆内五级的沉积旋回所构成，主要与湖平面或沉积基准面变化、物源供给变化有关 | 0.03～0.08 |

### 2. 地层格架的建立

根据以上总的划分原则，通过井-震结合分析，对乌尔逊凹陷、塔南凹陷等四个凹陷各级局部剥蚀区、主要水进面进行了追踪对比和闭合，把下白垩统可划分为2个二级层序组、5个二级层序和8个三级层序。二级层序组和二级层序由主要的古构造局部剥蚀区所限定，它们的形成与构造作用密切相关。5个二级的层序地层单元与塔木兰沟组、铜钵庙组、南屯组、大磨拐河组及伊敏组的地层大体相当。三级层序由局部剥蚀区和与其对应的整合面所限定，与段的地层大体相当。四级层序由盆内四级的沉积旋回所构成，主要与湖平面或沉积基准面变化有关（刘树根等，1992；张吉光和陈萍，1994）。

1）三级层序地层划分

通过对中部断陷带84口单井的精细分析、地震剖面的精细标定、建立22条连井地震地质剖面，划分了8个三级层序。它们分别是Sq1（塔木兰沟组）、Sq2（铜钵庙组）、Sq3（南屯组一段）、Sq4（南屯组二段）、Sq5（大磨拐河组一段）、Sq6（大磨拐河组二段）、Sq7（伊敏组一段）、Sq8（伊敏组二段+三段），在二级的层序内，进一步可依据局部不整合及其对应的整合面为界，划分三级的层序或沉积旋回（图1-10）。

Sq1、Sq2、Sq3等三级层序界面上常可观察到下切水道，或低位域湖底扇沉积，在测井曲线上呈现突变界面；三维地震剖面上可观察到削截、下切，或底超、上超等反射接触关系。在垂直沉积倾向的剖面上，低位域的含砾粗砂岩充填常显示下切、充填结构。一些三级层序界面主要表现为三级旋回的水退至水进的沉积转换面，即沉积体系或准层序叠置样式的转换面往往代表了三级层序界面。Sq4、Sq5、Sq6等层序界面多显示为沉积体系转

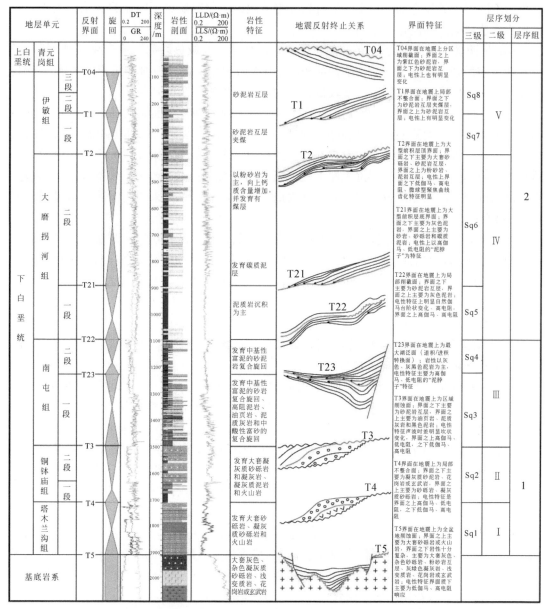

图 1-10 海拉尔-塔木察格盆地地下白垩统层序划分和充填演化序列

换面。界面下为深湖-半深湖泥岩沉积，向上突变为三角洲体系，三角洲前缘水下分流河道砂直接覆盖在深湖泥岩上。测井曲线由平直低幅的基值突变为中-高阻、高异常的箱形曲线。三级层序界面有时可追踪到高位域的顶超面或上超面，往往与水进体系域的底界面相一致，显示为上超面。

各三级层序的界面特征、旋回结构及体系域的沉积相构成随着盆地背景的变化而显著不同。从铜钵庙组到大磨拐河组下部的三级层序，构成一个区域性的水进序列，沉积背景从浅水粗碎屑断陷湖盆到相对深水的坳陷湖盆演化，层序的界面和沉积构成发生了相应的变化。不同层序的发育和沉积中心的分布随着盆地的演化也发生了明显的变化，主要受到盆地古构造格架及其演化的控制。

Sq1 时期塔木兰沟组为初始裂陷Ⅰ幕的沉积充填，区域热隆起，地壳拱张破裂断陷，中基性火山活动，沉积了一套裂陷期冲积-火山碎屑岩型层序，发育冲积扇、河流-浅湖、沼泽及火山碎屑岩，地层揭露程度较低，其内部没有做进一步的划分。

Sq2 时期铜钵庙组为裂陷沉降Ⅱ幕的沉积充填，地壳伸长、断裂活动，断块差异沉降明显，沉积了一套裂陷期浅湖盆层序，发育冲积扇-河流、浅湖、局部半深湖和扇三角洲沉积，局部深湖盆为有利烃源岩发育部位，冲积扇、扇三角洲等粗碎屑沉积为区内油气成藏提供了有利储层。铜钵庙组沉积厚度较大部位可明显划分出两个段，并形成两套水进-水退沉积旋回；沉积厚度较薄部位其内部水退界面不明显。总体来说，铜钵庙组可划分出1 个三级层序。

Sq3+Sq4 时期南屯组为盆地裂陷沉降Ⅲ幕的沉积充填，强烈断陷，湖盆扩大，形成了一套裂陷半深湖-深湖盆型层序，发育扇三角洲、辫状河三角洲、湖底扇-前三角洲浊积和浅湖-深湖沉积，构成了区内最重要的储集体和有利储盖组合，部分深湖区形成烃源岩。南屯组一段和南屯组二段之间存在明显的水退界面，据此将南屯组划分出2 个三级层序。三级层序反映钻井所揭露的地层充填特征、旋回结构和层序界面特征（图1-10）。南屯组沉积之后盆地反生构造隆升和反转，伴随断块的广泛掀斜翘倾，盆地大规模遭受剥蚀，形成区内最重要的不整合界面（T22）。

Sq5+Sq6 时期大磨拐河组为盆地再次沉降阶段形成的沉积充填，总体处于盆地断-拗沉降期，并叠加了走滑伸长作用，局部断裂继续活动，热衰减沉降加强，沉积了一套断-拗期深湖盆型层序，发育河流三角洲、辫状河三角洲、湖底扇、前三角洲浊积及深湖-半深湖沉积。大磨拐河组一段总体构成了一个三级的水进-水退旋回，其底部层序界面为盆地内大部分追踪的T22，部分地区T22 界面所限定的为大磨拐河组一段三级层序低位域之上的沉积；大磨拐河组二段总体为一套河流三角洲-浅湖沉积，沉积厚度大，依据其内的一个主要水退界面可进一步划分出2 个三级层序。

Sq7+Sq8 时期伊敏组为盆地拗陷-局部断陷沉降期沉积充填，叠加走滑伸长作用，局部断裂活动，形成断-拗期浅湖-半深湖盆地层序，发育河流三角洲、辫状河三角洲、前三角洲浊积及浅湖-半深湖沉积，伊敏组一段和伊敏组二段、伊敏组三段分别形成2 个三级层序。

2）四、五、六级层序地层划分

四级层序的沉积旋回是凹陷内的沉积旋回，其旋回性主要体现在凹陷内部岩性旋回的组合上，是由可容空间变化所形成的若干成因上有联系的准层序组叠置而成的地层单元。四级层序在油田开发上一般对应于油层组级别；五级标志层在油田开发上一般对应于砂组级别；六级标志层在油田开发上一般对应于小层级别。利用岩心、录井、测井资料，结合地震不整合、上超、下超界面的特征以及波阻特征的不同，在三级层序基准面旋回特征认识的基础上，分析次级沉积旋回特征，准确地识别层序边界，确立四级、五级、六级层序划分方案。

海塔盆地的大部分探明储量集中在铜钵庙组和南屯组，钻遇开发井多，四、五、六级层序地层划分较细致。

塔木察格盆地塔南凹陷铜钵庙组顶部为不整合面，在全区范围内比较好识别，纵向上根据沉积旋回及油层的分布特征,结合地震三维数据,对500多口井进行了四、五级层序地层划分。把铜钵庙组分为5个四级层序（油层组）、27个五级层序（砂组）,油层主要集中在上部Ⅰ、Ⅱ油层组,Ⅲ油层组仅塔19-24井区、塔19-12井区、塔19-52-X2井区等发育少部分油层,Ⅳ、Ⅴ油层组未见含油显示。Ⅰ油层组为反旋回,自然电位曲线上部为高幅指状负异常,高自然伽马曲线呈指状,低电阻率曲线为小锯齿状;Ⅰ油层组剥蚀较严重,仅少数井发育。Ⅱ油层组特征为正旋回,表现为低电阻率高自然伽马特征,电阻率略比Ⅰ油层组高,在测井曲线上易于识别;Ⅰ、Ⅱ油层组岩性为灰白色、灰色块状凝灰质砂岩、粉砂岩、砂砾岩夹灰色、深灰色泥岩;Ⅱ油层组地层在全区内发育较连续,剥蚀范围小于Ⅰ油层组,为主要的目的层。Ⅲ油层组为反旋回,电阻率、自然伽马、密度曲线皆呈密集刺刀状,其自然伽马高值尖与密度、电阻率曲线低值尖几乎一一对应,电阻率曲线较Ⅱ油层组上升一个台阶。Ⅲ油层组岩性主要为灰色凝灰质砂岩、砂砾岩、砾岩。Ⅳ油层组为反旋回,与Ⅲ油层组特征相似,自然伽马曲线呈密集刺刀状,中下部密度呈指状低值,电阻率呈齿状箱形或漏斗形低阻,比Ⅲ油层组电阻率略高。也有"二低一高"特点,即电阻率低、密度低、自然伽马高。Ⅳ油层组岩性为棕灰色、深灰色泥岩夹灰白色、灰色粉砂岩、不等粒砂岩。Ⅴ油层组为反旋回,上部自然伽马曲线呈平滑锯齿状高值,电阻率呈小齿状箱形,密度呈平滑微齿,幅度变化不大;下部自然伽马曲线呈指状高值,密度呈密集刺刀状低密度值,电阻率比上部略低;Ⅴ油层组岩性较复杂,为灰色含凝灰质砂砾岩与绿灰色、灰色凝灰质含砾泥岩、泥岩、杂色块状角砾岩、砾岩及火山岩呈不等厚互层（图1-11）。

根据油层组、砂组内部砂岩发育程度、成层厚度及相互之间的组合关系及识别出的辅助标志层,划分各类岩石在剖面上的组合单元;研究组合单元的电性特征和平面变化特征、组合间稳定泥岩厚度的变化及分布,然后在组合单元内按沉积韵律细分到小层。根据旋回性和岩性变化特征,将铜钵庙组5个（四级层序）油层组、27个（五级层序）砂组细分为119个（六级层序）小层（表1-4）。

表1-4　塔木察格盆地塔南凹陷铜钵庙组小层划分结果表

| 层位 | 油层组（四级层序） | 砂组（五级层序） | 小层（六级层序） |
|---|---|---|---|
| 铜钵庙组 | Ⅰ | 5 | 18 |
| | Ⅱ | 5 | 25 |
| | Ⅲ | 9 | 26 |
| | Ⅳ | 3 | 29 |
| | Ⅴ | 5 | 21 |
| 合计 | | 27 | 119 |

海拉尔盆地南屯组顶部为不整合面,在全区范围内易于识别,井震结合,纵向上根据地层标志层、地层旋回性及岩电组合特征,对600多口井进行了四、五级层序地层划分。把南屯组分为8个四级层序（油层组）、22个五级层序（砂组）,其中,南屯组一段（N1）划分为6个四级层序（油层组）,南屯组二段（N2）划分为2个四级层序（油层组）,见图1-12。

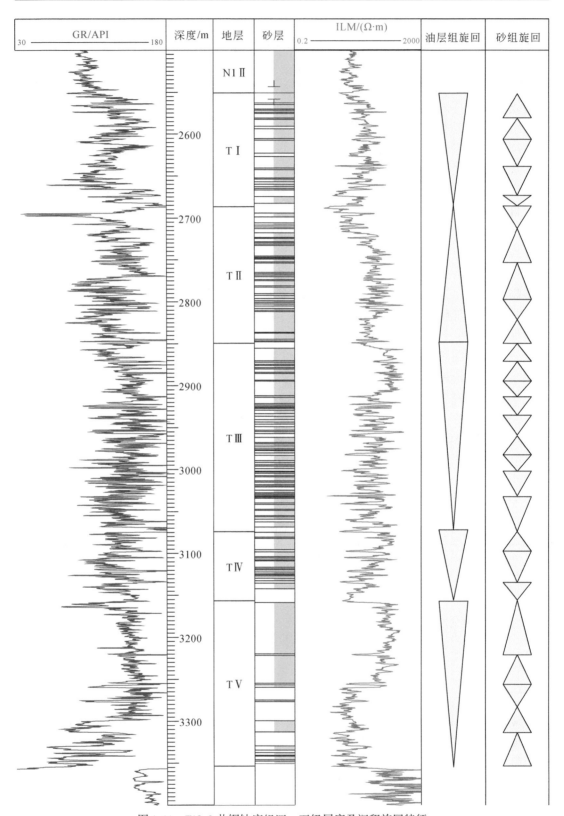

图1-11　T19-8井铜钵庙组四、五级层序及沉积旋回特征

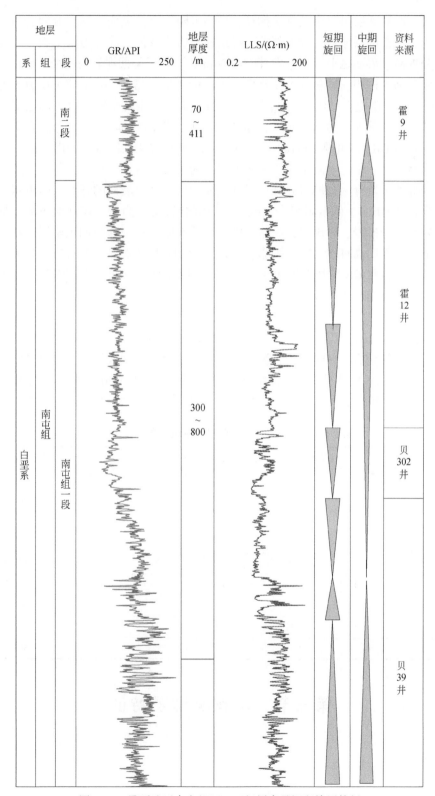

图 1-12　贝西地区南屯组四、五级层序及沉积旋回特征

南屯组一段Ⅵ油层组呈中低自然伽马、中高电阻组合，纵向上以反旋回为特征，表现为多个进积、加积准层序组。以下部发育反旋回泥岩为特征，底界为南屯组一段与铜钵庙组之间的分界面，界面之上以普遍发育一段20m左右的反旋回泥岩为特征。南屯组一段Ⅵ油层组顶面下部为进积、加积的齿化箱形，上段为钙质泥岩。界面之下 GR 值较低，界面之上 GR 值升高。南屯组一段Ⅴ油层组为中高自然伽马、中低电阻组合夹高阻层，纵向上为正旋回特征，顶部界面为南屯组一段最大湖泛面。界面底部为高 GR、高阻泥岩段，界面之上为正常高 GR、低电阻泥岩段，界面之上为典型的反旋回特征。南屯组一段Ⅳ油层组为中高自然伽马、中低电阻组合，纵向上明显为反旋回特征，顶部大部分为泥岩及粉砂岩互层，局部地区发育一套厚层砂砾岩。其顶面为另一个反旋回的开始。南屯组一段Ⅲ油层组为中高自然 GR、中低电阻组合，纵向上以复合反旋回为主。在盆地边部，Ⅲ油层组顶部往往发育大套砂岩、砂砾岩，而盆地中心其顶部以发育一套短期正旋回为特点。南屯组一段Ⅱ油层组为中高自然 GR、中低电阻组合，纵向上以复合反旋回为主。南屯组一段Ⅰ油层组为中高自然 GR、中低电阻组合，纵向上以复合反旋回为主，内部呈现由下部正旋回过渡为上部反旋回的组合旋回样式。

南屯组二段Ⅱ油层组为中高 GR、中低电阻组合，纵向上旋回构成一个较大正旋回，内部包括几个小正旋回，以发育泥岩、粉砂岩为主，个别地区发育砂砾岩。南屯组二段Ⅰ油层组为中高 GR、中低电阻组合，纵向上以复合反旋回为主。主要发育泥岩与粉砂岩、砂砾岩互层。

在四、五级层序控制下，依据实钻开发井旋回性和岩性变化特征等，将南屯组8个（四级层序）油层组、22个（五级层序）砂组细分为86个（六级层序）小层（表1-5）。

**表1-5　海拉尔盆地贝尔凹陷南屯组小层划分结果表**

| 层位 | 油层组（四级层序） | 砂组（五级层序） | 小层（六级层序） |
|---|---|---|---|
| 南屯组二段 | Ⅰ | 3 | 6 |
| | Ⅱ | 2 | 10 |
| 南屯组一段 | Ⅰ | 3 | 15 |
| | Ⅱ | 3 | 8 |
| | Ⅲ | 2 | 15 |
| | Ⅳ | 3 | 16 |
| | Ⅴ | 2 | 8 |
| | Ⅵ | 4 | 8 |
| 合计 | | 22 | 86 |

# 第三节　沉积类型及特征

## 一、沉积类型

海塔盆地为典型的陆相复杂断陷型盆地，构造运动频繁，具有多物源、短流程、快速堆积的沉积特点。

　　沉积环境和沉积相的鉴别主要依据各种相标志，通过对取心井岩心中岩石颜色、结构构造、岩性成分、旋回性等相指标进行分析研究，同时结合粒度分析、孔渗特征、压汞曲线等化验资料，从中能够获取到反映地下沉积状况最直观、全面、详细的相标志信息。依据取心井的岩心观察描述，在相标志特征研究基础上，参照研究区的区域沉积背景，结合现代露头沉积，建立研究区沉积相模式。在相模式的约束下，细化确定区内各沉积微相类型及其特征，分析各微相类型的测井响应模式，进而由取心井建立的相-电对应关系指导非取心井相类型的划分，共划分为 6 大类、21 小类沉积类型。沉积体系有近岸水下扇、扇三角洲、辫状河三角洲、深水浊积扇、湖底扇、滩坝沉积等（表1-6）。

表1-6　海拉尔–塔木察格断块油田主要沉积体系类型及其沉积特征

| 沉积体系 | | | 颜色和主要岩性 | 沉积构造 | 定向组构 |
|---|---|---|---|---|---|
| 近岸水下扇 | 扇根 | 主沟道 | 杂色杂基或颗粒支撑复成分砾岩，具粗砂岩等粗组分夹层，少见粉砂岩等细组分 | 块状层理、递变层理 | 复成分砾岩混杂 |
| | 扇中及扇端 | 辫状沟道 | 黑灰色等深色泥岩包裹砾岩、粗砂岩、细砂岩、粉砂岩多组分砂岩互层 | 递变层理、泄水构造、重荷膜等变形层理 | 可见砾石定向排列 |
| | | 浊积岩 | 薄层砂砾岩、细砂岩等单砂体嵌入暗色泥岩 | 包卷层理、砂球构造、水成岩脉 | 定向性差 |
| 扇三角洲 | 根部 | 泥石流 | 砾石、砂、泥混杂，分选极差 | 正、反递变层理 | 砾石杂乱分布 |
| | | 水道 | 砾岩、砂砾岩，砾石叠瓦状排列或定向排列 | 斜层理、交错层理 | 泥砾、砾石定向排列 |
| | 前缘 | 近端坝 | 砾岩、砂砾岩、含砾粗砂岩 | 斜层理、交错层理 | |
| | | 远端坝 | 含砾粗砂岩，粗砂岩、中砂岩、细砂岩与暗色泥质岩不等厚互层 | 波纹、波纹交错层理 | |
| | 前扇三角洲 | | 暗色粉砂岩、泥岩 | 水平、块状层理 | |
| 辫状河三角洲 | 平原 | 河道间 | 灰绿色、紫红色粉砂岩、泥岩 | 块状层理 | 泥砾、砾石定向排列 |
| | | 河道 | 砂砾岩、含砾粗砂岩、粗砂岩、中砂岩 | 交错层理 | |
| | 前缘 | 河口坝 | 砂砾岩、含砾粗砂岩、粗砂岩、中砂岩、细砂岩 | 交错层理 | |
| | | 远砂坝 | 中、细砂岩，与暗色粉砂岩、泥质岩不等厚互层 | 波纹、波纹交错层理 | |
| | 前三角洲 | | 暗色粉砂岩、泥岩 | 水平、块状层理 | |
| 深水浊积扇 | 水下重力流 | | 砂砾岩、含砾粗砂岩、粗砂岩、中砂岩、细砂岩 | 带状分布，递变层理、包卷层理 | 泥砾、砾石杂乱分布 |
| | 浊流 | | 砂砾岩、含砾粗砂岩、粗砂岩、中砂岩、细砂岩 | 波纹、透镜状层理 | 泥砾、砾石杂乱分布 |
| 湖底扇 | 碎屑流 | | 砂砾岩、含砾粗砂岩、粗砂岩、中砂岩、细砂岩 | 正、反递变层理 | 泥砾、砾石杂乱分布 |
| | 浊流 | | 细砂岩、粉砂岩、泥岩 | 正递变层理 | |

| 沉积体系 | | 颜色和主要岩性 | 沉积构造 | 定向组构 |
|---|---|---|---|---|
| 滩坝沉积 | 坝砂 | 砂岩和细砂岩 | 反递变层理、水平层理、波状层理 | |
| | 滩砂 | 粉砂岩和泥质粉砂岩、粉砂质泥岩 | 波状层理、平行层理 | |
| | 滩泥 | 绿色、绿灰色、浅色泥岩 | 块状层理、水平层理 | |
| 半深–深湖泥 | | 灰黑色、黑色等暗色泥岩 | 块状层理、水平层理 | |

# 二、沉积特征

## 1. 扇三角洲

扇三角洲沉积体系在海塔盆地发育广泛，各区域均有发育（图 1-13，图 1-14）。

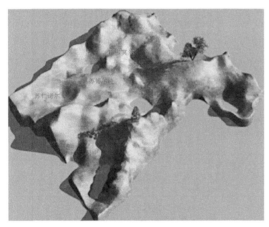

图 1-13　扇三角洲发育油田位置

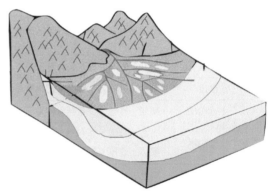

图 1-14　扇三角洲沉积模式图

以苏德尔特油田兴安岭群（南屯组一段）沉积为例，该区总体上以扇三角洲沉积体系为主，主要发育扇三角洲前缘亚相沉积。结合工区各类岩性粒度和层理层面相标志及其相应的测井曲线特征，综合确定发育 5 种沉积微相（表 1-7）。

1）水下分流河道

水下分流河道的砂岩颜色一般为浅灰色，主要是细砂岩、中–粗砂岩、含砾细砂岩、含砾粗砂岩等，部分夹薄层泥质粉砂岩，常见冲刷面。从深到浅，岩石粒度由粗变细。其电性特征：自然伽马值表现为箱形、钟形或齿化的箱形、钟形，幅度较大，正粒序特征显著。

2）河道侧翼砂

河道侧缘溢岸微相是水下天然堤微相和溢岸砂微相组合。仍然以河流能量为主，受湖浪改造，有时呈现对称的韵律。河道侧翼砂的岩性主要是灰色、深灰色粉砂岩、泥质粉砂岩、粗砂岩。交错层理、波状层理发育；见变形构造、炭屑纹层。电性组合特征表现为单

表 1-7　苏德尔特油田兴安岭群沉积微相类型及相模式特征汇总表

| 亚相 | 微相类型 | 岩性 | 层理构造 | 自然伽马 | 自然电位 | 测井相 | 岩心 |
|---|---|---|---|---|---|---|---|
| 扇三角洲前缘亚相 | 水下分流河道 | 中-粗砂岩、含砾砂岩或砂砾岩，分选较好 | 交错/水平 | 低 | 异常明显 | | |
| | 河道侧翼砂 | 由中细-粉砂岩组成，分选好 | 交错/波状 | 微低、起伏 | 微异常 | | |
| | 河道间砂 | 以粉砂岩或泥质粉砂岩为主，分选中等 | 微细水平 | 中高 | 低平 | | |
| | 河口砂坝 | 中-粗砂岩、含砾砂岩或砂砾岩，分选好 | 波状/水平波状 | 低 | 异常明显 | | |
| | 前缘席状砂 | 粉砂岩或泥质粉砂岩为主，分选好 | 水平/波状交错 | 低、起伏明显 | 异常较明显 | | |

元厚度要比水下分流河道小，但要好于河间薄层砂和席状砂，自然伽马曲线形态为低幅齿状或低幅漏斗状。

3）河道间砂

河道间砂主要发育灰绿色、灰色、深灰色泥质粉砂岩、粉砂质泥岩，水平层理，见变形构造。自然伽马曲线形态为低幅齿状或低幅钟状。

4）河口砂坝

河口砂坝主要发育中-粗砂岩、含砾砂岩或砂砾岩，见炭屑纹层。本区河口砂坝发育较少，粒度特征表现为反旋回。

5）前缘席状砂

前缘席状砂的岩性特征与远砂坝相似，以泥质粉砂岩、粉砂质泥岩为主，是河口坝砂受波浪和岸流的淘洗和筛选，并发生侧向迁移，使之呈席状或带状分布于三角洲的前缘，席状砂质纯，分选好，常见交错层理。自然伽马曲线形态为低幅指状或低幅漏斗状。

2. 辫状河三角洲

辫状河三角洲由辫状河体系（包括河流控制的潮湿气候冲积扇和冰水冲积扇）前积到盆地水体中形成的富含砂和砾石的三角洲，其辫状分流平原由单条或多条底负载河流提供物质。其辫状分流平原由单条或多条河流组成（图1-15），是介于粗碎屑的扇三角洲和细碎屑的正常三角洲之间的类型。主要分布在盆地边缘邻近高差大、坡度陡的隆起区，常与同沉积期大型断裂相伴。

图 1-15　现代辫状河三角洲平原沉积

　　乌尔逊油田南屯组二段时期以辫状河三角洲相为主（图 1-16）。辫状河三角洲主要形成于乌东斜坡带，由于三、四级断裂东部斜坡带内形成了一系列断阶，对该区沉积砂体的分布及走向起到一定的控制作用，短而坡度大的河流从东北部物源区流出，挟带大量的粗粒沉积物，在构造活动形成的各个断阶上快速堆积形成辫状河三角洲。其组成主要为砾石和砂等粗碎屑沉积物，成分和结构成熟度比较低，反映其距物源区较近，搬运距离短，沉积迅速的特点。亚相主要由辫状河三角洲平原、辫状河三角洲前缘组成，发育辫状河道、泛滥平原、水下分流河道、水下分流河道间、河口坝、远砂坝等微相（表 1-8）。

　　1）辫状河道

　　辫状河道以厚层碎屑支撑的砂砾岩、砾状砂岩为主要岩性，成熟度低，分选差至中等，无递变或具正递变层理。砾石次棱角至次圆状，呈叠瓦状或次叠瓦状排列。充填辫状河道的沉积物具下粗上细的粒度正韵律，底部具有冲刷面和滞留砾石、泥砾沉积，其一般呈块状，向上粒度变细，相应出现小型交错层理、波状层理、包卷层理以及顶部的水平层理。

　　2）泛滥平原

　　泛滥平原位于辫状河道间或单个扇体之间的低洼地区。受构造限制泛滥平原发育不全，面积较小；沉积物较细，一般为粉砂、黏土及细砂的薄互层，颜色一般以灰色为主，粒度逐渐由砾岩向细砂岩过渡，分选一般，薄互层往往呈块状或水平纹层状，夹少量交错纹理和干裂构造。

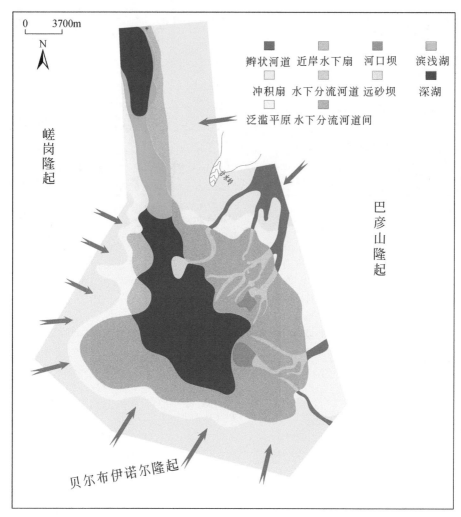

图 1-16　乌尔逊南二段辫状河三角洲沉积

3）水下分流河道

在整个辫状河三角洲沉积中，水下分流河道占有相当重要的地位。主要由含砾砂岩和细砂岩构成，分选中等。垂向层序结构特征与陆上分流河道相似，但砂岩颜色较暗，以小型交错层理为主，因其部分可受后期水流和波浪的改造，有时出现脉状层理及水平层理，可见冲刷面。整个砂体呈长条分布，横向剖面呈透镜状且很快尖灭。

4）水下分流河道间

水下分流河道间位于水下分流河道的两侧，由互层的灰色、深灰色细砂、粉砂及灰黑色泥岩组成。发育水平层理、波状层理、透镜状层理以及压扁层理、包卷层理。此相的重要特殊特征是生物扰动程度较高，有较多的生物潜穴，同时，受到一定程度的波浪的改造作用。

表1-8　辫状河三角洲沉积微相类型及岩电特征

| 辫状河道 | 泛滥平原 | 水下分流河道 | 水下分流河道间 | 河口坝 | 远砂坝 |
|---|---|---|---|---|---|
| | | | | | |
| W25-X1井，1739.67m，杂色砂质砾岩 | W53井，1332.13m，灰色含砾粗砂岩 | W39井，2494.80m，灰色细砂岩 | W32-1井，2575.3m，灰黑色粉砂质泥岩 | W37井，2590.74m，灰黑色砂岩 | W18井，2741.67m，灰黑色粉砂岩 |
| 砂岩颜色以杂色为主，粒度较粗，以粗砂-砾岩为主，部分夹薄层粉砂岩，分选差至中等 | 砂岩颜色以灰色为主，粒度逐渐由砾岩向细砂岩过渡，分选一般 | 砂岩颜色以灰色为主，受水动力条件的影响，粒度包含粗砂、细砂及粉砂，分选中等 | 砂岩颜色以灰色-深灰色为主，部分夹薄层粗砂、细砂岩，分选一般 | 砂岩颜色以深灰色为主，粒度以分选较好的粉砂-细砂为主 | 远砂坝相以深色粉砂岩-砂泥岩互层为主，常见薄层的黑色泥岩层 |

5）河口坝

河口坝位于水下分流河道的前方，并继续顺其方向向湖盆中央发展，与河控三角洲河口坝相比，辫状河三角洲河口坝的沉积范围和规模较小，但含砂量高。粒度以分选较好的粉砂-细砂为主。由于受季节性影响，常伴有泥质夹层，沉积构造主要为小型交错层理、平行层理、偶见板状交错层理。在较细的粉砂质泥岩中，可见滑动作用或生物扰动所形成的变形层理或扰动构造。

6）远砂坝

远砂坝位于河道河口坝的前方、侧方，紧邻前三角洲。其岩性较细，成熟度较高，显示反韵律的粒序，表现为砂泥间互层，可见波状层理、变形层理。

3. 近岸水下扇

近岸水下扇是一种位于水下陡坡快速堆积的扇形沉积体，在断陷盆地中尤为常见，它的形成受多种因素的影响，当山洪暴发时，近源山间洪水挟带大量的风化剥蚀和垮塌的陆源碎屑物质沿断沟直接进入湖盆，由于湖盆边缘的坡度较陡和洪水流动的惯性作用，洪水水流具有很强的水动力，能冲刷侵蚀湖底形成水下河道，同时迅速卸载，可形成杂乱分布的、反映水下泥石流（碎屑流）或泥石流特点的扇根砂砾岩。随着水流继续向前流动，湖盆坡度变缓，洪水水流开始分散，但仍能冲蚀扇中区下伏沉积物形成分叉的水下辫状水道，快速堆积了反映颗粒流特征的块状和递变层理的扇中砂砾岩。随着搬运距离的继续增加，洪水水流的能量逐渐损失，沉积物在扇根主水道和扇中辫状水道大量卸载，已不具备冲蚀湖底形成水道的水流强度，因此当含有大量悬浮物质的强搅动洪水水流到达扇中和扇端时，便形成了反映低密度浊流沉积的具似鲍马序列的浊积岩。此时基本上已无水下河道形成，地形趋于平缓，并向湖盆方向逐渐过渡为湖相暗色泥岩沉积。

贝中南屯组二段沉积体系主要受次凹东部深大断裂控制，陡坡带发育近岸水下扇沉积，楔状地震反射特征明显（图 1-17，图 1-18），主要发育反映重力流水动力搬运机制的沉积构造，粒度概率曲线以上拱弧形及上拱四段式为主，$C$-$M$ 图发育平行于 $C=M$ 基线的 QR 段。通过测井、岩心、录井识别三类亚相（扇根、扇中、扇端），五种沉积微相分别为扇根主水道微相、扇根主水道间微相、扇中辫状水道微相、扇中辫状水道间微相、扇端席状砂微相（表 1-9）。

图 1-17　近岸水下扇沉积模式

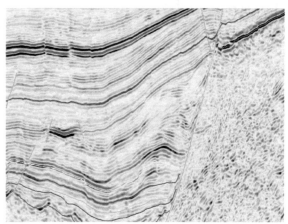

图 1-18　近岸水下扇地震相

1）扇根亚相

扇根亚相位于水下冲积扇的根部，分布范围有限，有时暴露出水面，一部分在水下，是搬运沉积物的主河道，以分选差的混合砾岩、砾状砂岩、含砾砂岩及砂岩为主，其砂砾岩成熟度低，部分夹泥岩层，块状层理、递变层理为主。粒度分布反映了洪水浊流的特点，具有密度流为主兼有牵引流的组合形成。

2）扇中亚相

扇中亚相是水下冲积扇的主体部分，它占据了冲积扇的大部分面积，水下辫状河道发育，岩性相对变细。河道沉积主要是含砾砂岩、块状砂岩，辫状河道间以漫岸相的砂岩、粉砂岩为特征的细粒沉积。从上而下由递变层理状砂岩和水平纹理砂岩或块状砂岩组成。扇中沉积的 $C$-$M$ 图为急流型的牵引流沉积模式，粒度概率曲线以悬浮总体为主。

3）扇端亚相

扇端亚相位于扇体前缘，在平面上呈凹凸不齐的环带状，主要为粉砂岩、泥质粉砂岩及泥岩互层，横向上岩性变化不大，扇端沉积的概率曲线表现出浊流型的较细粒悬浮沉积模式。

**表1-9 近岸水下扇沉积微相类型及岩电特征**

| 扇根主水道 | 扇根主水道间 | 扇中辫状水道 | 扇中辫状水道间 | 扇端席状砂 |
|---|---|---|---|---|
| X18井，2467~2468m，杂色砾岩，次圆状，分选差，杂基支撑砾岩，块状构造 | X16井，2471~2472m，杂色含砾粗砂岩，次圆状，分选差 | X8井，2485.5~2486.4m，灰色不等粒砂岩，分选中等 | X2井，2535.2~2536.1m，深灰色粉砂岩，分选好，质纯，夹少量泥质粉砂岩薄层 | X4井，2444.7~2445.6m，灰色泥质粉砂岩，泥质较重，质密 |
| 主要发育杂色、浅灰色砾岩、杂基支撑，常含有巨砾、植物根茎 | 主要发育杂色、浅灰色、灰色砂砾岩，含砾粗砂岩，厚层粗砂夹少量泥薄层，具斜层理 | 主要发育灰绿色、灰色细砂岩、粉砂岩，水平交错层理发育，常见冲刷构造、水平层理 | 主要发育灰色、深灰色粉砂岩、泥质粉砂岩，常见包卷层理、炭屑纹层 | 主要发育灰色、深灰色泥质粉砂岩、粉砂质泥岩，厚度薄，砂泥岩互层发育 |

### 4. 深水浊积扇

深水浊积扇是在大陆坡与盆地平原间，由再沉积作用形成的锥状和扇状堆积体，主要由泥石流、浊流沉积及远洋沉积组成。扇的表面有水道、堤和水道间的沉积。在纵向剖面上可分为上扇（内扇）、中扇、下扇（外扇）（图1-19）。

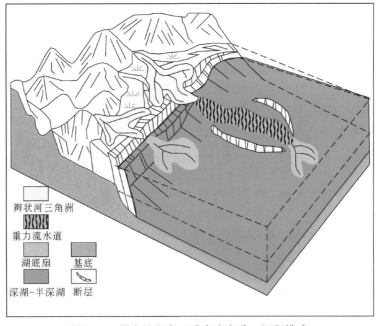

图1-19 深水浊积扇（重力流水道）沉积模式

霍多莫尔油田南屯组二段深水浊积扇发育，厚度大，规模小，重力流水道发育。重力流水道砂体是指由重力流或浊流在湖盆内的断凹或沟槽中所形成的带状碎屑砂体，它可以堆积在浅水和深水中。研究区内重力流水道砂体分布在霍多莫尔 H3-3 区块，主要见于南屯组二段，是来自扇三角洲砂体沿水下凹槽和洼地滑动、滑塌、再搬运，并沉积于霍多莫尔构造带的碎屑岩体。

重力流水道具有纵向上多期次叠加、平面上连片分布的特点，按照重力流成因机制，霍多莫尔地区重力流水道可划分为水道中心微相、水道边缘微相和水下漫溢微相 3 种沉积微相（表 1-10）。

**表 1-10　深水浊积扇（重力流水道）沉积模式**

| 层号 | 深度/m | GR/API 30——180 | 岩性 | LLD/(Ω·m) 0.2——2000 | 微相 | 岩心照片 |
|---|---|---|---|---|---|---|
| N2Ⅱ1 | 1320 | | | | 水道中心 | |
| N2Ⅱ2 | | | | | | |
| N2Ⅱ3 | 1340 / 1360 | | | | | |
| N2Ⅱ4 | | | | | 水道边缘 | |
| N2Ⅱ5 | 1380 | | | | 水道漫溢 | |
| N2Ⅱ6 | 1400 | | | | 水道中心 | |
| N2Ⅳ8 | 1420 / 1440 | | | | 水道边缘 | |
| N2Ⅳ9 | 1460 | | | | 水道漫溢 | |
| | | | | | 水道边缘 | |
| N2Ⅳ10 | 1480 / 1500 | | | | 水道漫溢 | |
| | | | | | 水道中心 | |
| N2Ⅳ11 | 1520 | | | | 水道边缘 | |
| N2Ⅳ12 | | | | | | |

图例：棕灰色油斑砂质砾岩　浅棕色富含油砂质砾岩　灰黑色泥岩　灰色荧光砂质砾岩　灰色油迹粉砂岩　灰色细砂岩　杂色砂质砾岩

1）水道中心微相

水道中心微相为重力流水道的主体部分，具有带状定向分布的特点，岩性主要由相互叠置的块状砂岩、递变层理砂岩、变形层理砂泥岩组成，与下伏岩层呈侵蚀突变接触。GR曲线特征为箱形或钟形。

N2Ⅱ1～N2Ⅱ3小层深度为1310～1360m，该小层岩性较粗，以灰棕色砂砾岩为主，夹薄层黑灰色泥岩，反映了还原环境沉积特征，电性曲线形态以钟形和小型箱形组合为主，为重力流水道中心微相。

2）水道边缘微相

水道边缘微相分布于水道两侧翼，由浊流漫出水下堤岸而形成，岩性主要为粉细砂岩、粉砂岩、泥质粉砂岩与泥岩的互层沉积。发育平行层理、波状层理及揉皱构造，可见砂泥纹层互层构造。GR曲线特征为微幅漏斗形或微幅齿形。

N2Ⅱ4～N2Ⅱ6小层深度为1360～1405m，小层顶部发育了一段较厚的黑灰色粉砂质泥岩夹薄层砂砾岩，曲线为低幅平直和高幅度指状组合。其下部为杂色砂砾岩与粉砂岩组合，其间由黑灰色泥岩分隔，电性曲线以指状和钟形为主，其骨架微相为水道边缘微相。

3）水下漫溢微相

水下漫溢微相属事件性砂体能量减弱消失所为，此处水道已不发育，岩性以泥岩为主夹薄层细粉砂岩，发育波状层理、水平层理以及水平互层层理。GR曲线为平直段偶夹齿形组合形态分布特点。

N2Ⅳ9～N2Ⅳ10小层深度为1406～1493m，该小层上部岩性组合为黑灰色泥岩、深灰色泥岩夹薄层泥质粉砂质，测井曲线为低幅度齿状，中下部为两大段杂色砂砾岩，中间夹一段黑灰色泥岩和泥质粉砂岩，测井曲线形态为两段低幅齿化曲线段夹一个高幅度箱形，为重力流水道漫溢沉积微相。

5. 湖底扇

由洪水或滑塌事件产生的砂、泥、砾混杂的重力流水流体系，直插湖底沉积而成的一种粗碎屑岩沉积体系。断层的发育使斜坡下降一个台阶，湖底地形变深，扇三角洲前缘开始向重力流沉积转化，最后在半深湖–深湖区的断层下降盘或低洼地区堆积下来形成粗碎屑湖底扇体（图1-20）。

苏仁诺尔油田发育湖底扇沉积，分为内扇、中扇、外扇三个亚相，通过测井、录井、岩心资料进一步划分为内扇水道微相、内扇水道间砂微相、中扇辫状水道微相、中扇辫状水道间微相、外扇席状砂微相和浅湖相微相6种微相。沉积砂岩厚度薄，砂地比小，内扇占30%～40%，中扇占20%～35%，外扇占10%～20%，平均为22%（表1-11）。

1）内扇水道微相

内扇水道微相以砂质砾岩为主，粒度大，分选中等，具有泥包砂特征。测井曲线特征可识别锯齿状箱形特征，厚10～20m，低GR、高电阻、低密度和高声波时差，该箱形上下地层曲线较平缓，表现为泥岩特征。

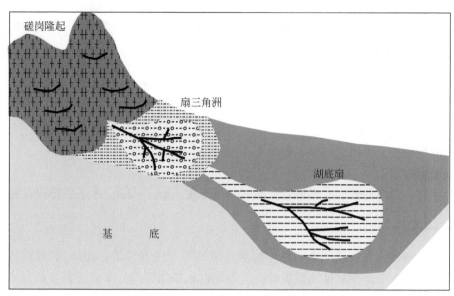

图 1-20　乌北次凹湖底扇沉积模式及立体构造沉积模式图

2）内扇水道间砂

内扇水道间砂以灰色粉砂岩为主，粒度中等，分选好。测井曲线特征为锯齿状箱形，厚 5 ~ 15m，电阻低于内扇水道电阻，低 GR、低密度和高声波时差。

表 1-11　湖底扇沉积微相类型及岩电特征

| 内扇水道 | | 内扇水道间 | | 中扇辫状水道 | | 中扇辫状水道间 | | 外扇席状砂 | | 浅湖相 | |
|---|---|---|---|---|---|---|---|---|---|---|---|
| SP | LLD | SP | LLD | SP | LLD | SP | LLD | SP | LLD | SP | LLD |
| S24~38井，1435~1445m，内扇水道微相，砂质砾岩，粒度大，分选中等，泥包砂特征 | | S25~37井，1435~1450m，内扇水道间砂，灰色粉砂岩，粒度中等，分选好 | | S131井，1455~1465m，中扇辫状水道微相，深灰色粉砂岩，粒度中等，分选中等，夹部分泥岩 | | S132井，1440~1455m，中扇辫状水道间砂微相，灰色粉砂岩，粒度中等，分选中等，夹泥质条带 | | S31井，1410~1425m，外扇席状砂微相，灰色泥质粉砂岩夹黑色泥岩，粒度小，分选好，水平层理 | | S67~83井，1330~1355m，浅湖相沉积，灰色泥质粉砂岩、细砂岩，夹砂质条带，水平层理 | |

3）中扇辫状水道微相

深灰色粉砂岩，粒度中等，分选中等，夹部分泥岩，在测井曲线上，SP 曲线为指状高幅，GR 曲线为指状、低值，声波和电阻率曲线的差值较大。

4）中扇辫状水道间砂微相

灰色粉砂岩，粒度中等，分选中等，夹泥质条带，SP 曲线和 GR 曲线中低幅度指状或锯齿状。

5）外扇席状砂微相

灰色泥质粉砂岩夹黑色泥岩，粒度小，分选好，水平层理。

6）浅湖相沉积

岩性主要为泥质粉砂岩、细砂岩，砂岩单层厚度一般 1 ~ 2m。水平层理较常见。

6. 滩坝沉积

滩坝是一种发育在滨浅湖高能环境的薄互层沉积（王升兰等，2014），是滨浅湖中常见的沉积类型。由于滩坝砂体主要发育在滨浅湖古地貌缓坡带，平行于湖岸线呈条带状分布，滩坝厚度薄、横向变化大，所以隐蔽性强。滩坝的形成主要源于较强的水动力——波浪和沿岸流对前期沉积物的改造，较强的水动力是滩坝发育的必要条件。

波浪终止和最终能量释放的西部缓坡迎风带，随着风浪向岸边传播而逐渐变形破碎，遇障形成近岸双向环流，以至形成大面积的湖浪对湖岸进行冲刷，进而可对滨浅湖早期铜钵庙组沉积的大面积的砂砾岩进行改造，形成滩坝沉积。在南屯组一段沉积时期，霍多莫尔、乌尔逊斜坡带古地形平缓，有利于滩坝的形成（图1-21）。

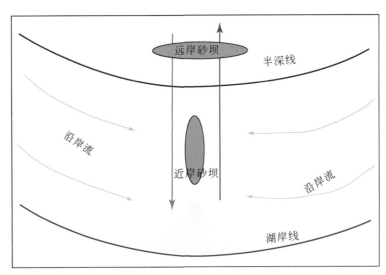

图 1-21　滩坝砂形成水动力条件示意图

物源也是滩坝形成的一个重要条件。充足物源易于形成规模较大的（扇）三角洲，物源极度贫乏则无沉积，只有适量的物源才能为滩坝沉积创造条件。南屯组一段沉积前，贝尔凹陷、乌尔逊凹陷沉积了大面积的砂砾岩扇体，南屯组一段沉积时期，由于物源适量，加之湖泊水体浅，且构造缓，受风的影响，波浪向湖岸传播，随着水深逐渐变浅而发生变形破碎，波浪破碎产生的卷跃浪水动力状态主要为涡流作用，涡流首先刻蚀其下方铜钵庙组沉积物，并将裹挟的大量细粒物质以悬浮状态向浅湖搬运，粗粒物质选择湖岸适宜部位（低压上升区）堆积下来，形成原始滩脊（坝）沟槽，同时沟槽中的沿岸流又对滩脊（坝）加以修饰改造，使它逐步从雏形增长、扩大，直至发育成一个完整的滩坝。南屯组一段砂体沉积呈卵形或条带状，较小滩坝平行于湖岸线分布，较大规模滩坝，垂直或斜交于湖岸线分布。可分为坝砂亚相、滩砂亚相、滩泥。

以霍多莫尔凹陷南屯组一段为例，$C$-$M$图显示南屯组一段以递变悬浮搬运及均匀悬浮搬运为主，流体中的悬浮物质由下到上粒度逐渐变细，密度逐渐变小，滚动次总体基本不发育，跳跃次总体与悬浮次总体的交切点为 $4 \sim 4.5\phi$，跳跃次总体含量为 $60\% \sim 80\%$。$C$ 值为 $-0.7 \sim 2.4\phi$，平均为 $1.4\phi$，粒度中值为 $1.7 \sim 4.6\phi$，平均为 $3.6\phi$，以中细砂岩为特征。分选系数为 $1.6 \sim 2.8$，平均为 $2.3$，分选差–中等（图1-22，图1-23）。

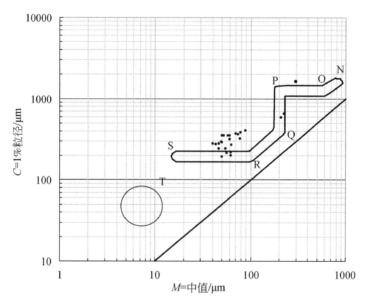

图1-22　霍多莫尔油田南屯组一段 $C$-$M$ 图

1）坝砂

坝砂主要由灰色砂岩和细砂岩组成，少量灰色粉砂岩，极少量含砾砂岩。单一砂层厚度大于 2m，粒序上多为反粒序或先反后正粒序，测井曲线呈漏斗形或者箱形。沉积构造主要包括波状层理、浪成沙纹层理、平行层理和小型交错层理，部分见植物枝干化石，少见炭屑和生物潜穴，生物扰动不强烈。粒度累积概率曲线以一跳一悬式或两跳一悬式为主，一跳一悬式表现为一段跳跃次总体和一段悬浮次总体，跳跃次总体直线段斜率较陡，滚动组分很少或缺失。而两跳一悬式则表现为两段跳跃次总体和一段悬浮次总体，两段跳跃次总体直线段均较陡，滚动组分很少或缺失。粒度概率累积曲线反映较强的水动力环境，跳跃次总体多呈两段直线，反映波浪的冲刷回流。

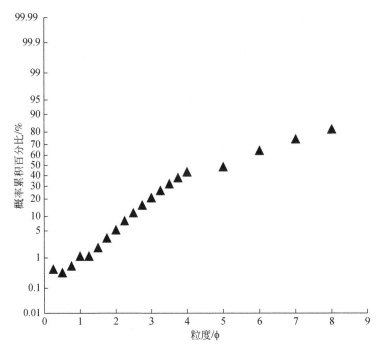

图 1-23　霍多莫尔油田南屯组一段粒度概率图

2）滩砂

滩砂多与坝砂伴生，以灰白色粉砂岩和泥质粉砂岩为主，少量细砂岩。偶见氧化色，说明滩砂间歇性暴露地表。单一砂层厚度较薄，小于 2m，泥岩夹层较发育，大多为反粒序，或者粒序不明显。测井曲线呈指形或低幅齿形。沉积构造主要包括波状层理、透镜状层理、浪成沙纹层理，层面构造有浪层波痕、干涉波痕等。常见植物碎屑和炭屑层，倾斜型和垂直型生物潜穴发育，生物扰动非常强烈。粒度累积概率曲线多为两跳一悬式或多段式。两跳一悬式表现为两段跳跃次总体和一段悬浮次总体，两段跳跃次总体直线段的斜率一陡一缓，滚动组分很少或缺失。多段式则表现为跳跃次总体为多段，斜率均较缓，滚动组分很少或缺失。从粒度累积概率曲线可以看出，滩砂形成的水动力较坝砂弱，跳跃次总体为两段式或多段式，反映波浪的冲刷回流。

3）滩泥

在沉积物供应不足的滩砂之间，存在部分灰绿色、绿色的泥岩，厚度不大，微锯齿状。

4）半深-深湖泥

半深-深湖泥是浅湖环境中的富泥沉积，岩性主要是深灰色、灰黑色、黑色泥岩，含炭屑，局部富集成纹层，主要发育水平层理、潮汐层理，局部有塑性变形特征，自然电位平直或微齿状，电阻率较高（表 1-12）。

表 1-12　霍多莫尔油田典型滩坝砂沉积微相类型及岩电特征

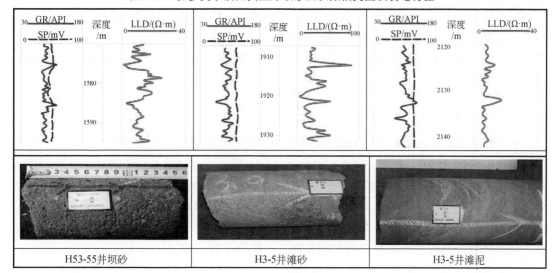

| H53-55井坝砂 | H3-5井滩砂 | H3-5井滩泥 |

# 第四节　储层特征

海拉尔-塔木察格盆地的四个主要凹陷为贝尔、乌尔逊、塔南、南贝尔凹陷。这些凹陷的主要储集层为基底布达特群、下白垩统塔木兰沟组、铜钵庙组、南屯组及大磨拐河组等。基底储层为布达特群顶部的火山岩风化壳，它发育于基底潜山带；塔木兰沟组则主要为火山喷发岩及含砂、砾的沉凝灰岩；铜钵庙组—大磨拐河组储层为陆源碎屑沉积。

## 一、储层岩石学特征

贝尔凹陷储层主要为火山碎屑岩，其含量在80%以上，其中基底布达特群主要由极低级变质的火山碎屑岩组成；塔木兰沟组主要由火山碎屑岩组成；铜钵庙组以火山碎屑岩为主、局部为陆源碎屑岩；南屯组和大磨拐河组中的火山碎屑岩含量降低，陆源碎屑岩的含量增加。乌尔逊凹陷储层以陆源碎屑岩为主，铜钵庙组主要为砂砾岩，南屯组和大磨拐河组主要由长石砂岩、长石岩屑砂岩和岩屑砂岩组成。南贝尔凹陷储层岩性分别为砂岩、凝灰质砂岩、凝灰岩及沉凝灰岩。铜钵庙组岩石类型主要为砂岩，其次是凝灰质砂岩，南屯组储层以砂岩和凝灰质砂岩为主。塔南凹陷储层主要由正常碎屑岩和火山碎屑岩组成，正常碎屑岩包括普通砂岩和砾岩；火山碎屑岩包括凝灰质砂岩、凝灰质砾岩、凝灰岩、沉凝灰岩等。铜钵庙组岩石类型主要为火山碎屑岩，其次是正常碎屑岩，南屯组岩性以正常碎屑岩为主，发育少量的火山碎屑岩。下面仅就铜钵庙组和南屯组进行分组描述。

### 1. 铜钵庙组岩石类型及其分布特征

贝尔凹陷主要由火山碎屑岩组成。其主要岩石类型有流纹质凝灰岩-角砾岩、英安质凝灰岩-角砾岩、安山质凝灰岩、流纹质熔结凝灰岩、英安质熔结凝灰岩、流纹岩、沉凝灰岩和凝灰质砂岩类等。贝尔凹陷铜钵庙组的火山碎屑岩分布在苏德尔特以西的中部地区，陆源碎屑岩主要分布于苏德尔特及其以东的 B12、B10 井区。乌尔逊凹陷铜钵庙组的储层岩石类型为砂砾岩，分布于乌尔逊的大部分地区。塔南凹陷铜钵庙组储层主要为凝灰质砂岩和沉凝灰岩，其次为凝灰岩及砂岩。砂岩主要分布于西部潜山断裂构造带的西南端，其他地区以火山碎屑岩为主。

### 2. 南屯组岩石类型及其分布特征

贝尔凹陷南屯组的储层岩石类型主要为火山碎屑岩、陆源碎屑岩及少量的火山岩；乌尔逊凹陷南屯组的储层岩石类型以陆源碎屑岩为主，含少量火山碎屑岩。塔南凹陷南屯组储层岩石类型主要为砂岩和凝灰质砂岩。南贝尔凹陷南屯组主要为陆源碎屑岩、凝灰质砂岩。

贝尔凹陷南屯组钻遇火山碎屑岩主要岩石类型可细分为流纹质凝灰岩-熔结凝灰岩、沉角砾岩和沉凝灰岩，其次为凝灰质砾岩和砂岩等，还有少量的安山岩及安山质凝灰岩等。钻遇陆源碎屑沉积岩主要岩石类型有砾岩、砂质砾岩、砂岩、含泥粉砂岩等。砂岩主要为岩屑砂岩，其次为长石岩屑砂岩和岩屑长石砂岩。乌尔逊凹陷的南屯组主要为陆源碎屑岩，其岩石类型有砾岩、砂质砾岩、砂岩、含泥粉砂岩等。砂岩主要为长石砂岩，其次为岩屑长石砂岩和长石岩屑砂岩。

南屯组火山碎屑岩主要分布于贝尔凹陷的大部分地区。在平面上，南屯组二段较南屯组一段分布面积变大。陆源碎屑岩分布于贝尔凹陷的呼和诺仁-苏德尔特转换带两侧以及乌尔逊凹陷的大部分地区。塔南凹陷南屯组砂岩主要分布于西部潜山断裂构造带和中部次凹，凝灰质砂岩主要分布于中部潜山断裂构造带和东次凹（Berg and Avery, 1995；蒲仁海, 2002）。

## 二、储集空间类型与孔隙结构特征

### 1. 储层孔隙类型

根据碎屑岩储层的孔隙分类方案和孔隙类型的识别标志，将研究区火山碎屑岩和陆源碎屑岩的孔隙类型划分为粒间孔隙、粒内孔隙、填隙物孔隙、裂缝孔隙和溶蚀孔隙五种类型（表1-13）。溶蚀孔隙包括溶蚀粒间孔隙、溶蚀粒内孔隙（长石溶蚀孔隙、岩屑溶蚀孔隙）、溶蚀填隙物内孔隙和裂缝溶蚀孔隙等。

**表 1-13　孔隙类型及特征**

| 孔隙类型 | | 孔隙特征 | 分布层位 |
|---|---|---|---|
| 粒间孔隙 | 完整粒间孔隙 | 孔隙间基本无充填 | $K_1d$、$K_1n$、$K_1t$ |
| | 剩余粒间孔隙 | 由于原生粒间孔隙周围的颗粒被胶结而导致原生粒间孔缩小，或由于自生矿物向孔隙内生长而造成孔缩小的孔隙 | $K_1d$、$K_1n$ |
| | 缝状粒间孔隙 | 粒间孔隙基本被填隙物充填，只剩余一些缝隙 | $K_1t$、$K_1n$ |
| 粒内孔隙 | | 碎屑颗粒内部不具溶蚀痕迹的孔隙 | $K_1d$、$K_1n$、$K_1t$ |
| 填隙物孔隙 | | 杂基和胶结物内存在的孔隙，特别是自生黏土矿物中的晶间孔隙 | $K_1n$、$K_1t$ |

续表

| 孔隙类型 | | 孔隙特征 | 分布层位 |
|---|---|---|---|
| | 裂缝孔隙 | 切穿碎屑颗粒的裂缝，缝壁平直 | $T-Jb$、$K_1n$ |
| 溶蚀孔隙 | 溶蚀粒间孔隙 | 粒间颗粒遭受溶蚀后形成的孔隙 | $K_1n$、$K_1t$ |
| | 溶蚀粒内孔隙 | 碎屑颗粒及岩屑内部被溶解后形成的孔隙 | $K_1n$、$K_1t$ |
| | 溶蚀填隙物内孔隙 | 填隙物被溶蚀形成的孔隙 | $K_1n$、$J_3x^{上}$ |
| | 裂缝溶蚀孔隙 | 流体沿岩石裂缝渗流，缝面两侧岩石有微溶现象 | $T-Jb$ |

1）铜钵庙组

铜钵庙组储层孔隙类型较多，特征明显，其中，原生孔隙主要包括完整粒间孔隙、剩余粒间孔隙、缝状粒间孔隙和填隙物孔隙；次生孔隙包括溶蚀粒间孔隙、溶蚀粒内孔隙（长石溶蚀孔隙、岩屑溶蚀孔隙）、铸模孔、特大溶蚀孔隙和裂缝溶蚀孔隙等。

完整粒间孔隙是铜钵庙组最普遍的一种孔隙类型，在凝灰质砂岩和沉凝灰岩中尤为发育，其特征为孔隙间无填隙物，周围颗粒边缘光滑、干净，未见有明显的溶蚀现象，孔隙的形状以平直的长条状、近三角状为主。

2）南屯组

南屯组储层完整粒间孔隙不是很发育，剩余粒间孔隙是南屯组主要的孔隙类型，主要是指遭受到强烈的压实作用而导致原生粒间孔隙缩小，主要分布在骨架碎屑颗粒的周围，一般呈长条状、宽缝状。其次发育的是溶蚀孔隙，主要包括岩屑溶蚀孔隙、长石溶蚀孔隙和裂缝溶蚀孔隙，其溶蚀作用一方面是在原生孔隙基础上发展起来的，另一方面受岩性差异的影响。南屯组主要岩屑成分为凝灰岩岩屑，而遭受溶蚀作用最强的碎屑成分也是凝灰岩岩屑。

2. 储层孔隙结构

1）孔隙结构类型的划分

通过对 B12 井、B14 井、B15 井、B19 井、B20 井、B28 井、H1 井、H3 井、H6 井、H8 井、T19-24、T19-25、T19-26 和 T19-28 井共计 172 次压汞曲线的统计分析，把压汞曲线 21 个参数采用 R 型因子分析得到的主要储层结构参数列入表 1-14。

表 1-14 压汞曲线 R 型因子分析参数

| 常规物性参数 | 反映孔喉大小参数 | 反映孔喉分选程度参数 | 反映孔喉连通性参数 |
|---|---|---|---|
| 渗透率 $K$（$10^{-3}\mu m^2$） | 排驱压力 $P_d$（MPa） | 分选系数 $S_p$ | 排驱压力 $P_d$（MPa） |
| 孔隙度 $\Phi$（%） | 孔隙半径中值 $R_{50}$（$\mu m$） | | 最大汞饱和度 $S_{max}$ |
| | 孔隙分布峰值 $R_m$（%） | | |
| | 最大孔隙喉道半径 $R_d$（$\mu m$） | | |

把 R 型因子分析所得到的主要储层结构参数进行 Q 型聚类分析，依照邸世祥等（1991）的碎屑岩储层孔隙结构级别及其主要划分标志把该区孔隙结构划分为三大类：好（Ⅰ）、中（Ⅱ）、差（Ⅲ）。

2）孔隙结构类型

依照表 1-15 和表 1-16 孔隙类型划分标准，对研究区各层系的孔隙结构类型分析如下：

铜钵庙组储层孔隙结构主要类型为Ⅱ类（56.0%）和Ⅲ类（44.0%），分布于B20井和B28井。Ⅲ类孔隙结构分布于B20井1889.0～1924.64m和B28井1629.01～1637.24m，从压汞曲线来看，平台位于右上部，平缓段较短，从喉道大小分布来看，喉道分布呈双峰型，喉道分布较为集中，峰位分别为0.03～2.5μm和0.03～0.63μm，峰值分别为5%～14.3%和6.9%～15.8%；渗透率贡献主要峰值分别在2.5μm和0.63μm左右，贡献大小分别为45.9%～55.2%和61.4%。

表 1-15　主要储层结构参数的 Q 型聚类分析结果（一）

| 级别 | $K/10^{-3}\mu m^2$ | | $\Phi/\%$ | | $R_d/\mu m$ | | $R_m/\mu m$ | |
|---|---|---|---|---|---|---|---|---|
| | 范围 | 平均 | 范围 | 平均 | 范围 | 平均 | 范围 | 平均 |
| 差（ⅢB） | 0.01～0.34 | 0.108 | 0.3～9.9 | 4.64 | 0.027～0.065 | 0.04 | 0.012～0.042 | 0.02 |
| 差（ⅢA） | 0.02～5.83 | 0.774 | 1.1～17.2 | 13.04 | 0.058～5.315 | 1.56 | 0.023～1.187 | 0.36 |
| 中（ⅡB） | 0.05～21.30 | 2.656 | 9.1～24.3 | 16.86 | 0.264～5.311 | 2.31 | 0.082～1.312 | 0.57 |
| 中（ⅡA） | 30.01～157.00 | 84.470 | 18.6～27.7 | 24.95 | 3.356～11.596 | 6.66 | 1.003～4.312 | 2.05 |
| 好（Ⅰ） | 315.00～956.00 | 563.400 | 25.3～29.4 | 27.94 | 5.301～20.488 | 15.20 | 0.986～7.729 | 5.15 |

表 1-16　主要储层结构参数的 Q 型聚类分析结果（二）

| 级别 | $R_{50}/\mu m$ | | $S_p$ | | $S_{max}/\%$ | | $P_d/MPa$ | |
|---|---|---|---|---|---|---|---|---|
| | 范围 | 平均 | 范围 | 平均 | 范围 | 平均 | 范围 | 平均 |
| 差（ⅢB） | 0～0.004 | 0.004 | 0.934～1.514 | 1.183 | 18.569～34.307 | 28.6 | 11.228～27.500 | 18.60 |
| 差（ⅢA） | 0.004～0.141 | 0.046 | 1.462～3.821 | 2.80 | 41.825～73.996 | 62.2 | 0.138～12.637 | 1.21 |
| 中（ⅡB） | 0.033～0.515 | 0.162 | 1.63～3.827 | 3.03 | 67.783～93.040 | 80.7 | 0.138～2.787 | 0.51 |
| 中（ⅡA） | 0.047～1.116 | 0.484 | 3.328～4.378 | 3.90 | 62.816～85.790 | 77.8 | 0.077～0.219 | 0.13 |
| 好（Ⅰ） | 1.209～2.527 | 1.903 | 3.146～4.810 | 4.18 | 82.638～92.548 | 86.7 | 0.022～0.050 | 0.04 |

Ⅱ类孔隙结构分布于B28井1681.9～1707.27m，分选一般。从喉道大小分布来看，喉道分布呈双峰型，喉道分布较为集中，峰位分别在0.03μm、1.0μm、2.5μm和4.0μm左右，峰值分别约为10.1%、15.4%、5.86%和24.6%。渗透率贡献主要峰值分别在1.0μm、4.0μm、2.5μm左右，贡献大小分别为46.4%、42%、77.3%。主要岩性为凝灰岩、熔结凝灰岩、火山角砾岩和少量熔结角砾岩。

塔南凹陷铜钵庙组孔隙结构级别以差（ⅢA）为主，其次为中（ⅡB）和中（ⅡA），其中，差（ⅢA）代表细孔喉、连通性差；中（ⅡB）和中（ⅡA）代表稍粗孔喉，连通性较好。

南屯组储层孔隙结构较差，主要分布于H3井和H6井。从压汞曲线来看，平台位于右上部，平缓段较短，表明喉道分布不集中，分选不好，喉道的半径小。从喉道大小分布来看，喉道分布呈单峰型，喉道分布较为集中，峰位分别在0.04μm左右，峰值为10.7%～17.9%。渗透率贡献主要峰值在0.04μm左右，贡献大小为49.0%～76.0%。主要岩性为长石岩屑砂岩，也有少量凝灰岩。

## 三、储层物性特征

1. 储层物性平面分布特征

1) 铜钵庙组

铜钵庙组孔隙度发育一般，整体为5%～10%，大于10%的区域主要分布于盆地边缘的贝西单斜带、乌东弧形构造带、乌北次凹及贝中的局部地区。塔南西部断裂潜山构造带地区孔隙度接近或大于20%，存在四个孔隙度相对高值区：①巴彦塔拉断裂带（巴4井区、巴6井区，$\Phi = 19.1\% \sim 21.09\%$；巴斜2井区，$\Phi = 16.51\%$），属中等孔隙度；②苏德尔特断裂带（B16井区，$\Phi = 22.7\%$），属中等孔隙度；③贝西单斜带（BD5井区，$\Phi = 15.8\%$），属中等孔隙度；④塔南凹陷平均值为12.5%。

铜钵庙组渗透率整体小于$1 \times 10^{-3} \mu m^2$、大于$10 \times 10^{-3} \mu m^2$的区域主要分布于盆地的南部边缘及乌东弧形构造带、乌北次凹。渗透率大于$100 \times 10^{-3} \mu m^2$分布较局限，仅分布于苏德尔特断裂带的B16井区，$K = 133.4 \times 10^{-3} \mu m^2$，属中等渗透率。

总体上，铜钵庙组的物性特征属于中低孔隙度、低渗透率。

2) 南屯组一段

南屯组一段孔隙大于10%的区域主要分布于盆地的边缘地带，且全区孔隙度以大于10%为主，存在四个孔隙度相对高值区：①乌北次凹（苏27井区，$\Phi = 14\%$；苏12井区、苏101井区，$\Phi = 14.67\% \sim 15.39\%$），属中低孔隙度；②巴彦塔拉转换带东南部（巴6井区，$\Phi = 19.86\%$），属中等孔隙度；③贝西单斜带（B45井区，$\Phi = 20.25\%$；B13、B301井区，$\Phi = 18.43\% \sim 18.75\%$），属中等孔隙度。

南屯组一段渗透率全区大于$10 \times 10^{-3} \mu m^2$，主要分布于盆地边缘地区的乌北次凹、乌东弧形构造带、贝西单斜带、贝东次凹。渗透率大于$100 \times 10^{-3} \mu m^2$分布较局限，仅分布于乌北次凹的苏25井区，$K = 598 \times 10^{-3} \mu m^2$，属中等渗透率。

总体上，南屯组一段的物性特征属于低孔低渗型储层。

3) 南屯组二段

南屯组二段孔隙度相对较高，整体分布于10%～15%，其中孔隙度大于15%的区域主要分布于盆地边缘的贝西单斜带、乌东弧形构造带和乌北次凹，存在三个孔隙度相对高值区：①乌东弧形构造带（苏23井区，$\Phi = 20.22\%$），属中等孔隙度；②巴彦塔拉转换带东南部（巴6井区，$\Phi = 20.45\%$），属中等孔隙度；③贝西单斜带（BD4井区，$\Phi = 25\%$），属中等孔隙度。

渗透率全区整体为$1 \times 10^{-3} \sim 10 \times 10^{-3} \mu m^2$，大于$10 \times 10^{-3} \mu m^2$的区域主要分布于盆地边缘地区的乌北次凹、乌东弧形构造带、贝西单斜带及贝中的局部地区。渗透率大于$100 \times 10^{-3} \mu m^2$的高值区分布于乌北次凹的苏102井区（$K = 532.8 \times 10^{-3} \mu m^2$）和乌东弧形构造带的苏21、苏23井区（$K = 126.5 \times 10^{-3} \sim 755 \times 10^{-3} \mu m^2$），属中等渗透率。

总体上，南屯组二段储层物性属于中孔、低渗型储层。

2. 储层孔隙度纵向分布特征

由于研究区既存在溶蚀、溶解作用形成的次生孔隙，也存在由颗粒包壳保存下来的原生孔隙，本次将孔隙度高于随埋深变化趋势的部分称为异常高孔隙发育带（Malone，2001）。

（1）贝尔凹陷铜钵庙组—南屯组储层孔隙度随埋深变化表现出两个异常高孔隙带，第一异常高孔隙带的埋深为 1300～1800m，第二异常高孔隙带的埋深为 2400～2700m。

（2）乌尔逊凹陷也发育三个异常高孔隙带，其埋深依次为 1200～2000m（A 带），2200～2500m（B 带）和 2700～2740m（C 带）。

（3）塔南凹陷铜钵庙组—南屯组储层孔隙度随埋深变化表现出两个异常高孔隙带，第一异常高孔隙带的埋深为 1850～2100m，第二异常高孔隙带的埋深为 2400～2650m。

（4）南贝尔凹陷铜钵庙组—南屯组储层孔隙度随埋深变化表现出两个异常高孔隙带，第一异常高孔隙带的埋深为 1450～1550m，第二异常高孔隙带的埋深为 2100～2300m。

总体上，异常高孔隙发育带形成是受沉积、成岩、构造演化和油气运聚等多因素共同影响的结果，从目前实际资料看，不同地区主要的油层段多集中于高孔隙带。

# 第二章 断块油藏滚动描述技术

海塔油田有 9 个区块提交探明地质储量，其中中国境内有 7 个，蒙古国有 2 个，目前已投入开发 8 个，巴彦塔拉位于环保核心区暂未开发（图2-1）。开发初期，由于井控程度低，认为满凹含油，按照整装油藏研究，开发方案整体编制，钻井后发现油藏具有"小、散、窄"特点，局部出现低效井，如图 2-2 所示，开发布井前稀井网条件下只识别两个断

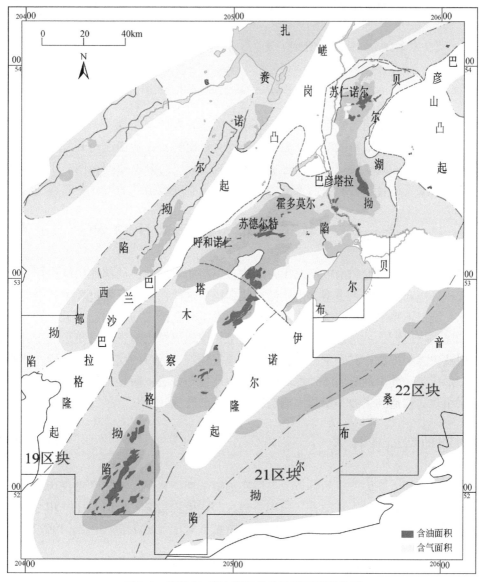

图 2-1　海拉尔–塔木察格盆地油田开发现状图

块，在首钻井控制的基础上，开始在两个断块内整体部署开发井，待开发钻井后发现断块由 2 个增加为 4 个，部分断块独立成藏，油水界面较以往认识发生很大变化。

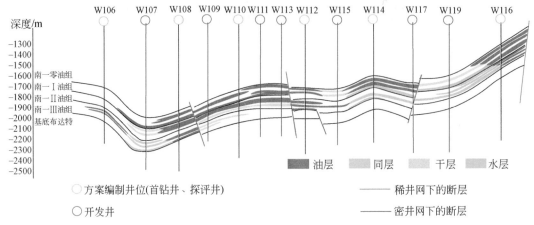

图 2-2　钻井前后油藏及油水变化分析图

面对上述开发中遇到的实际问题，近年来，随着开发的不断深入，资料日益丰富，先后在构造、沉积及油气富集成藏等方面系统开展大量研究，在油田滚动开发实践中进行验证、总结和提升，油藏地质规律认识逐步接近客观实际，与开发初期相比有了跨越式的提升，目前已形成了适合海塔断块油藏滚动描述方法，有效地指导油田开发部署。

# 第一节　构造解释及小层对比技术

海塔盆地在铜钵庙组和南屯组沉积时期构造运动非常剧烈，局部地层缺失严重，再加上复杂沉积环境和多样沉积类型共生，储层相变快，这样在实际开发过程中就会导致地层横向对比、统层不精确，构造、断层落实不准，影响对全区或局部构造把握。针对上述问题主要开展四项研究，一是在对比方法上建立了精细地层对比技术；二是形成了井震联合区别地层缺失类型方法；三是重新对已有三维地震资料进行目的层精细化处理，提高了资料品质，形成了一套识别断层多种手段融合的地球物理方法；四是构造研究实现由以往只解释油层组顶面构造到主力小层顶面构造精细研究的转变。

## 一、精细地层对比技术

针对地层剥蚀、断失严重的特点，以层序地层学理论和现代沉积学理论为指导，岩电特征、地震反射、野外露头相结合，运用分级控制、模式指导、旋回对比、相变对比开展地层、小层和单砂体细分，实现了复杂断块油藏精细对比（Yielding et al., 1997）。

### 1. 建立"四级"标准层体系，保证小层对比的等时性

根据不同类型标志层在地层对比中所发挥的不同作用，从标志层性质、规模、覆盖范

围及指导意义等方面考虑，将标志层划分为四个级别，实现分级指导地层对比的目的。

以苏德尔特油田兴安岭油层为例，一级标志层属于不整合面型标志层（姜洪福和张世广，2014），其地层限定单元与组段相对应，两个界面均为角度不整合面，规模大、区域性广泛分布，是盆地-拗陷级别的重要标志。二级标志层包括稳定泥岩型及火山沉积型标志层，其地层限定单元与油层组相对应，其岩性、电性响应特征及识别标志较为明显，且区域性稳定分布，属于区带级别的重要对比标志，对于认识地层演化特征，指导地层精细对比具有重要作用。三级标志层包括稳定泥岩型、稳定砂岩型、旋回组合型标志层，其地层限定单元与砂层组相对应，该级别标志层等时意义强，多在局部稳定分布，对于直接指导地层精细对比具有重要作用。四级标志层主要属于稳定泥岩型标志层，为短期沉积间歇期的泥质夹层，其地层限定单元与小层相对应。该级别标志层等时意义强，分布相对局限且尖灭频繁，对直接指导地层精细对比具有重要作用（表2-1）。

**表2-1 苏德尔特地区兴安岭油层标志层体系划分**

| 级别 | 一级 | 二级 | 三级 | 四级 |
|---|---|---|---|---|
| 基准面旋回 | 长期 | 中期 | 短期 | 超短期 |
| 地层单元 | 组段 | 油层组 | 砂层组 | 小层 |
| 地质层位 | 南屯组一段顶、布达特群顶 | 南屯组油层零油组底、Ⅰ油组顶底、Ⅱ油组底 | NⅠ3底、NⅠ6底、NⅡ12底、NⅡ14底、NⅡ19顶 | NⅠ8顶、NⅠ10顶、NⅡ15顶、NⅡ18顶、NⅡ2底 |
| 类型划分 | 不整合面型 | 稳定泥岩型、火山沉积型 | 稳定泥岩型、稳定砂岩型、旋回组合型 | 稳定泥岩型 |
| 特征描述 | 角度不整合面，识别标志明显，规模大、区域性广泛分布 | 大规模湖泛期厚层稳定泥岩沉积及火山活动期火山碎屑沉积，区域性稳定分布，井覆盖程度>90% | 沉积体系内稳定岩性或旋回组合，等时意义强，多局部稳定分布，井覆盖程度>60% | 单期次沉积间歇期的较稳定的泥质夹层沉积，分布局限，尖灭频繁，井覆盖程度<50% |

### 2. 井震结合，实现缺失地层的准确判断与对比

在盆地边缘和相对隆起区，三级层序界面变化为下切或削蚀局部剥蚀区，向洼陷区过渡为整合接触。研究发现，海塔盆地地质条件异常复杂，剥蚀、断失、超覆普遍存在，导致与之相应的地层缺失类型（Bouvier，1989）。

通过井震结合，确定三种主要地层缺失类型。

### 1）断失导致的地层缺失

上升盘靠近断面附近上部地层断失，下降盘靠近断面附近下部地层断失。由于目的层为连续沉积，发生在层组中部的地层缺失基本为断失，顶或底部地层的缺失除剥蚀和超覆外，如果仅在一个延伸方向缺失，且该方向不同井缺失层位不完全在层组顶或底部，其他

方向地层完整，即"线状"缺失确定为断失。

如从霍多莫尔构造带 HC2—H3-5 井连井地震剖面图（图2-3）可以看出，从南到北随着基底的抬升，顶部地层被逐渐剥蚀，从 HC2—H3-5 井连井砂层对比图可以看出 H3-3 井仅残余南二底部层位，而到 HC2 井，南屯组二段被全部剥蚀掉，仅剩南屯组一段层位。而 H3-5 井受断层的影响，南屯组一段底部层位被断失掉。

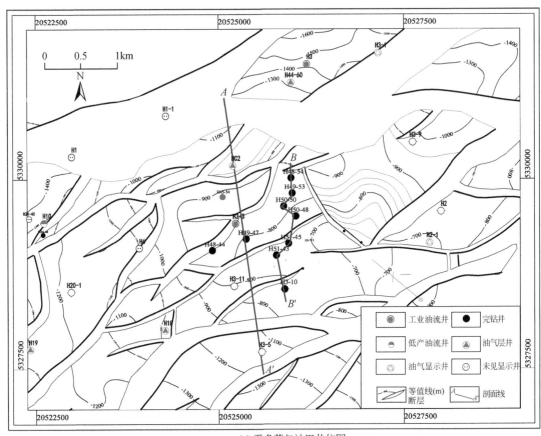

(a) 霍多莫尔油田井位图

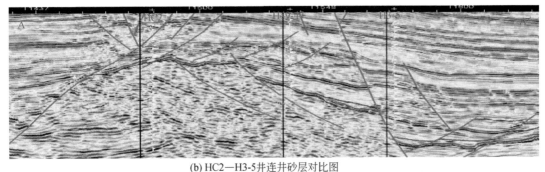

(b) HC2—H3-5井连井砂层对比图

图2-3　霍多莫尔构造带 HC2—H3-5 井连井地震剖面图

2）构造抬升导致高部位地层剥蚀

层组顶部地层成片缺失，即"面积"缺失，缺失厚度平面上规律性变化，地震反射具明显削截特征，可以确定为地层剥蚀。找标志层，追踪油层组界线，若层组顶部地层缺失，缺失厚度平面上规律性变化，地震反射具明显削截特征，即可追踪为剥蚀面。其中随构造升高剥蚀量越大，钻遇地层越不全，含油层位逐渐变老。在继承性构造高点和相对隆起区的边缘，易发育地层剥蚀，通过井震结合追踪一级标志层，确定地层超覆、剥蚀范围，进一步控制油层顶底界线，再利用二、三级标志层追踪控制油组、砂组界线，为小层划分提供基础。

如 H3-3 区块钻井过程中发现主力储层构造趋势与顶面构造不一致，通过精细研究，从 H48-54—H3-10 连井砂体剖面（图 2-4）和连井地震剖面（图 2-5）可以明显地看出 H50-48 井以南 N2Ⅱ层以上地层被剥蚀，存在不整合构造。

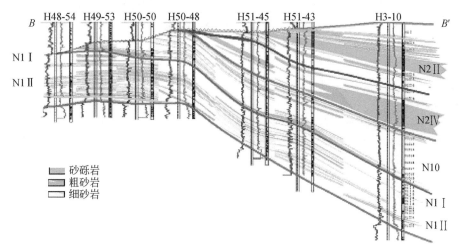

图 2-4　H48-54—H3-10 连井砂体剖面图

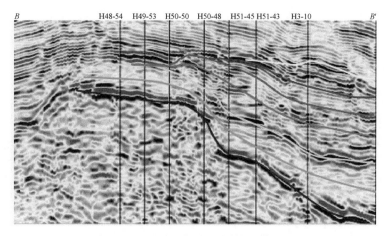

图 2-5　H48-54—H3-10 连井地震剖面图

3）地层超覆导致构造高部位早期地层缺失

地层超覆是指当水体渐进时，沉积范围逐渐扩大，较新沉积层覆盖了较老沉积层，并向陆地扩展，与更老的地层侵蚀面呈不整合接触。水体渐进时，水盆逐渐扩大，沿着沉积凹陷边缘部分的侵蚀面沉积了砂岩，随着水盆继续扩大，水体加深，在砂层上超覆沉积了不渗透泥岩，形成地层超覆油藏。

如呼和诺仁油田 D3-11 区块，表现出了明显的地层超覆特征。底部地层成片规律性缺失，缺失厚度向地震古地形高点方向逐渐增大、地层厚度逐渐减薄，地震反射具上超特征，可以确定为地层超覆沉积（图2-6，图2-7），这也与开发数据很好地吻合。由于地层超覆，位于构造高部位的 D54-57 井早期地层缺失，未钻遇主力层，体现了干层特征，而位于区块中部的 D3-11 井则发育储层。

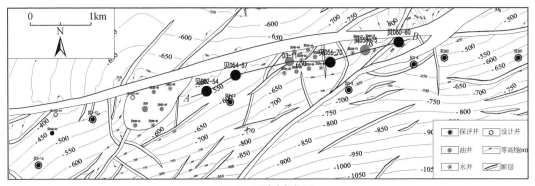

(a) D3-11区块井位图

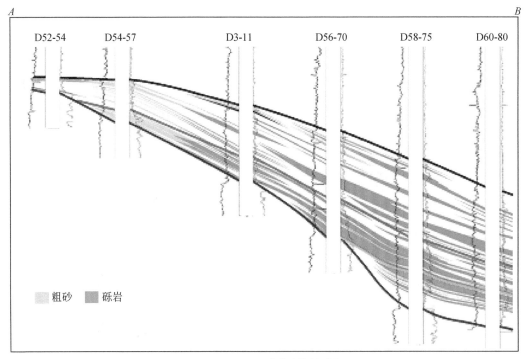

(b) D52-54—D60-80连井砂体剖面图

图 2-6　D3-11 区块井位图和连井砂体剖面图

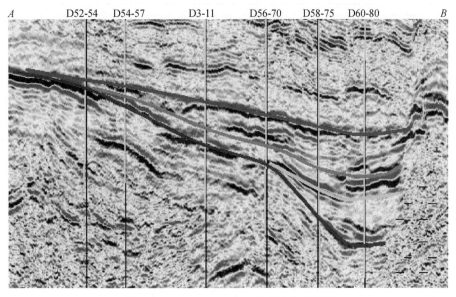

图 2-7　D52-54—D60-80 连井地震剖面图

在确定地层缺失类型的基础上，采用不同相带区别对待的对比方法，分层结果更为合理，构造形态更趋实际，解决了油层对比中层位归属不明确、不同油田同一时期地层命名或归属不一致、地层统层对应不上等一直以来困扰油田开发的问题，从而完成全区统层对比工作。

3. 结合动态资料，验证砂体连通关系

在层组划分对比基础上，参照沉积模式，依据不同沉积特点形成了不同微相控制下的砂体等时对比方法，指导砂体对比；结合注采关系分析，明确注水见效层，验证砂体的连通关系，从而确定单层划分的合理性，不断修改和调整单层对比方案（图 2-8，图 2-9）。

# 二、精细构造解释技术

## 1. 地震资料重新处理

采用静校正、多域高保真去噪技术、地表一致性反褶积等开展了相对保幅高分辨率处理，力争做到"点–线–面–体"全方位质控；以井点速度为约束，建立高精度速度模型，优选偏移参数，提高成像精度。对老资料重新处理，提高资料品质以满足小断层和储层预测需求，主频由 30Hz 提高到 40Hz，有效频宽从 25 ~ 45Hz 提高到 25 ~ 55Hz。

以霍多莫尔油田为例，通过地震数据体频谱分析计算，老地震资料南屯组地震数据主频为 28Hz，频宽为 10 ~ 75Hz，新地震资料南屯组地震数据主频为 40Hz，频宽为 10 ~ 90Hz（图 2-10）。

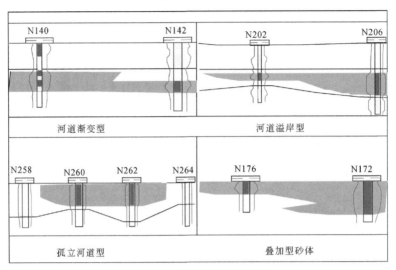

图 2-8　不同砂体沉积模式图

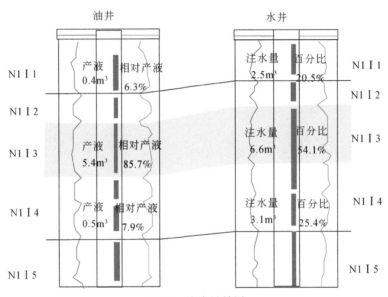

图 2-9　注水见效层

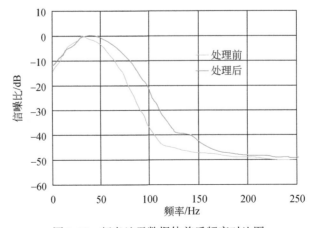

图 2-10　新老地震数据体前后频率对比图

2. 构造精细解释技术路线

以地震合成记录为基础，井震联合进行精细层位标定；利用波阻剖面、等时切片、相干体及三维可视化等技术方法，结合单井断点信息，实现断层与构造精细解释，最终实现构造成图（Knott，1994；Yielding et al.，1997）。

根据地层之间的不协调及不连续关系，在地震剖面上划分地层。地震剖面中可识别出不协调及不连续现象有四种，即削截、顶超、下超和上超。其中，削截代表侵蚀不整合；顶超代表三角洲平原上为时短暂的过路冲蚀现象；下超代表沉积物的前积或者侧向增生；上超代表上覆新沉积物对下伏老地层的逐层超覆。下超与上超总称为底超，说明新老地层之间有一明显的沉积间断（表2-2）。

**表2-2　层序界面识别标志图**

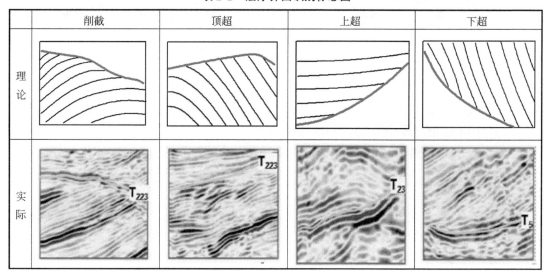

3. 断层精细解释技术

在大多数情况下，断层在地震剖面上有明显的特征：如：①反射波同相轴错断；②反射波同相轴数目突然增减或消失，波阻间隔突然变化；③反射波同相轴形状突变，反射凌乱或出现空白带；④标准反射波同相轴发生分叉、合并、扭曲、强相位转移等；⑤断面反射波出现等，可直接在地震剖面上画出断层的轨迹。

1）断层分期解释技术

从地震剖面中分析，海塔盆地共发育3类断层：Ⅰ类同生断层；Ⅱ类断陷期断层；Ⅲ类凹陷期断层（图2-11）。

针对凹陷期断层（Ⅲ类）形成过程中，具有多条断层共享同一条深部大断裂的特征，通过对断层期次划分，分开解释识别，确保断层解释的合理性。断层解释的核心思想是，对于断层级别高且以断穿铜钵庙组为特征的底部Ⅱ类断陷期断层，与断穿南屯组地层为标志的Ⅲ类凹陷期断层分别命名，分开解释。

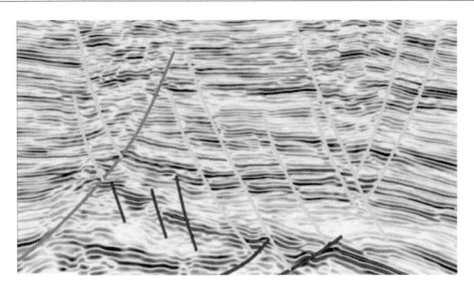

图 2-11　断层分期次解释示意图

通过对断层期次划分，按不同期次分开解释，避免了地震"切轴"现象。加深了断裂体系平面展布规律的认识，使小断层形态、延伸长度刻画得更加准确。

2）应用三维地震属性体切片指导断裂体系描述

优选了刻画断层清晰的相干体、倾角方位角和曲率体等属性切片。在切片上对断层进行编号，结合地震剖面特征逐条落实，使得断层主次关系、搭接关系更加清晰，平面发育形态更加符合力学特征。

利用三维地震属性切片明确整体断裂体系发育特征，按断层分级、分期解释，优选了反映研究区断层清晰的倾角方位角、曲率体属性切片，分析整体断裂体系发育特征，按断层级别结合剖面特征逐条落实，使得断层主次关系、搭接关系更加清晰。

# 第二节　地质体细分技术

油田经过了多年探勘开发实践—认识—再实践—再认识的反复过程，并随着实践认识的不断深入，我们普遍认识到细分单元地质体是认识复杂地质条件油田的一个有效途径（燕列灿，2000）。单元地质体是一个相对概念，相对湖盆，一个小洼陷就是一个单元地质体；相对沉积体系，一个扇体就是一个单元地质体；相对断裂系统，一个无论多大级别的断层，就是一个单元地质体；相对连续时空，一个相对连续的沉积界面是一个单元地质体。基于上述认识，对海塔盆地的小断洼、扇体、沉积体系进行细分（崔鑫等，2016）。

## 一、细分次级断洼

海塔盆地共经历 5 期演化过程，盆地虽有一定的反转，但是整体变化不大，构造具有一定的继承性，后期构造反转对先期盆地结构影响不大（图 2-12）。

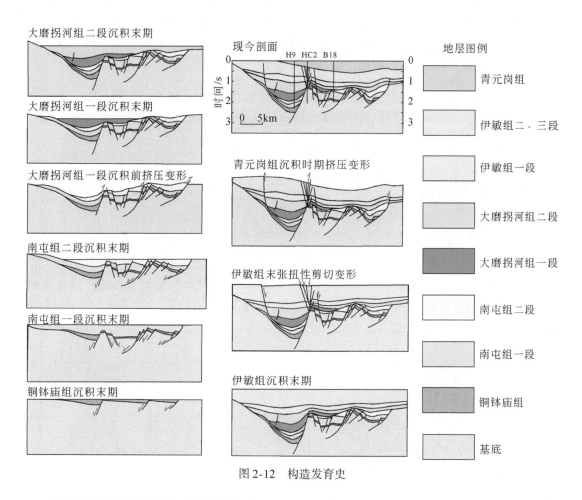

图 2-12　构造发育史

　　勘探初期稀井网条件下划分的次洼，通过开发阶段的密井网条件下发现内部还可细分多个更次一级别的小断洼，这些小断洼在油气成藏过程中仍能构成一个单元，通过密井网条件下小断洼的细分使得找油目标更为明确，落实圈闭更为具体（图 2-13）。

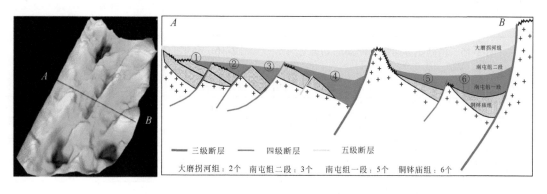

图 2-13　次洼划分剖面图

小断洼的识别，主要是通过井震联合判别，地震以宏观刻画轮廓，用井加以证实，小断洼的边部，一般构造相对高，地层厚度相对薄，砂地比相对高，而断洼中央则相反，构造相对低，地层厚度相对厚，砂地比相对低（图2-14）。

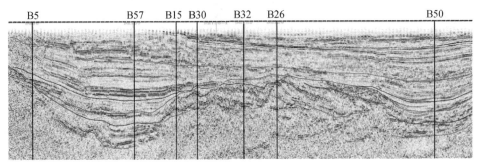

图2-14　地震识别小断洼

按照上述方法，将海塔盆地中部断陷带的乌尔逊-贝尔-塔南-南贝尔凹陷，以及纵向四套层系，共划分为177个小断洼（图2-15，图2-16，表2-3）。

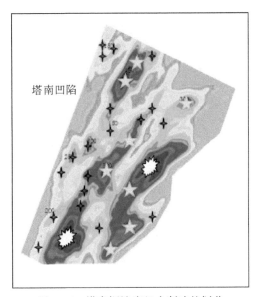

图2-15　塔南铜钵庙组小断洼的划分

图2-16　乌尔逊-贝尔铜钵庙组小断洼的划分

表2-3　海塔小湖盆统计表

| 面积/km² | 厚度/m | 层位 | | | |
|---|---|---|---|---|---|
| | | 大磨拐河组 | 南屯组二段 | 南屯组一段 | 铜钵庙组 |
| ≤100 | ≤150 | 5 | 18 | 38 | 43 |
| 100~300 | 150~400 | 11 | 13 | 12 | 13 |
| ≥300 | ≥400 | 10 | 8 | 4 | 2 |
| 合计 | | 26 | 39 | 54 | 58 |

## 二、细分剥蚀面

以往通过地层划分认为布达特群与铜钵庙组、铜钵庙组与南屯组一段、南屯组一段与南屯组二段、南屯组二段与大磨拐河组之间都存在不整合接触，共发育4个不整合面，都发育于古构造隆起或盆地边部（图2-17，图2-18）。

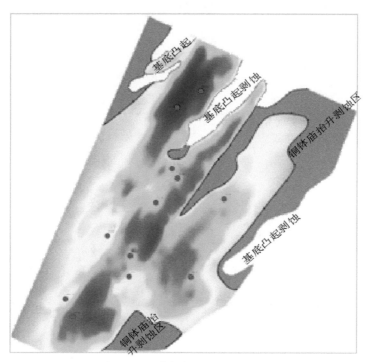

图2-17 塔南南屯组顶面构造

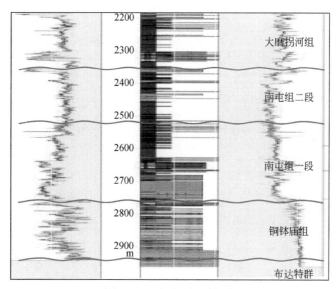

图2-18 油层组级别划分

　　而实际通过小断洼细分后，发现个别小断洼的边部不同层位仍有一定剥蚀，通过细分之后在原有剥蚀面的内部又识别5个剥蚀面（图2-19），发现三种主要不整合类型（图2-20），通过分析发现这5个剥蚀面对油气成藏起到非常重要的作用。

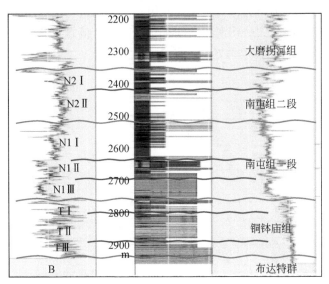

图2-19　油层组级别地层划分

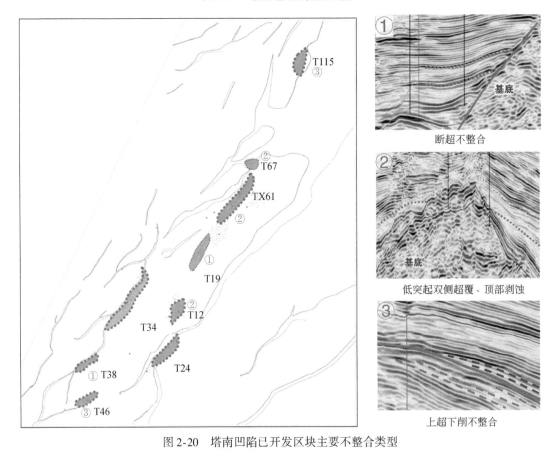

图2-20　塔南凹陷已开发区块主要不整合类型

# 三、细分小扇体

以往稀井网条件下只能识别地层级别扇体，而实际开发都是针对油层组和小层级别的，不能满足开发实际需要，而开发阶段的井距相对小，且井网相对密集，具备单一扇体刻画的条件，同时地震技术的进步和井资料的丰富，使主力层扇体识别成为现实，通过主力砂层扇体识别，扇体沉积规律更为明确，砂体富集条件更为清晰，能有效指导砂体预测，而砂体的准确预测可为井位部署提供更加可靠的依据。

## 1. 扇体识别方法

扇体识别主要应用井震结合方法，在地震剖面南北方向上，铜钵庙组多呈楔状体沉积，包络强反射，上超于层序边界，常呈变振幅，较连续至断续；在东西方向地震剖面的横截面上地震反射呈丘状凸起的外形，呈双向下超于层序界面上，符合扇体沉积特征（图2-21～图2-23）。

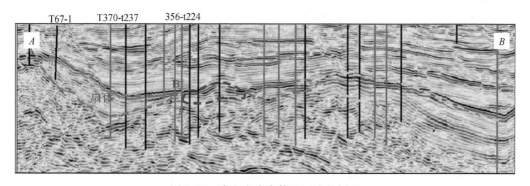

图 2-21 南北向多扇体地震连井剖面

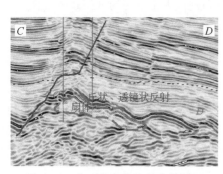

图 2-22 东西向扇体地震连井剖面

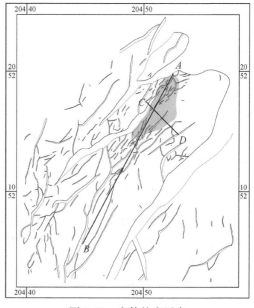

图 2-23 扇体轮廓展布

同时利用测井曲线及岩性对扇体不同部位进行识别，总体来看扇根往往电阻率曲线呈钟形或箱形，岩性多为砂砾岩；扇中电阻率曲线幅度略低，岩性多为细砂岩；扇端电阻率曲线呈齿状，电阻值也是最低，多为 $10\Omega\cdot m$ 或以下，岩性多为粉砂岩或粉砂质泥岩（图 2-24）。

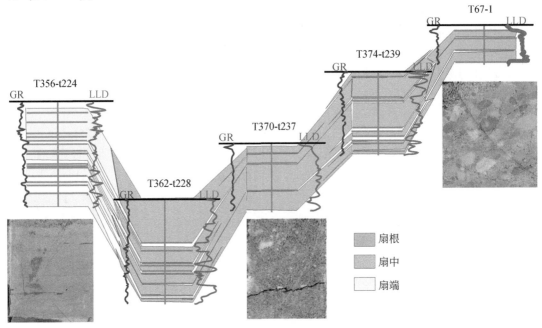

图 2-24 T67-1 扇体沉积相连井剖面

2. 细分油组，刻画主力油层扇体的展布

依据前述，海塔盆地主要发育水下扇和扇三角洲湖盆沉积，以扇体沉积为主，呈近物源、多物源特点，扇体多呈环洼分布，湖盆规模及数量决定扇体的规模及数量。

小断洼边部多为剥蚀区（崔鑫等，2019），随着湖平面的变化，在邻近剥蚀区与小断洼之间的斜坡上发育规模不等的多期复合扇体。宏观上这些扇体沉积在纵向上错层叠置，平面上大面积连片分布（图 2-25）。

以往扇体划分以组、段级别为主，不宜指导开发，通过以小断洼为单元，对扇体进行逐层细化。具体到各个主力砂组上，扇体则表现为分布规模大小不等的沉积砂体（图 2-26 ~ 图 2-28）。

3. 扇体沉积特征

海塔盆地以箕状断陷沉积为主，其特征为陡坡成扇，以扇体沉积为主，缓坡以扇三角洲、辫状河三角洲沉积为主。陡坡扇（图 2-29，图 2-30）靠近边界大断层，地层倾角大，近源滑塌，发育冲积扇、水下扇，扇体规模小，岩性砾岩为主，分选差；缓坡扇（图 2-31，图 2-32）地层倾角小，发育扇三角洲、辫状河三角洲，扇体规模相对大，砂质砾岩和砂岩为主，分选好。

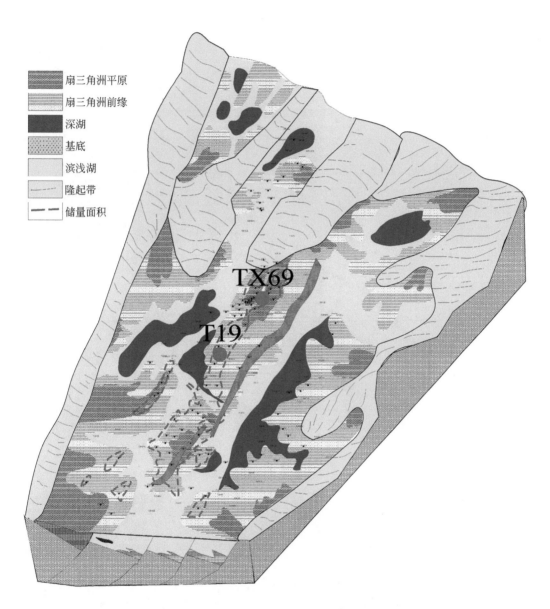

图 2-25 塔南凹陷 T II 油组沉积相带图

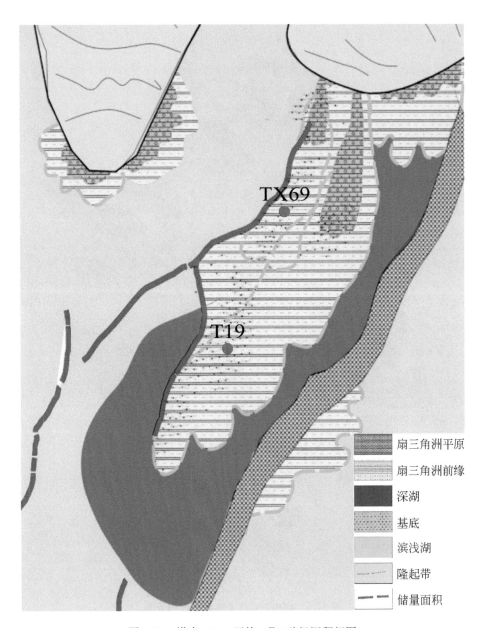

图 2-26　塔南 19-19 区块 TⅡ1 砂组沉积相图

（图例）
扇三角洲平原
扇三角洲前缘
深湖
基底
滨浅湖
隆起带
储量面积

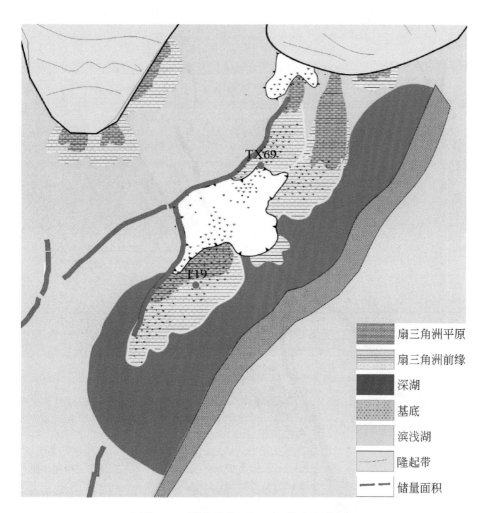

图 2-27　塔南凹陷 T Ⅱ 2 砂组沉积相带图

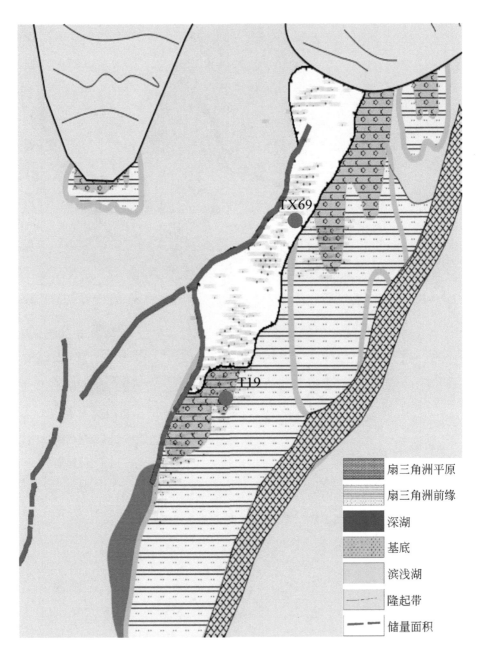

图 2-28　塔南凹陷 T Ⅱ 3 砂组沉积相带图

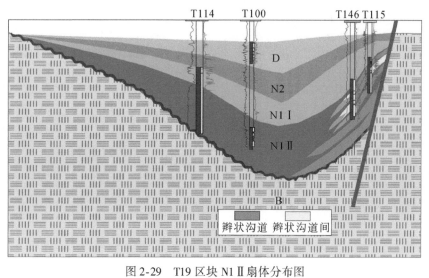

图 2-29　T19 区块 N1Ⅱ扇体分布图

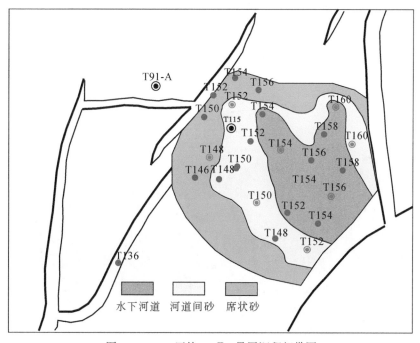

图 2-30　T19 区块 N1Ⅱ3 号层沉积相带图

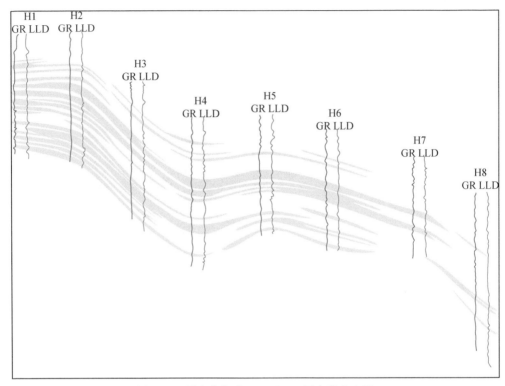

图 2-31　霍多莫尔油田 N1 I 2-6 层扇体分布图

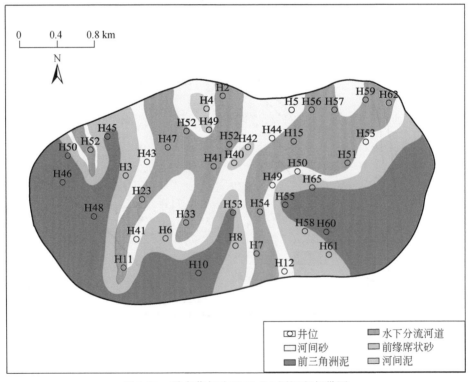

图 2-32　霍多莫尔油田 N1 I 6 层沉积相带图

物源发育方向受盆缘沟谷与边界控陷断裂的控制，不同物源、不同类型扇体具有多期次的特点，但总体表现为物源短而多、相变快、沉积类型丰富，陡坡带和缓坡带由于主要的动力机制不同造成沉积相带也不相同。陡坡带受重力流作用明显，沉积相以颗粒混杂、规模较小、流程较短、变化较快的冲积扇、扇三角洲为主，向下以深湖、半深湖泥及湖底扇沉积为主；缓坡带牵引流动力相对占据优势明显，挟带砂体规模大，流程相对较远，大型的层理发育，颗粒分选相对较好，韵律性也较为明显，以发育辫状河三角洲、前三角洲沉积相为主，向下以深湖-半深湖泥为主。

# 第三节　砂体预测技术

通过对海塔油田的上百口取心井岩心观察描述、室内镜下鉴定及粒度分析，并结合所有钻井的综合录井图、岩性、电性、沉积构造、岩石组构、地震相标志、生物及控制沉积环境的沉积构造背景等方面信息，根据沉积类型的分布位置、物质来源以及形成机制，研究发现两大沉积体系深湖-半深湖沉积体系和湖岸沉积体系（王正来等，2015）。

深湖-半深湖沉积体系主要发育近岸水下扇（贝中南屯组二段、巴彦塔拉南屯组二段）、深水浊积扇（霍多莫尔南屯组二段）、湖底扇（苏仁诺尔南屯组二段），湖岸沉积体系主要发育扇三角洲（贝中南屯组一段、苏德尔特南屯组一段、呼和诺仁南屯组二段）、辫状河三角洲（乌东南屯组二段）、滨浅湖滩坝沉积（乌尔逊南屯组一段、霍多莫尔南屯组一段），其中扇三角洲、辫状河三角洲、近岸水下扇、滩坝沉积是四种主要砂体成因的类型（张长俊和龙永文，1995；李子顺和杨玉峰，1996）。通过沉积体系细分后，总结已知沉积体系，精细刻画并总结不同沉积体系及砂体分布规律进而实现对未知区的砂体预测。

## 一、沉积体系分布规律

根据对海塔盆地6种不同沉积体系的识别及平面分布（图2-33，图2-34）特征分析，结合地层格架、地震解释，综合确定海拉尔断陷盆地沉积体系分布及规模主要受原始地貌及物源供给等因素控制（龙永文和王洪艳，1998）。

### 1. 原始地貌决定沉积体系类型

根据不同沉积体系平面分布特征，断陷盆地陡坡即控陷断阶带发育区，沉积扇体主要为冲积扇、滑塌扇、近岸水下扇、扇三角洲等，在盆地中心洼槽带由于坡度缓、水体深，常发育湖底扇、滑塌扇、浊积扇体等，而缓坡区即缓坡断阶带，由于坡度缓、距离物源较远，常发育辫状河三角洲、扇三角洲等，在滨浅湖变迁带附近发育有湖岸滩坝沉积。

总体上，贝西次凹、贝南次凹、乌南次凹、乌北次凹中部的洼陷带为主要的半深湖、深湖区（周文，1996）。沿东、西两侧的凹陷边缘发育扇三角洲、辫状河三角洲和滨浅湖三角洲沉积，斜坡至洼陷区过渡带发育湖底扇、前三角洲浊积，与深湖-半深湖

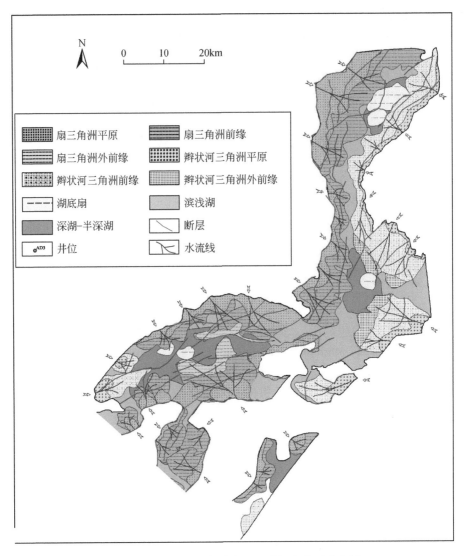

图 2-33　乌尔逊-贝尔南屯组一段沉积体系分布图

泥岩共生。贝尔凹陷西北缘、苏德尔特隆起西缘、贝东隆起东北部的粗碎屑体系总体向
贝西-苏德尔特北洼陷区注入。贝南次凹主要接受贝东隆起西缘和苏德尔特隆起东缘断
坡带的物源供给。乌南和乌北次凹分别为两个相对的深水区域，其间的乌中低凸起为滨
浅湖环境。

　　乌尔逊凹陷缓坡以辫状河三角洲沉积和滩坝沉积为主，陡坡以冲积扇、扇三角洲为
主，洼槽主要发育湖底扇。贝尔凹陷缓坡以发育扇三角洲沉积体系和湖岸滩坝沉积为主，
陡坡为近岸水下扇、深水冲积扇体（图 2-35）。

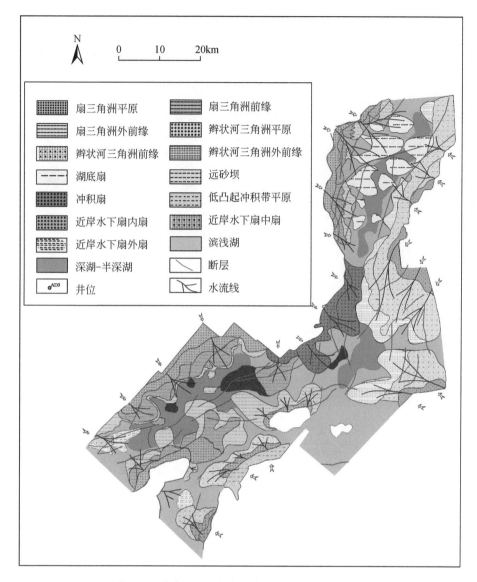

图 2-34 乌尔逊-贝尔南屯组二段沉积体系分布图

## 2. 物源、沉积地层倾角决定沉积体系规模

物源、沉积地层倾角共同决定沉积体系规模,湖岸沉积体系多为远源供给、深湖-半深湖沉积体系多为近源供给。通过沉积边界、地层倾角、距主剥蚀区距离综合确定扇体规模。海塔盆地沉积扇体主要发育在距离剥蚀区 3~20km 的范围,陡坡>4°,以扇三角洲、近岸水下扇、深水浊积扇为主;缓坡<4°,以辫状河三角洲、深水浊积扇、湖底扇沉积为主,其中,从不同沉积类型地层倾角与主剥蚀区距离拟合曲线图(图 2-36)可看出,深水浊积扇沉积扇体与其他沉积体拟合线无交集,往往单独发育。从单个扇体发育面积规模看,扇三角洲、辫状河三角洲发育面积大,近岸水下扇次之,湖底扇面积最小(表 2-4)。

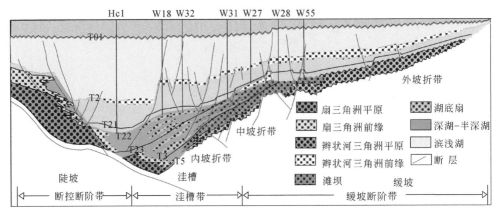

图 2-35　乌尔逊凹陷沉积体系分布特征剖面图

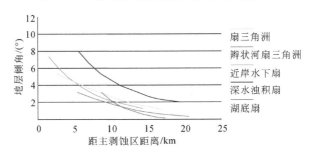

图 2-36　海塔盆地不同沉积类型地层倾角与主剥蚀区距离拟合曲线图

表 2-4　海塔盆地不同沉积类型规模统计表

| 类型 | 地层倾角/(°) | 与主剥蚀区距离/km | 面积/km² |
|---|---|---|---|
| 扇三角洲 | 1~5 | 4~16 | 98.2 |
| 辫状河三角洲 | 1~3 | 6~20 | 56.2 |
| 近岸水下扇 | 2~7 | 2~13 | 27.6 |
| 深水浊积扇 | 3~8 | 5~17 | 53.4 |
| 湖底扇 | 1~3 | 11~17 | 17.8 |
| 滩坝 | 2~5 | 4~20 | 23.7 |

# 二、砂体分布规律

## 1. 断层、坡折、相带控制砂体分布

同沉积断裂控制砂体走向，斜坡控制砂体规模，物源和水深控制砂体类型。同沉积断层下降盘砂体发育规模大（图 2-37），坡折中部、大断层形成断坡控制砂体沉积。

## 2. 断裂样式控制着局部砂体规模及走向

断陷盆地砂体规模及走向受断裂样式控制明显（付红军等，2019），大多数砂体沿断裂两侧分布，大型断裂往往发育大型扇体。如苏仁诺尔油田南屯组二段砂岩（图 2-38）

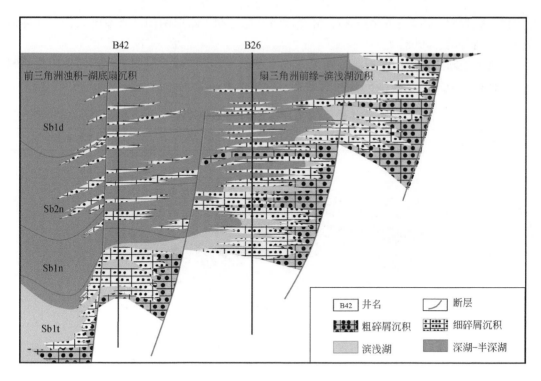

图 2-37　B42 井—B26 井同沉积断裂砂体连通对比剖面

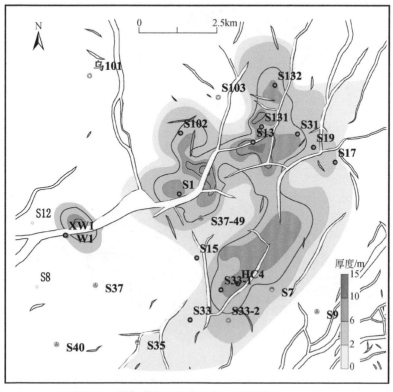

图 2-38　苏仁诺尔油田南屯组二段砂岩厚度分布图

受雁式断裂控制，砂岩沿断裂分布，并受次级断层控制。断层两侧砂岩厚度大，向外逐渐减薄（张吉光等，1998）。

　　海塔盆地断层对砂体的控制分别是分流、限砂、疏导三种，根据三种不同作用总结归纳了五种控砂模式图（表2-5），可有效指导砂体预测。

表 2-5　海塔盆地断层样式控砂模式表

| 名称 | 5 种控砂模式 | 控砂作用 |
|---|---|---|
| 梳状 | <br>梳状组合 | 分流 |
| 斜交状 | <br>斜交组合 | 限砂 |
| 帚状 | <br>帚状组合 | 疏导 |

| 名称 | 5 种控砂模式 | 控砂作用 |
|---|---|---|
| 平行状 | 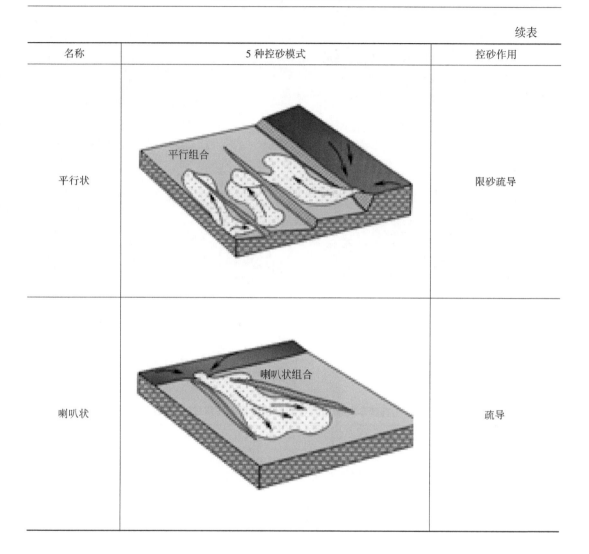 | 限砂疏导 |
| 喇叭状 | | 疏导 |

### 3. 不同沉积类型砂体分布规律

在沉积体系识别、分布规律及控砂因素分析的基础上,通过与开发区块内实际生产情况结合,对沉积微相剖析,进一步明确了不同沉积扇体的有利沉积相带。

1) 扇三角洲

通过对苏德尔特、呼和诺仁、贝中油田扇三角洲研究,发现地层角度为 2°~5°,距离剥蚀区距离 8~12km,有利储层分布面积为 23km²,水下分流河道发育厚度为 4~12m,主要厚度集中在 7~8m(图 2-39)。

以单期沉积事件为研究对象,可确定沉积微相的发育规模,通过统计,分流河道延伸长度为 1.5~3.0km,发育厚度为 4.0~12.0m,宽度范围为 481~1218m,宽厚比为 89~102;河道侧翼延伸长度为 0.7~1.4km,发育厚度为 1.2~3.3m,宽度范围为 89~389m,宽厚比为 74~118,可见扇三角洲平面上沉积规模较大(表 2-6,表 2-7)。

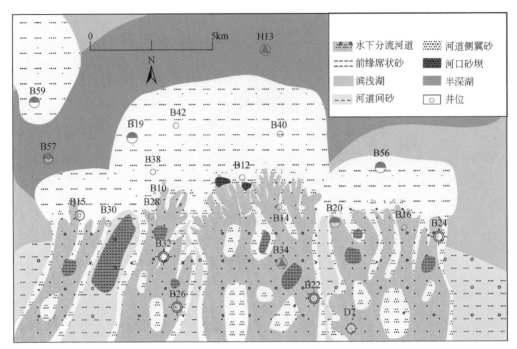

图 2-39　苏德尔特兴安岭油层 II 油组 12 号层沉积微相平面分布图

表 2-6　苏德尔特油田兴安岭沉积微相发育规模统计表

| 砂体所处相带 | 延伸长度/km | 发育厚度/m | 宽度范围/m | 宽厚比 |
|---|---|---|---|---|
| 分流河道 | 1.5 ~ 3.0 | 4.0 ~ 12.0 | 481 ~ 1218 | 89 ~ 102 |
| 河道侧翼 | 0.7 ~ 1.4 | 1.2 ~ 3.3 | 89 ~ 389 | 74 ~ 118 |
| 河道间砂 | 1.2 ~ 2.5 | 0.8 ~ 2.6 | 105 ~ 458 | 131 ~ 176 |
| 河口砂坝 | 0.3 ~ 0.4 | 2.5 ~ 4.0 | 317 ~ 550 | 126 ~ 138 |
| 前缘席状砂 | 1.8 ~ 4.6 | 0.3 ~ 1.0 | 678 ~ 6352 | — |

表 2-7　苏德尔特油田兴安岭原始地层沉积角度、岩性发育带与剥蚀区距离统计表

| 沉积相带 | 岩性发育带 | 剥蚀区距离/km | 原始地层沉积角度/(°) |
|---|---|---|---|
| 内前缘 | 砂砾岩区 | 4.4 ~ 8.6 | 4 ~ 6 |
| 前缘中部 | 粉细砂岩区 | 8.2 ~ 12.1 | 3 ~ 5 |
| 外前缘 | 泥岩区 | 12.1 ~ 16.1 | 1 ~ 2 |

2）辫状河三角洲

据对乌尔逊油田辫状河三角洲的研究分析，原始地层沉积角度为 1° ~ 2°，距离剥蚀区 11 ~ 14.8km，有利储层分布面积为 30.4km²，水下分流河道延伸长度为 2.2 ~ 7.2km，发育厚度为 3.8 ~ 42.3m，厚度主要集中在 5 ~ 10m（图 2-40，表 2-8，表 2-9）。

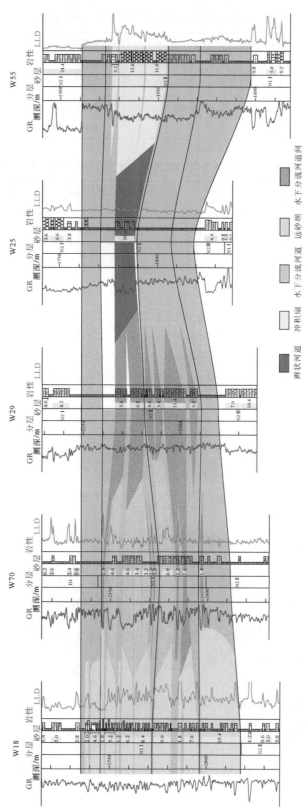

图 2-40　W18—W55 井沉积微相相连井剖面图 (砂层列数字为砂层厚度，单位 m)

表 2-8　乌尔逊油田 N2 段沉积微相发育规模统计表

| 前缘相带 | 延伸长度/km | 厚度/m | 宽度范围/m | 宽厚比 |
|---|---|---|---|---|
| 水下分流河道 | 2.2~7.2 | 3.8~42.3 | 46~752 | 12.1~17.8 |
| 水下分流河道间 | 1.6~6.6 | 1.2~9.4 | 113~1086 | 94.2~115.5 |
| 河口坝 | 1.2~2.1 | 5.6~12.8 | 846~2048 | 151.1~160 |
| 远砂坝 | 1.6 | 9.0 | 1014~1860 | 112.7 |

表 2-9　乌尔逊油田 N2 段原始地层沉积角度、岩性发育带与剥蚀区距离统计表

| 沉积相带 | 岩性发育带 | 剥蚀区距离/km | 原始地层沉积角度/(°) |
|---|---|---|---|
| 内前缘 | 砂砾岩区 | 6.0~9.8 | 2~3 |
| 前缘中部 | 粉细砂岩区 | 11.0~14.8 | 1.5~2 |
| 外前缘 | 泥岩区 | 9.0~19.8 | 0~1 |

3）近岸水下扇

对贝中 N2 段近岸水下扇体的研究表明原始地层沉积角度为 2°~5°，距剥蚀区为 5~8km，有利砂体分布面积为 8.7km²，扇中辫状水道厚度为 2.4~25.2m，厚度主要集中 5.3~12.2m（图 2-41，表 2-10，表 2-11）。

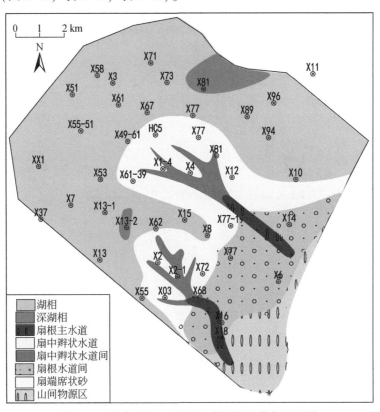

图 2-41　贝中油田 N2 段Ⅲ2 号层沉积微相平面图

表 2-10　贝中油田 N2 段沉积微相发育规模统计表

| 砂体所处相带 | 延伸长度/km | 厚度/m | 宽度范围/m | 宽厚比 |
|---|---|---|---|---|
| 扇根主水道 | 2.0 ~ 4.0 | 6.6 ~ 40.0 | 50 ~ 100 | 2.5 ~ 7.5 |
| 扇根主水道间 | 2.1 ~ 3.5 | 2.2 ~ 7.0 | 60 ~ 180 | 25.7 ~ 27.2 |
| 扇中辫状水道 | 1.4 ~ 3.8 | 2.4 ~ 25.2 | 30 ~ 300 | 11.9 ~ 12.5 |
| 扇中辫状水道间 | 0.8 ~ 2.0 | 1.0 ~ 3.8 | 300 ~ 700 | 184 ~ 300 |
| 扇端席状砂 | 0.1 ~ 0.8 | 0.5 ~ 2.4 | 50 ~ 120 | — |

表 2-11　贝中油田 N2 段原始地层沉积角度、岩性发育带与剥蚀区距离统计表

| 沉积相带 | 岩性发育带 | 剥蚀区距离/km | 原始地层沉积角度/(°) |
|---|---|---|---|
| 扇根 | 砂砾岩区 | <5 | 5 ~ 7 |
| 扇中 | 粉细砂岩区 | 5 ~ 8 | 3 ~ 5 |
| 扇端 | 泥质粉砂岩区 | 8 ~ 13 | 1 ~ 3 |

4）湖底扇

苏仁诺尔油田 N2 段湖底扇沉积，原始地层沉积角度为 1.5° ~ 3°，距剥蚀区 11 ~ 15km，有利储层分布面积 10.9km²，内扇水道、中扇辫状水道厚度为 5.6 ~ 10.1m，厚度主要集中 7 ~ 8m（表 2-12，表 2-13）。

表 2-12　苏仁诺尔油田 N2 段沉积微相发育规模统计表

| 砂体所处相带 | 延伸长度/km | 厚度/m | 宽度范围/m | 宽厚比 |
|---|---|---|---|---|
| 内扇水道 | 1.0 ~ 3.0 | 9.5 ~ 10.1 | 200 ~ 450 | 92.6 ~ 277.8 |
| 内扇水道间砂 | 0.8 ~ 1.9 | 6.3 ~ 7.5 | 180 ~ 320 | 94.1 ~ 223.5 |
| 中扇辫状水道 | 0.7 ~ 2.2 | 5.6 ~ 7.2 | 150 ~ 300 | 97.2 ~ 305.6 |
| 中扇水道间砂 | 0.8 ~ 1.4 | 3.2 ~ 6.1 | 100 ~ 180 | 145.5 ~ 254.2 |
| 外扇席状砂 | 0.4 ~ 1.2 | 1.5 ~ 3.4 | 50 ~ 100 | 142.8 ~ 428.6 |

表 2-13　苏仁诺尔油田 N2 段原始地层沉积角度、岩性发育带与剥蚀区距离统计表

| 沉积相带 | 岩性发育带 | 剥蚀区距离/km | 原始地层沉积角度/(°) |
|---|---|---|---|
| 内扇 | 砂砾岩 | 11 ~ 12.5 | 2 ~ 3 |
| 中扇 | 细-粉砂岩 | 12 ~ 15 | 1.5 ~ 2 |
| 外扇 | 泥岩发育区 | 14 ~ 17 | ≤1 |

5）深水浊积扇

霍多莫尔油田 N2 段深水浊积扇发育（图 2-42），原始地层沉积角度为 3° ~ 6°，距剥蚀区距离为 7.8 ~ 15km，有利储层分布面积为 13.9km²，水道中心厚度为 5.6 ~ 101.8m，厚度主要集中在 20 ~ 40m（表 2-14，表 2-15）。

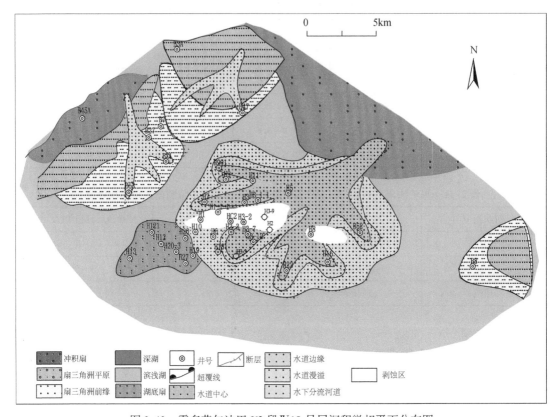

图 2-42 霍多莫尔油田 N2 段 IV 10 号层沉积微相平面分布图

表 2-14 霍多莫尔油田 N2 段沉积微相发育规模统计表

| 砂体所处相带 | 延伸长度/km | 厚度/m | 宽度范围/m | 宽厚比 |
| --- | --- | --- | --- | --- |
| 水道中心 | 1.3 ~ 3.5 | 5.6 ~ 101.8 | 587 ~ 1254 | 12.3 ~ 104.8 |
| 水道边缘 | 2.6 ~ 4.2 | 5 ~ 12 | 390 ~ 1076 | 78.0 ~ 89.7 |
| 水道满溢 | 1.0 ~ 2.8 | 2.1 ~ 4.1 | 400 ~ 2168 | 190.5 ~ 528.8 |

表 2-15 霍多莫尔油田 N2 段原始地层沉积角度、岩性发育带与剥蚀区距离统计表

| 沉积相带 | 岩性发育带 | 剥蚀区距离/km | 原始地层沉积角度/(°) |
| --- | --- | --- | --- |
| 根端 | 砂砾岩 | <8 | 7 ~ 8 |
| 中端 | 细-粉砂岩 | 7.8 ~ 15 | 3 ~ 6 |
| 外端 | 泥岩发育区 | 15 ~ 17 | <3 |

6）滩坝沉积

乌尔逊油田 N1 段发育滩坝沉积体系，有利相带为坝砂，砂体具有反粒序特征，砂体呈坨状，单个砂坨规模小，中间厚四周薄，整体平行湖岸呈串珠状分布（朱平和王成善，1995）。原始地层沉积角度为 2° ~ 5°，距剥蚀区距离为 4.0 ~ 10.3km，有利储层分布面积为 3.68km$^2$，坝砂单层厚度为 1.0 ~ 15.0m，厚度平均值为 3.8m（图 2-43，表 2-16）。

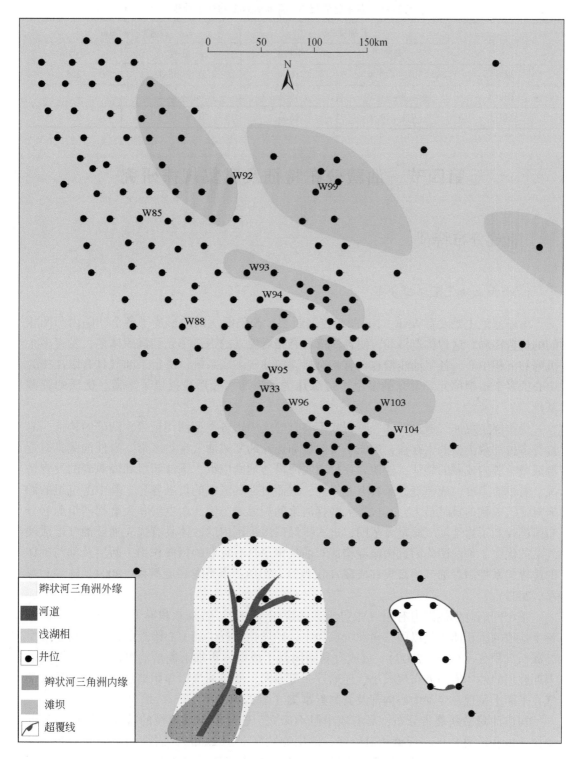

图 2-43　乌尔逊油田 N1 II 10 ~ 12 小层沉积微相图

表 2-16　乌尔逊油田 N1 段沉积微相物性统计表

| 沉积相 | 孔隙度/% | | 渗透率/$10^{-3} \mu m^2$ | |
|---|---|---|---|---|
| | 范围 | 平均值 | 范围 | 平均值 |
| 坝砂 | 10.9 ~ 21.9 | 16.4 | 0.5 ~ 55.7 | 2.5 |
| 滩砂 | 6.8 ~ 18.5 | 14.2 | 0.1 ~ 13.2 | 1.1 |
| 浊积砂 | 9.1 ~ 19.9 | 13.8 | 0.1 ~ 10.2 | 0.6 |

# 第四节　油藏分布特征及富集规律研究

## 一、油藏分布特征

### 1. 平面上油气呈环凹分布

海塔盆地主要发育 NNE、NE 两组控陷断裂,控陷断层活动形成了各个凹陷内凸凹相间的构造格局。这种构造格局,使各洼槽具有相对独立的构造单元和沉积体系,发育多个沉降和沉积中心,各生油洼槽也具有相对独立的油气生成系统,决定了油气具有以洼槽为中心的多个运聚单元。发育的多个主烃源灶区,为油气藏形成提供了丰富、优质的资源基础。

烃源层生成油气通过砂体、断裂或不整合等向周边各类型圈闭运聚,凹陷内构造、岩性等多种油藏类型共生存在,形成了横向叠加连片的复式油气聚集区带。岩性油藏具有近源成藏、源内成藏的特征,烃源岩评价表明海塔盆地南屯组、铜钵庙组和烃源岩的发育情况、有机质丰度、成熟度分布具有差异性,进而对油气成藏的贡献各异,其中南屯组的源岩对油气成藏的贡献最大,其次是大磨拐河组的烃源岩。因此南屯组和大磨拐河组源岩分布范围控制了岩性油气藏发育范围,进入排烃门限范围内的砂体具有优先捕获油气形成油气藏的优势。生油凹陷附近微幅度构造对油气聚集具有良好的指向作用,断层及其与砂体的配置关系控制着油气的富集和成藏(崔鑫等,2018;李丕龙和庞雄奇,2004;陈果和彭军,2005)。

整个凹陷总生烃潜力有限(张吉光和张宝玺,2002;黄福堂和冯子辉,1998),而且整个盆地的沉积体系是以扇三角洲沉积为主,砂体在靠近生油中心附近的沟谷中易于发生卸载而沉积(辛仁臣,2000),形成有利圈闭易于成藏,再加上断层的纵向调节以及经过多期叠加的砂体横向展布规模小、连通性差等原因,使得油气以短距离运移为主,导致油气在平面上呈现在生油中心内部及其附近富集(图 2-44)。

构造油藏沿断裂带分布,具有成串但不孤立、连片但不具规模的特征,储层多为近源快速堆积砂砾岩体,埋藏相对较浅,储层物性好(图 2-45)。岩性油藏邻凹分布,储层以粉砂岩为主,多为目的层早期靠近深凹斜坡区沉积,属于深湖–半深湖源内沉积(图 2-46)。

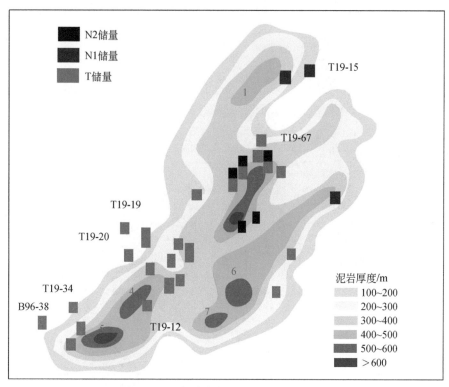

图 2-44 油气分布与生油凹陷展布关系图

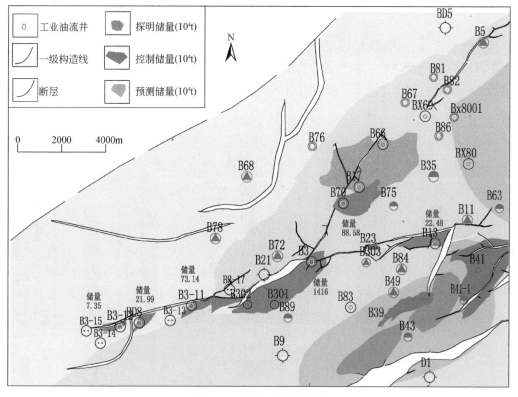

图 2-45 构造油藏分布图

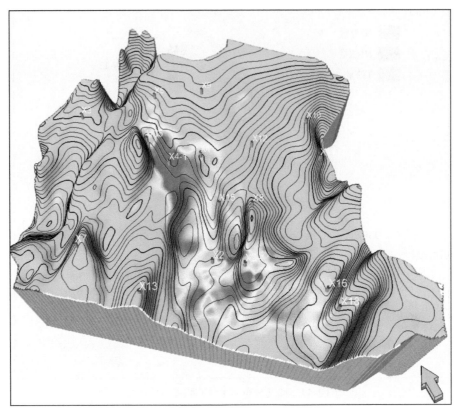

图 2-46　岩性油藏分布图

　　从目前统计的七个油田的已提交探明储量的含油边界与生油中心距离上看，油田多分布于距沉积中心 4km 以内，如小断洼边部斜坡或构造高部位，不同凹陷带内运移距离越小储量越大。以塔南为例，同一凹陷带内泥岩厚度越大储量越大（图 2-47，图 2-48）。

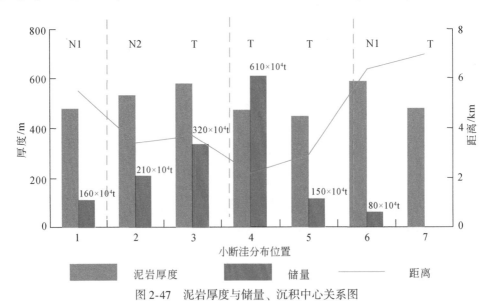

图 2-47　泥岩厚度与储量、沉积中心关系图

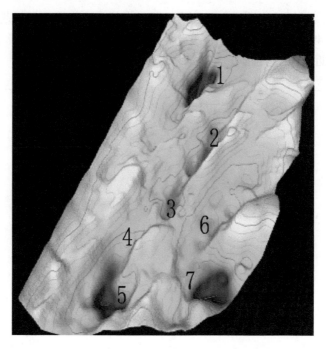

图 2-48 铜钵庙组小断洼划分位置分布图

### 2. 纵向上南屯组和铜钵庙组油气最为富集

海塔盆地纵向上分布四套含油层系（表 2-17），南屯组发育主要的烃源岩，目前从海塔盆地已提交的探明储量分布来分析（陈守田等，2002），储量主要集中在南屯组和铜钵庙组。研究发现南屯组和铜钵庙组油气相对富集，主要存在以下五方面有利条件：一是南屯组和铜钵庙组位于整个盆地的强烈断陷期，导致构造圈闭非常发育；二是两个时期扇三角洲前缘砂体非常发育，储层物性相对较好；三是伊敏组时期油气大量生成，整个南屯组和铜钵庙组圈闭形成期早于该生油高峰期；四是南屯组沉积后期，整个盆地进入拗陷阶段，尤其大磨拐河组一段时期沉积一套较厚的泥岩，是一套很好的区域性盖层；五是伊敏组后期构造运动相对减弱，对已有油藏破坏作用小，使得南屯组和铜钵庙组油藏得以完好保存。

表 2-17 海塔盆地不同层位储量规模分布图

| 层位 | 大磨拐河组 | 南屯组二段 | 南屯组一段 | 铜钵庙组 | 布达特群 |
|---|---|---|---|---|---|
| 储量/$10^4$t | 263.82 | 3888.33 | 15676.3 | 33020.0 | 2951.69 |

## 二、油藏富集条件及主控因素分析

### 1. 生油岩的性质、规模决定油气储量规模

通过前面对暗色泥岩厚度在各个次级洼陷分布情况的统计，发现同一凹陷内的小洼陷

之间泥岩厚度越大控制邻近储量越大，且同一凹陷内的小洼陷泥岩埋深越接近生油高峰探明储量越大（图2-49），乌南次洼、贝西次洼、贝尔次洼小断洼的泥岩是主要生油源岩，控制海拉尔油田接近95%的储量（冯志强等，2004b）。

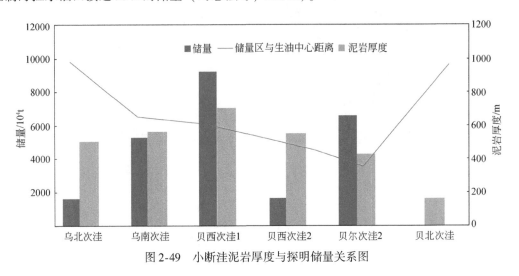

图 2-49　小断洼泥岩厚度与探明储量关系图

### 2. 优质储层是油气聚集的主要部位

有利相带控制了优质储层的分布，是影响油气富集的重要因素（卢双舫等，2002）。铜钵庙组时期处于初始裂陷-裂陷期，为浅湖盆层序，发育扇三角洲-滨浅湖沉积体系。下部地层为杂色砂砾岩与红色泥岩互层的冲积扇沉积体系，上部地层为扇三角洲沉积体系，厚层砾岩、砂岩发育（林仲虔，1992），岩石成分成熟度低，扇体成群成带、叠加连片，砂地比一般大于70%，是形成构造油气藏的主要含油层位。南屯组沉积时期处于强烈裂陷期，为半深-深湖盆层序，发育扇三角洲、水下扇-湖泊沉积体系，下部地层以近岸水下扇和湖底扇沉积为主，岩性变化较大，是岩性油气藏的主要发育层段，上部以河流三角洲、扇三角洲沉积为主，储层物性好，多形成岩性-构造油气藏（潘元林等，2001）。

总之，扇三角洲前缘、水下扇相带发育良好的储集砂体（Dreger et al.，1990），砂体分选较好，储层物性好，为铜钵庙组构造油气藏和南屯组岩性、复合油气藏聚集提供了优质的储集体及输导通道，从目前已发现的油气藏沉积相带统计看，扇三角洲前缘及水下扇中相带是最有利的含油相带（图2-50）。

### 3. 二、三级断层控制油气富集的有利圈闭

一级断层（主控断裂）深切基底（于秀英等，2004），具有继承性发育特征，活动时间长，从铜钵庙期至伊敏期均有发育，切割地层厚度大；平面上部分断裂分段发育，雁列状展布；断块掀斜旋转，断层上升盘出露形成物源区，下降盘形成新的沉降中心，断陷小断洼沉积中心均靠近一级断层的下降盘一侧；二、三级断层（调节断层）发育位置在一级断层夹持之间的调节断层或派生断层，砂砾岩较厚的刚性地层区二、三级断层较发育，与断块组合形成有利构造圈闭，主要发育在构造缓坡带，延伸至洼槽中心附近，形成油气运移通道。

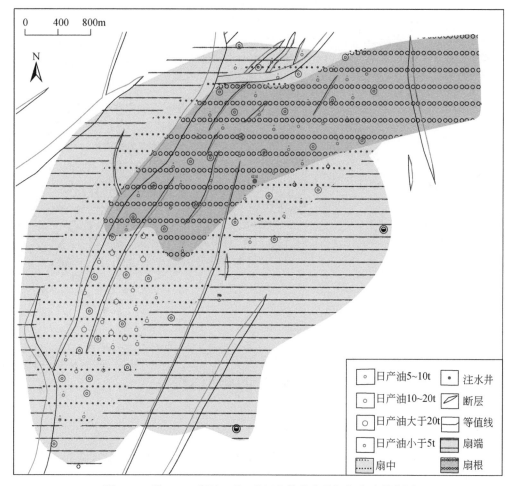

图 2-50 塔 19-19 断块 TⅡ2 砂组扇体分布及初期产油饼状图

一级断层附近调节断层密集通常易发育背斜、断鼻、断块、潜山等多种有利构造圈闭
（雷茂盛和林铁峰，1999），主控断裂面内孔渗性好的地方往往是油气运移的良好通道，很
好地沟通了油源和储集层，砂体受断裂控制明显，主控断裂附近砂体规模大，发育好，提
供了优质的储层，当断层封闭形成油藏圈闭（曹瑞成和陈章明，1992）往往比其他构造容
易。特别是反向断层更易形成有利圈闭（李德荣和杨书安，1975），海塔油田绝大部分的
储量受反向断层控制（图 2-51），反向断块多为富油高产区块（Smith，1996；刘春喜和王
始波，2002）。

反向断层形成时伴随着下盘的隆升，反向断层下盘翘倾，间歇地暴露地表，遭受风化
剥蚀作用，在南屯组一段、二段顶界面出现局部或者区域削截不整合，经长期大气水淋滤
改造，形成支撑型砾岩，孔隙度为 20%～30%，渗透率为 $10 \times 10^{-3} \sim 500 \times 10^{-3} \mu m^2$，比凹
陷内储层物性好得多，反向断层、下盘隆起、局部削截型不整合和支撑型砾岩发育这 4 种
现象，表明"抬升、剥蚀和淋滤"作用 3 期同步，形成优质储层（吕延防等，1995；
Bekele et al.，1999）。

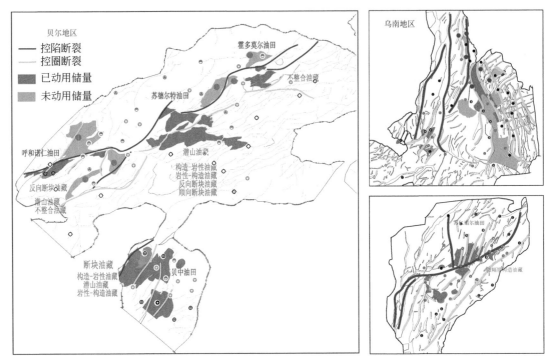

图 2-51　油气分布与断裂展布关系图

## 4. 良好的源储匹配形成富油高产圈闭

　　海塔盆地与局部剥蚀区有关的油藏有掀斜不整合油藏、潜山隆起不整合油藏等（表 2-18），其都是局部剥蚀区之下的油藏。局部剥蚀区、反向断层和三级层序界面构成梳状输导体系，油气沿着局部剥蚀区和砂体侧向运移，受反向断层和局部剥蚀区侧向遮挡，受三级层序界面之上的区域盖层封盖聚集成藏，具有典型的"三面组合"成藏特征，自下而上形成了 3 种类型的油气藏：断层遮挡型油气藏、不整合遮挡型油气藏和岩性上倾尖灭型油气藏（李丕龙等，2003）。

表 2-18　不整合油藏类型模式表

| ① T67断块模式——潜山隆起不整合 | ② T19断块模式——掀斜不整合 |
| --- | --- |

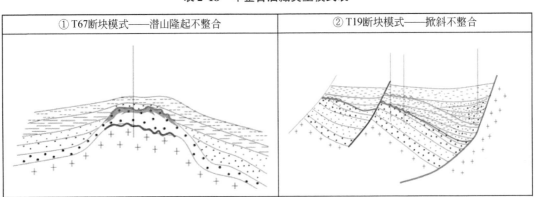

续表

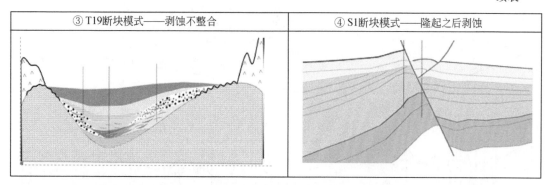

随着勘探开发步伐的不断加快，地质认识的深化与采油技术的不断进步，结合构造、断层及不整合等控藏因素对潜山油藏做了大量研究，认为近源成藏、断层+不整合输导、阶梯式运移、断阶式控油、高点富油是潜山油藏富集的主要条件。如苏德尔特油田布达特群油层平面形成三个富油带，单个油藏相对高部位油气富集，油藏类型以断块油藏为主，断块组合为顺向断阶、垒堑相间，每个断块有独立的油水系统（吕延防等，1996）。

## 三、成藏模式及油藏类型

油气以近源邻洼成藏为主，受构造背景控制，断层、砂体、不整合输导，呈阶梯式运移（张照录等，2000；谢泰俊，2000；赵忠新等，2002），海塔油田具有四种典型的成藏模式（王家亮等，2003；罗群和庞雄奇，2003；高瑞祺和赵政璋，2001；张吉光等，2002）：缓坡单向供油阶梯成藏模式、古潜山双向供油阶梯成藏模式、不整合遮挡双向供油阶梯成藏模式及反向断层下盘翘倾成藏模式（图2-52，图2-53）。

### 1. 缓坡单向供油阶梯成藏模式

缓坡同向断阶带是海塔盆地十分发育的一种三级构造带，最为典型的为乌东缓坡构造带（图2-54），乌东斜坡物源主要来自北东、南东两个方向，沿缓坡发育长轴物源的辫状河三角洲–湖泊沉积体系和短轴物源的扇三角洲湖泊沉积体系（张成和魏魁生，2005）。构造带外接凸起，内邻洼陷，地层现今坡度小（0°~30°），翘倾作用持续缓慢，地层超覆不整合发育，环坡上发育的顺向断裂有利于油气复式阶梯状向上运移，油气在外带、中带和内带发生分异聚集。外带紧邻凸起；中带为缓坡主体，断层较发育，以发育断鼻构造和盆倾断层为特征，是扇三角洲前缘最发育地区，断层与扇三角洲前缘相砂体配合，多形成中小型构造–岩性油藏，还可形成中小型断块潜山油藏；内带为沉降中心，凹陷低部位发育扇体，易形成岩性油藏。

### 2. 古潜山双向供油阶梯成藏模式

晚期稳定型隆起带主要是断陷晚期受断裂特殊几何形态变形控制形成的负向构造中央

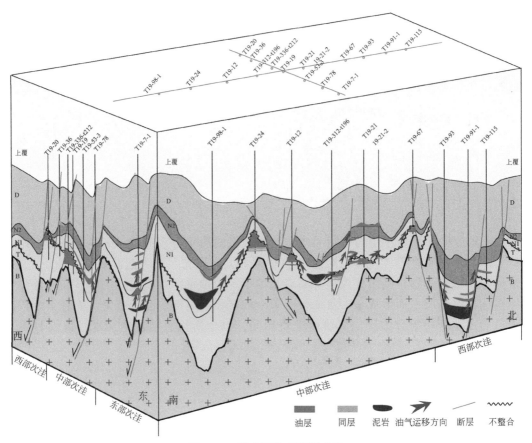

图 2-52　塔南凹陷成藏模式图

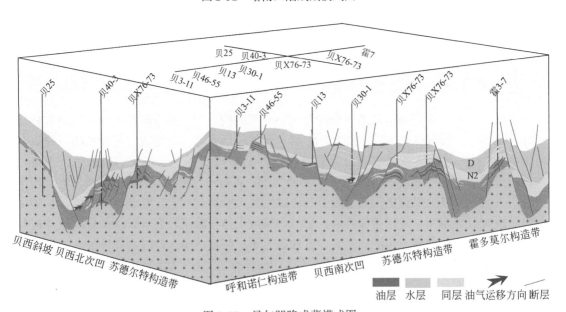

图 2-53　贝尔凹陷成藏模式图

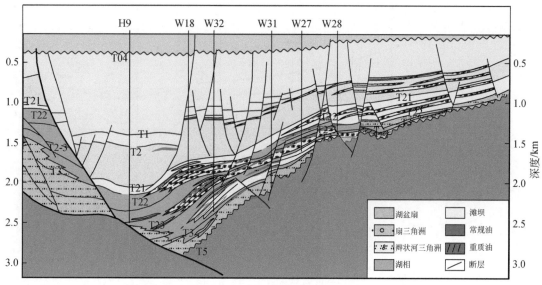

图 2-54　乌东缓坡单向供油阶梯成藏模式（据内部资料）

新生的正向构造（张吉光，1992），往往是在主动裂陷时期强烈的伸展变形导致的基底隆升。箕状断陷结构上具有"凹中隆，凹凸相间分布"的特点；演化上具有"中隆、浅埋、后稳定"的特点；成藏组合具有"侧生、高储、上盖的新生古储"的特点。油气主要分布于凹陷中间潜山断裂带，海塔盆地只有苏德尔特属于这种类型。苏德尔特构造带属于晚期稳定型，在断陷期苏德尔特构造带基本上没有形成明显的隆起带，以深湖-半深湖沉积为主。在南屯组沉积后发生区域性剧烈的翘倾反转掀斜构造运动，该带东西两侧深大断裂活动加剧，东侧的贝中次凹及西侧的贝西次凹继续下沉，构造差异抬升，南屯组及其以下地层均卷入变形，形成有利的古背斜构造背景。在大磨拐河组沉积时，构造带整体下沉，沉积了大磨拐河组一段较厚的泥岩作为区域性盖层。晚期构造稳定，油源主要来自两侧的生烃中心，具有优越的成藏条件。油气富集于构造带紧邻生烃中心一侧的潜山断阶带和断隆带上的基岩顶或基岩内幕地层及上覆的南屯组中，油藏以断鼻、断块以及潜山油藏、地层油藏为主（图 2-55）。

### 3. 不整合遮挡双向供油阶梯成藏模式

霍多莫尔构造带表现为一个晚期改造型隆起。长期继承性发育的断裂构造带，残留南屯组一段下部地层，仍保留有利的成藏组合，是油气富集的有利部位，它是南屯组末期构造挤压变形中形成的中晚期隆起，后期遭受剥蚀，伊敏组末期发生变形反转，具有晚期改造强烈的特点（张吉光，2002）。霍多莫尔构造带紧邻贝西次凹北洼槽，在断陷期，霍多莫尔构造带古地形高、断陷地层较薄，在大磨拐河组沉积时期，构造带随贝尔凹陷整体下沉，沉积了大磨拐河组一段稳定泥岩。烃源岩主要位于构造的西侧，通过西侧断层与南屯组烃源岩接触，油气沿着大断裂从贝西次凹北洼槽向霍多莫尔构造带运移。主要含油层位为大磨拐河组二段和潜山，油气主要分布于靠近生烃中心一侧的断裂

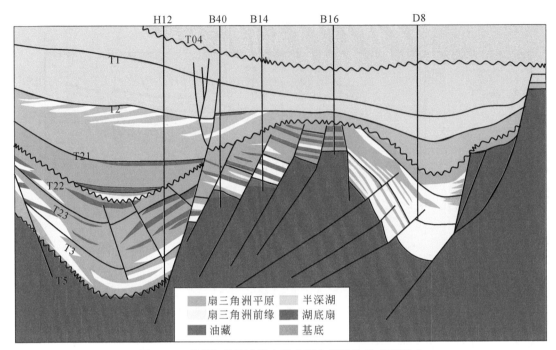

图 2-55　苏德尔特构造带古潜山双向供油阶梯成藏模式

构造带中。霍多莫尔构造带油藏为潜山油藏及大磨拐河组二段次生断块油藏。主走滑带
控制大磨拐河组二段油藏的形成与分布，形成岩性-构造油藏。大磨拐河组二段发育轴
向大型河流-三角洲沉积体系，河流、三角洲、深湖-半深湖沉积，发育辫状河三角洲
前缘前积砂体，伊敏组末期发生的张扭性走滑运动形成一系列负花状构造，主断裂沟通
南屯组油源，形成次生油藏（图 2-56）。

4. 反向断层下盘翘倾成藏模式

油藏受长期继承性发育的大型古斜坡背景及反向断裂带控制，与来自转换带大规模扇
三角洲前缘砂体配置，成为油气富集场所。

缓坡反向断阶型以南贝尔东次凹北洼槽和贝尔呼和诺仁构造带最为典型。缓坡带以发
育一系列反向阶状断块组合为特征，圈闭类型以断鼻为主，对油气聚集成藏十分有利。断
层多为后生断层，多数断层对沉积不具有控制作用，储层主要为缓坡上发育的扇三角洲内
前缘或前缘中部砂体，储层物性比较好；油气沿断超缓坡反向断阶的断鼻圈闭分布。

南贝尔凹陷东次凹北洼槽受主控边界断层活动强烈，走向多为北北东向，并呈"雁
列"式展布，与地层方向相反，形成反向断块圈闭，三个西部陡坡带物源的水下扇体复合
连片，与向东抬升的构造背景相匹配，油气沿斜坡通过斜坡扇砂体进行侧向运移，由于侧
向受反向断层封堵，进而在断块或断鼻圈闭中聚集成藏（图 2-57）。

5. 主要油藏类型及分布规律

海塔以复合油藏类型为主，按照主要控藏因素大致可以分为构造和岩性两大类油藏，

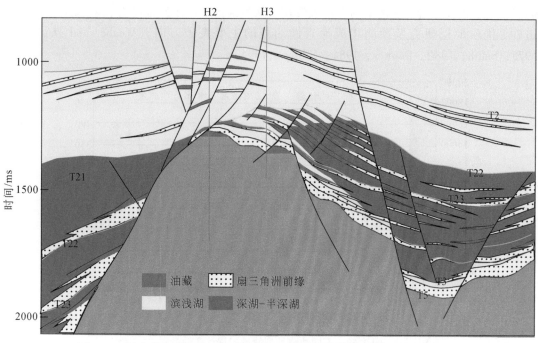

图 2-56　霍多莫尔构造带不整合遮挡双向供油阶梯成藏模式（据内部资料）

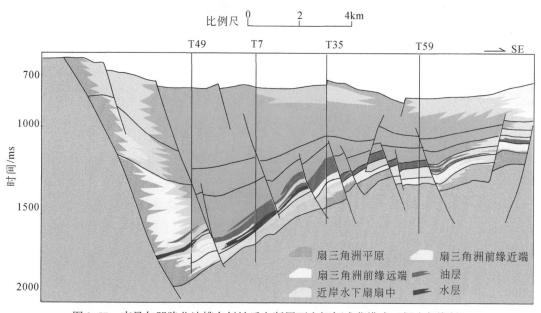

图 2-57　南贝尔凹陷北洼槽东斜坡反向断层下盘翘倾成藏模式（据内部资料）

从实际的储量和累计产油量规模上看（图 2-58），构造油藏目前规模较大，其中反向断层遮挡和剥蚀面遮挡油藏开发最好，一般都相对富油，目前在已开发的四个凹陷中，构造油藏研究相对成熟，相对剩余潜力更为隐蔽且潜力相对较少，而岩性油藏只是在开发过程中偶尔被发现，按照世界各国及国内的岩性资源量和储量规模看，海塔岩性油藏研究才刚刚起步，地下也蕴藏着更多的潜力有待被发现，从目前揭示的个别油藏看，未来滩坝砂及河道砂等优质储层研究及预测将成为岩性油藏的主要突破方向（Weaber and Daubkora，1975；Smith，1980；Downey，1984；Gibson，1994）。

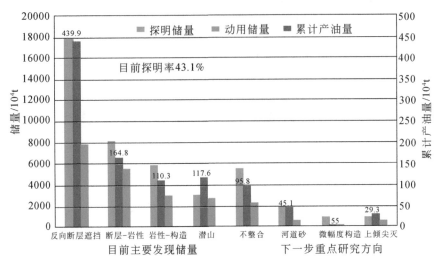

图 2-58　不同油藏类型储量与累计产油量图

从海塔盆地油气成藏组合评价模式图和有利区预测图上看（图 2-59，图 2-60），洼陷周缘断层、构造及储层发育程度的差别，导致出现不同的圈闭类型，圈闭条件也千差

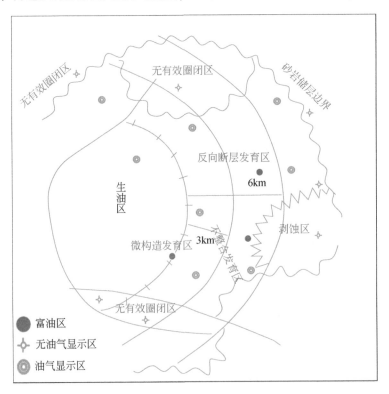

图 2-59　成藏组合评价模式图

万别，距离生油中心近，远离物源，一般储层发育相对差，以外前缘的砂体沉积为主，单层砂体发育薄，但受差异压实作用影响往往会形成微幅度构造有利于油气成藏；在生油中心与断洼边部的中间地区往往扇体发育（多为内前缘砂体），构造发育，容易形成构造和断层遮挡圈闭，有利于油气聚集；而断洼边部虽然更靠近物源，储层条件优越，但是由于处于构造高部位，往往上覆盖层的沉积厚度薄，封盖能力差，再加上地层剥蚀和沉积间断较为普遍，因此，往往难以形成有效圈闭，成藏效果不好（龚再生和杨甲明，1999）。

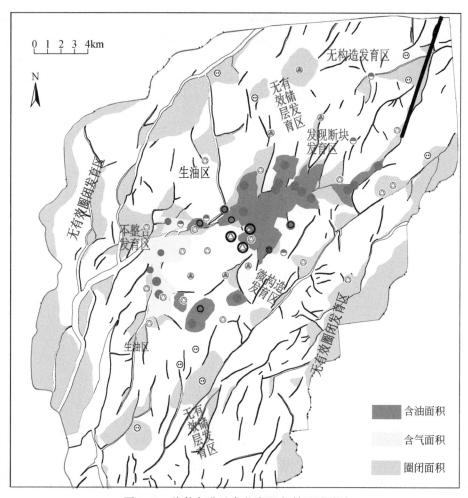

图 2-60　海拉尔盆地乌北次凹有利区预测图

从目前开发的实际情况看，反向断块油藏、不整合油藏、微幅度构造等三类油藏相比其他油藏，具有产量高、开发效果好的特点。

# 第五节　滚动钻井地质跟踪技术

在小断块油藏滚动描述技术应用前，海塔盆地按照整装油藏研究，整体编制开发方案，部分油田钻井、基建、投产同步展开，且多为当年钻建，由于节奏快，试油资料少，尽管在钻井过程中及时调整井位，按照探明储量提交电性标准，解释有效厚度，投产后仍出现大批低效井，并导致井站规模偏大、布局不合理。

为了控制低效井比例，加快储量有效动用，应用开发井密井网资料，围绕老区周边对探评井及开发井进行深入地质复查，以断层、地层剥蚀、沉积缺失等不整合对比技术、主力层顶面构造识别技术为主的断块油田构造族系研究与应用进一步成熟，有效指导了构造油藏的滚动外扩；以沉积砂体环境识别、类型判断、沉积规模与展布为内容的沉积体系研究取得突破性进展，地质储层研究与规律性认识更趋客观实际，明显提高了岩性油藏的储层预测精度。近几年来，在未新增探明储量的情况下，通过对断层、构造、剥蚀面、砂体、油藏油水界面精细刻画，逐步形成了以找断层、找构造、找剥蚀面、找砂体、找油水界面"五找"为核心的实用油藏滚动描述技术，有效指导了外扩及补充井位部署，在每年钻井不到 200 口的情况下，实现了每年连续 $20 \times 10^4 t$ 以上高效建产，不仅实现了少井高效，同时也为油田规模上产做出了贡献。

## 一、钻井地质跟踪总体思路

由于钻井区块多且分散，部分开发方案设计与储量评价同步，加大了实施风险。在地质研究进一步深化的基础上，通过地质、地震、测井、试油、录井等资料综合分析，按照"主体先行，分步实施，宏观控制，及时调整"的钻井运行原则，进行井位运行方案系统研究。在开发钻井过程中，一方面提前介入，抓好新区块前期研究；另一方面加强现场跟踪研究，合理制定井位运行顺序，努力做好现场钻井跟踪调整。

钻井运行原则：严格按照首钻井—正常井—缓钻井的钻井顺序运行，正常开发首钻井完钻后再实施外甩开发首钻井。每口井完钻之后，根据钻井资料反馈的信息，及时调整钻井运行。原则上预备井在正常井完钻后，根据钻井情况进行油藏地质综合研究后，决定缓钻井是否实施及实施顺序。在开发井钻井跟踪过程中，利用 1 : 500 双侧向曲线观察非目的层电性显示情况，对显示比较好的砂岩层段，要求及时井壁取心落实含油性；根据非目的层潜力，滚动部署开发井，并适当增加录井、测井、旋转井壁取心等资料项目，进一步落实潜力层的有效厚度和含油边界。及时与勘探评价结合，利用试油或开发井投产等方式，对新层位进行产能评价，提交新增储量。在含油面积边部，充分发挥开发井密井网资料丰富优势，在勘探研究成果的基础上，利用井震联合研究及储层预测技术，以滚动外甩形式部署种子井，评价外扩储层潜力，落实含油面积和地质储量。

# 二、钻井地质跟踪提高钻井成功率方法

充分利用新完钻井资料，对钻井前后构造、储层、油水分布等特征的变化进行精细研究，结合地震跟踪预测结果，实施滚动钻井。加强随钻分析，形成制度。在规定的时间，在每轮井打过之后，进行随钻分析。钻井过程中，多专业结合精细研究，充分利用录井、试油、捞油等资料，刻画油水分布，结合砂体展布特征，指导井位调整。每完钻一口井，应及时开展有利砂体预测研究，利用地震预测井间砂体发育状况；同时，针对疑难井、层，及时井壁取心，加测特殊测井，指导井位运行。形成一套适应于海塔油田特殊地质条件下的钻井地质跟踪方法，使钻井成功率始终保持在95%以上，减少因快速上产大面积钻井运行风险大的难题，并在实际钻井过程中加以丰富和完善，为海塔油田把好钻井关，力争打好井，多打高产井。

## 1. 加强钻井跟踪，确保钻井成功率

坚持"打一口、看一口、落实一口"的钻井运行思路，围绕高产井滚动钻井，通过边钻井、边认识、边实施、边滚动的做法，严格控制低效井。强化跟踪调整，完钻一轮井位，校正一次顶面构造；井震结合，落实断层，对断失层位及时做出预判，进而移动井位；对边部储层落实不清井，及时缓钻井位；对疑难层油水落实不清，及时射孔提捞落实，指导井位运行，确保开发钻井效果。

### 1）完钻一轮井，校正一次顶面构造

方案实施过程中，井震结合，开展精细构造及断层解释，对构造断层特征加深认识。在前期解释成果基础上，井震结合统层，应用新完钻井分层数据每口井制作地震合成记录，并进行油层组层位标定，重新校正主力油层顶面构造，以提高构造解释精度。

通过井震结合，多次修正顶面构造。完钻一轮，校正一次顶面构造，使构造成果随完钻井增加不断修正，构造图逐渐趋近实际。应用完钻井分层数据，对目的层顶面原构造进行校正，进一步落实新钻井区目的层顶面构造。

### 2）开展砂体预测，指导井位运行

密井网下井震结合，通过开展井约束下的地震滚动储层预测，对测井相重新组合，重新画相图，研究有效储层发育规律，钻机向有利部位移动调整。

### 3）合理确定完钻井深

针对海塔盆地复杂断块油藏断层发育、砂体厚度变化大的实际，在开发钻井过程中，地质人员加强现场跟踪研究，合理制定井位运行，努力做好现场钻井跟踪调整，为确保不漏掉油层，灵活执行方案设计，对部分井完钻井深适当调整。以 H3-3 区块为例，由于 H3-3 区块北部地区以南屯组一段储层为主，底部布达特群储层录井有显示，但是通过 H50-50、H51-49 两口井布达特群层段试油，均为水层，于是在钻井跟踪过程中，只要钻穿南屯组一段，进入布达特群层就完钻，从而节约了无效进尺。提前完钻 26 口井，节约进尺 1822m。H3-3 区块南部、东部以南屯组二段储层为主，评价井 H3-7 完钻后在布达特

群储层见到较好的显示，通过对布达特群层位 1692～1698m 试油，压后抽汲日产油 11.76t，说明布达特群层位具有一定的产能，在钻井跟踪中，该区块的井在钻穿布达特群层位后，如果有显示适当加深钻井。通过现场地质跟井，合理确定完钻井深，及时调整井位，指导钻机运行。同时构建完善勘探开发一体化信息平台，在钻井信息跟踪和传输上实行"信息同步"，确保方案设计人员可在第一时间掌握钻井进度和完钻井信息，及时有效指导井位运行。

2. 强化现场监督，保证钻井质量

为了确保钻井地质跟踪质量，要求井位设计地质技术人员做到"钻开油层到现场、录井进入油层段和井壁取心到现场、测井施工到现场、压裂试油施工到现场和固井施工到现场"这严把质量的"五到现场"，同时要求方案设计人员与地质跟踪人员紧密联系，抓好钻井、压裂、试油工程质量和测井、录井资料录取的取准取全。地质跟踪人员及时在测井施工完成后进行参数解释、地层对比等地质基础工作，对完钻后钻井效果较好的井，现场确定合理的完钻井深及油顶、油底，及时完井；对钻井后初步解释较差的井，立刻与主管领导和方案设计部门联系，利用油田数字化工具及时把测井、录井等相关第一手资料送到，做到 24h 钻机不停，人员不休，不造成人为的钻机等停。每一个区块钻井工程完成后，利用地质、地震、录井、测井等开发井资料，对区块做地质再认识，力求摸清油藏构造、储层和油水关系等基本地质情况，适时地补充和外扩井位，为油田后续开发打下坚实的地质基础。

3. 开展钻后地质研究，评估投产效果

通过深化地质基础研究、紧跟投产进度、多资料综合应用、完善流体解释标准来指导井别及射孔方案编制。由于缓钻井多，井位运行困难，产能建设时间紧，为确保产能建设任务按时完成，确定了"完钻一个井区，认识一个井区，编制一个井区注采井别方案"的思路。同时，钻后完井方案向下游延伸，确保投产效果。完井方案编制过程中，注重向开发和工程延伸，优化射孔层位及压裂方式。向开发延伸：依据薄差层油井产出和水井吸水状况，分别通过压裂和边际层扩射，提高单井产量和水驱控制程度。向工程延伸：距断层较近的井，采取定向射孔、定向压裂；纵向发育同层的井，根据隔层遮挡性，合理优化压裂规模。通过开展油井初期产能、递减状况后评估，针对投产后暴露出的问题，抓主要矛盾，及时制定针对性治理对策，为同类油藏有效开发提供借鉴。

# 第六节　滚动钻井应用实例及效果

海塔油田开发地质实践过程是不断创新探索实践的过程，是不断深化认识和转变观念的过程，是点滴经验不断积累逐步形成系统规律性认识的过程。海塔地质研究始终坚持从油藏实际问题出发，因藏施策，以行之有效的方法和技术手段破解了一个又一个地质难题，实现了思想、观念和认识的转变，形成能有效指导油田开发实际的规律认识及方法。

通过地质研究，构造上，实现了由单一刻画油层组顶面构造向主力层顶面构造精细刻画的转变，突出对微构造、油源断裂及主要控藏断裂的刻画；沉积上，明确了不同沉积类型有利相带砂体，及其规模和展布规律，突出预测优质储层；油藏上，明确了剥蚀面、微构造、反向断层是油藏富集主控因素，而优质储层是关键因素，转变了以往"站高点，打构造"的找油思路，形成了以提交优质可动用储量、倾力追求单井高产量为目标，围绕高产井点、高产井区"外扩找边界、上下找新层、外甩找新块"的新找油思路。早期认为没有潜力的地方，如今发现潜力并成功实施部署，早期不敢触碰的断层边部，如今也能从容动用，在反向断层上升盘断层根部仍发现新的高产油层，一系列新的变化都是新的思想、观念和认识指导的结果，产能建设由被动变主动，油田开发实现少井高效。

几年来，共部署井位 672 口，调整移动井位 37 口，暂缓或取消井位 49 口，完钻并投产 504 口，开发钻井成功率 99.5%，低效井比例降至 2.86%，取得了较好的实施效果。

# 一、指导断块内部挖潜

## 1. 发现新的不整合油藏

在 T12 区块：原认识认为，TⅡ、TⅢ为整合接触，是一套油水系统，TⅢ在油水界面以下。通过新的油层划分方法重新认识后发现：TⅡ、TⅢ为不整合接触，TⅡ底界小层超覆于TⅢ顶面，为两套独立的油水系统，TⅢ为纯油层（图2-61，图2-62）。边界断层西移 30 ~ 80 m；部署两轮井位 22 口，全部完钻，平均发育有效厚度 94.6 m，全部投产，平均射开有效厚度 58.8 m，平均单井日产油 24.3 t/d，取得了较好的钻井效果。通过 TⅢ局部剥蚀区新认识，也同时进一步指导了其他区块挖潜。T210 井低产，层位 TⅡ补孔 30 m，目前提捞已见油；按照不整合对比技术，新发现 TX61 等 5 个区块部署 20 口井，平均单井钻遇有效厚度 48.2 m，与设计相符进一步落实了新油层。

## 2. 剥蚀面附近滚动部署

以前油层对比只要地层变短就解释为断层，实践中建立了角度不整合地层对比方法，通过井间精细对比，有效识别了断失、剥蚀和沉积间断，明晰缺失类型，在剥蚀面附近滚动部署外扩方案。霍多莫尔油田 H3-3 区块在开发初期北部剥蚀面被解释成了断层，通过第一轮钻井后，落实该断面为剥蚀面，而且通过精细研究，在内部层位又新发现 3 个剥蚀面，整体落实该区构造，进而滚动部署了 3 批外扩方案均获成功（图2-63，图2-64）。

## 3. 大断面附近灵活挖潜部署

通过井震结合层层解剖主力油层，精细刻画其顶面构造，准确识别断面产状及断失层位，实现大断面附近潜力挖潜。

形成了利用已知井地层产状与断层产状匹配进一步预测钻遇层位及厚度的方法。

考虑断层发育状况，结合已知井的地层产状，进一步预测砂体发育情况以及可以钻遇的

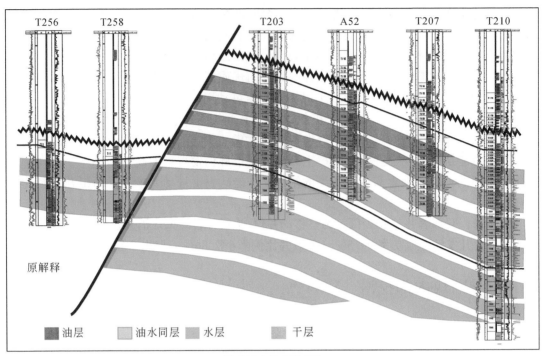

(a)T12区块老油水关系剖面图

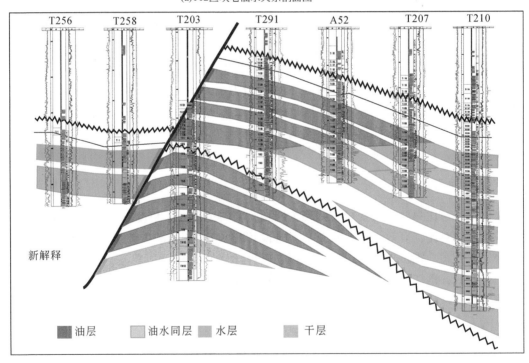

(b) T12区块新油水关系剖面图

图 2-61　T12 区块油水关系剖面图

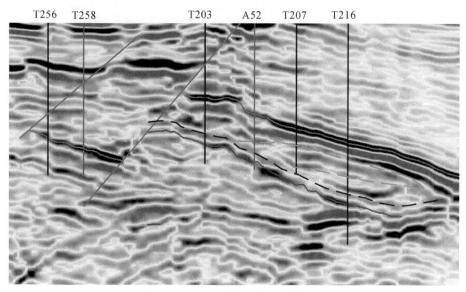

图 2-62 T12 区块连井地震剖面图

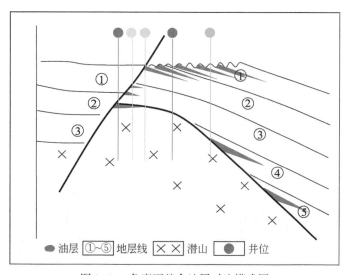

● 油层 ①~⑤ 地层线 ✕ ✕ 潜山 ● 井位

图 2-63 角度不整合地层对比模式图

层位和地层厚度。在之前认为断层断失的区域深化储层及油水关系认识，进一步落实开发布井潜力，选择好的区域布井，解放断层边部。如 X55-51 区块的 X60-X52 井（图2-65），尽管断层将南屯组一段 0 油组上部断失，通过相关地质分析和数学计算进行预测，预计主力油组并未断失，依据该方法在贝尔油田 X55-51 断块大断面附近部署设计油井 10 口（图2-66），单井钻遇有效厚度 44.5m，平均单井初期日产油 6.3t，累计产油 4529t，取得了较好的钻井效果。

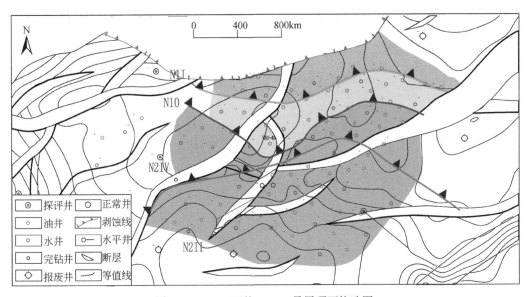

图 2-64　H3-3 区块 N1019 号层顶面构造图

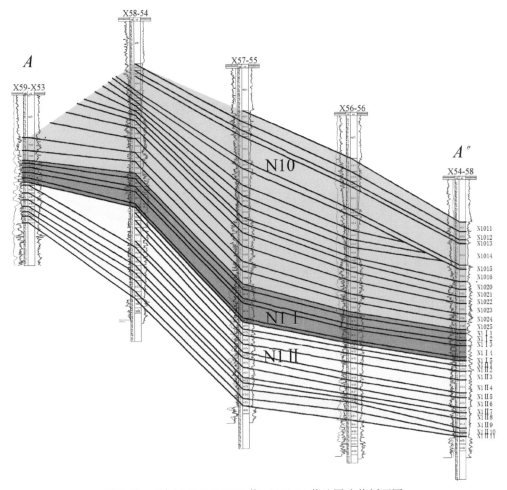

图 2-65　贝尔油田 X60-X52 井—X56-58 井地层连井剖面图

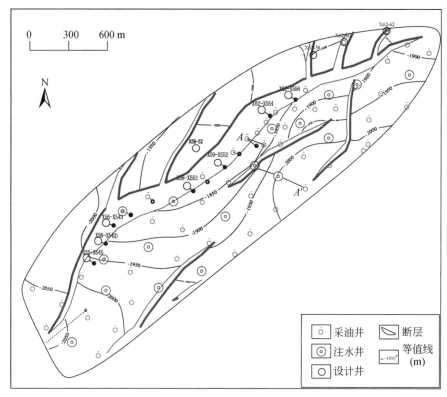

图 2-66　贝尔油田井位图

### 4. 精准预测滩坝砂体喜获百吨井

塔木察格盆地是中-新生代时期断-拗型盆地，东西分带性强，呈三拗两隆的构造格局，南北分块，塔南凹陷是其中部断陷带的一个次级构造单元，开发初期以来一直认为该区铜钵庙组地层属于扇三角洲沉积，随着油田开发的不断深入，钻井资料日益增多，砂体轮廓日渐清晰，一些区块砂体与固有的扇三角洲沉积认识越来越不相符，实际研究后发现具有典型的滩坝沉积特征，两年来通过对贝尔湖现代沉积实地考察，对该区现代湖盆滩坝砂体沉积规律形成了系统认识，结合已有钻井、录井、测井及岩心等资料，将今论古开展油田内部沉积再认识，进一步明确该区铜钵庙时期滩坝沉积特征及展布规律，通过有利砂体重新预测有效指导老区外扩，开发井喜获百吨高产，发现了新的优质储量，为下一步外扩潜力提供了明确方向，打破该区一直以来所认为的扇三角洲单一认识，为油田快速上产奠定了基础，给油田开发带来了巨大的启示意义。

#### 1）贝尔湖滩坝砂体沉积认识

滩坝沉积是滨浅湖环境下普遍发育的一种沉积类型，沉积过程一般是在波浪和湖流的作用下将从他处挟带来的砂质组分进行重新淘洗、簸选后在湖泊边缘、湖湾、湖中局部隆起等有利场所进行堆积，多反映高能水动力条件，砂体以薄互层为主，规模小，横向变化快。无论是现代湖泊还是古代湖泊、是断陷湖盆还是拗陷湖盆，很多专家学者对滩坝沉积都有过颇为详细的论述，而且不同地质背景条件下，滩坝砂体形成的主要控制因素和分布规律也各有千秋。塔南凹陷铜钵庙时期是典型的断陷湖盆，湖水深、湖面广，均为水下弱还原–还原环境沉积，而且水下原始构造沟谷纵横，相对高点多，局部低凸起为滩坝砂体沉积提供了有利的场所。

塔南凹陷位于贝尔湖西南160km，凹陷的长轴方向与贝尔湖长轴方向基本一致，现今贝尔湖应该是塔南凹陷铜钵庙时期的断陷湖盆经过岁月变迁逐步演化而来。贝尔湖为呼伦湖的姊妹湖（图2-67），长40km，宽20km，面积为608.78km$^2$，入湖口可见哈拉哈河多期河道摆动形成的宽广的河床，曲流河边滩沉积、河水截弯取直形成的牛轭湖普遍存在，河水挟带碎屑物质在湖口处受湖水阻挡发生卸载形成三角洲沉积，为沿岸的砂坝沉积提供了丰富的物源。

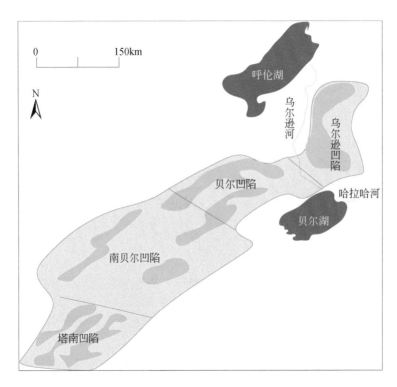

图2-67　贝尔湖位置图

整个湖的北岸和东西岸砂坝沉积较少，即使存在一般规模也很小（图2-68），而西南岸和南岸砂坝非常发育，相比其他岸边砂坝规模较大，岸边可见规模较大的闭口砂坝形成的潟湖，早期潟湖干涸后的痕迹仍然清晰可见，说明贝尔湖湖岸线在逐年萎缩。

南岸砂坝成因主要有三点：一是由于河流挟砂入湖形成一定规模的三角洲，为滩坝沉积提供充足的物源；二是季节性的风场为湖水挟砂提供了原动力，由于该区属于中温带季风气候，盛行西北风和北风，年平均风速在3m/s以上；三是在西北风的作用下，大量泥砂在离岸流和沿岸环流作用下向南岸接力式运移，而南岸正是正向流、离岸流和东西两侧沿岸流集中交汇区域，水流交织错综复杂，湖水水动力大，对岸边侵蚀作用最强，湖水挟带的大量粉、细砂会在各种岸流综合作用下，在合适位置发生卸载而沉积下来。

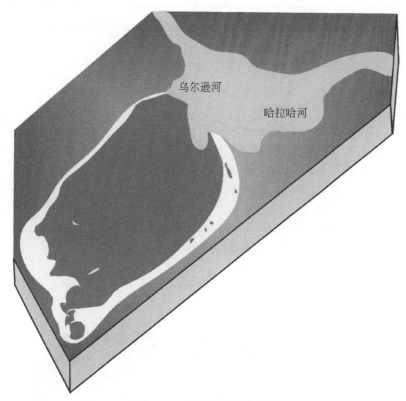

图 2-68　贝尔湖沉积模式图

贝尔湖主要发育三种类型砂坝，即沿岸砂坝、近岸砂坝和远岸砂坝（图 2-69），不同类型砂坝与一定的构造背景及水流方向息息相关，沿岸砂坝主要是湖水双向沿岸流作用形成，当双侧沿岸流能量和所挟带的沉积物近乎相等时则形成对称的凸型砂坝，当两侧沿岸流和所挟带的沉积物不对等时，则形成弯月尖嘴型砂坝。近岸砂坝是双向环流交汇处卸载堆积形成的砂坝，这种类型的砂坝以近乎垂直岸边分布。远岸砂坝主要是在离岸流挟带岸边砂受向岸流反作用以及水下局部隆起侧向遮挡下形成，在沉积物供给充足的情况下，砂坝的规模和形态主要受水下隆起或陡坎的形状和规模决定。水下古隆起的砂坝沉积存在两种形式，一种是当水动力较强时，砂坝主要是在古隆起的四周相对低部位容易沉积，而构造高部位砂体由于水动力强不容易沉积，物源供给一侧砂体沉积厚；另一种是当水动力相对较弱时，远岸湖水挟带以粉细砂为主，因此在古隆起的相对高部位容易沉积下来。

2）T19 区块滩坝沉积规律研究

从构造演化过程看，塔南凹陷构造整体呈现三凹两隆一斜坡一断鼻，铜钵庙组沉积期为小型断陷湖盆（图 2-70），西、中、东部次凹已见雏形，中部次凹和西部次凹在铜钵庙时期为同一小断陷湖盆，东部次凹是相对独立的一个小断陷湖盆，控制各自沉积及沉降中心。

全区岩性分布呈条带性，砂岩以中部和西部次凹发育为主，厚度较大，最大砂岩厚度可达 100m，砾岩以中部次凹北部和东部次凹东部为主，最大厚度也达到 100m，不同岩性

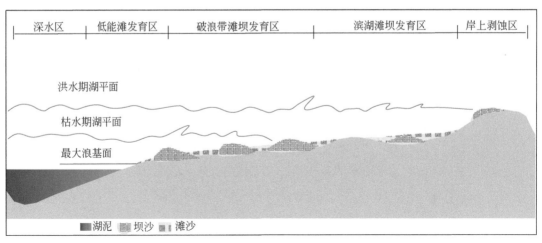

图 2-69　贝尔湖–湖岸线滩坝沉积演化图

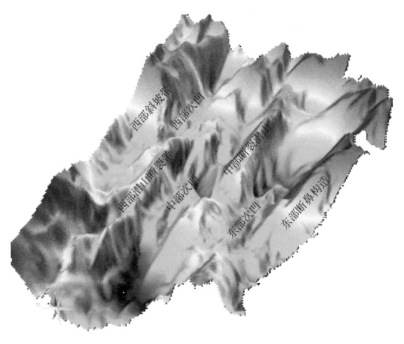

图 2-70　塔南凹陷基底构造立体图

分布的规律性变化主要与当时的物源、沉积环境和构造背景有关。储层岩石颜色主要分两种，棕色和深灰色，棕色主要是靠近岸边潜水环境，棕色储层反映弱氧化的浅水环境，主要分布在西部次凹西部，深灰色储层主要反映深水，以东部次凹和中部次凹北部分布为主，反映了沉积时水体环境，深灰色主要反映相对深水环境沉积。将砾岩储层分为四种（表2-19），第一种是凝灰质少，颗粒支撑，砾岩之间细砂充填的砂砾岩，泥质含量少，物性好；第二种是分选均匀，磨圆好，颗粒支撑的粗砾岩，俗称净砾岩，定向排列；第三种疏松大砾岩，颜色混杂，定向排列，磨圆好，经过一定水动力淘洗，物性好；第四种颜色混杂，排列杂乱无序的胶结大砾岩有一定磨圆，次棱角也可见，颗间杂基含量高，一般物性差，主要反映快速堆积特征。前三种主要分布于中、西部构造带上，物性好，油井不压裂就可获得自然产能，第四类储层孔隙以细粒物填充，物性差，油井一般需要压裂投产，才能获得一定产能。

**表 2-19　岩性分类表**

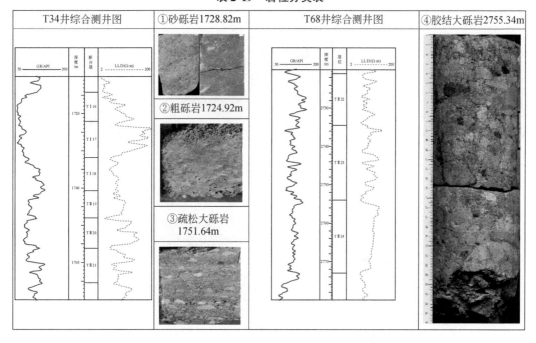

研究区主要发育扇三角洲、滩坝和湖底扇三种主要沉积类型（图 2-71），中、西部凹陷北部以扇三角洲为主，规模较大，尤其是中部凹陷带北部的扇体规模较大，包含着塔 69、塔 19 区块，以发育深灰色杂乱无序的砂砾岩为主，粒间杂基含量高，凝灰质重，粒间孔隙发育差，孔隙度一般为 10.0% 左右，渗透率一般为 $1 \times 10^{-3} \sim 7 \times 10^{-3}\ \mu m^2$，以溶蚀孔洞或者裂缝含油为主。中西部凹陷南部以规模较大的滩坝沉积为主，其中塔 19-34 区块以沿岸的砾质滩坝沉积为主，在湖水反复冲刷和簸选作用下，砂砾储层较为纯净，杂基含量少，储层物性好，孔隙度一般在 17.1% 左右，渗透率最高可达 $328.96 \times 10^{-3}\ \mu m^2$。在离岸流作用下，将塔 34 区块淘洗的细沙进一步向深水运移，在湖中塔 19-12、塔 19-24 区块的深水古隆起处沉积下来形成远岸的滩坝，储层以粉、细砂岩为主，局部含砾石，储层孔隙度一般 13.1% ~ 16.0%，渗透率一般为 $0.26 \times 10^{-3} \sim 2.73 \times 10^{-3}\ \mu m^2$。东部次凹以扇三角洲沉积为主，储层特征与塔 19-19 区块相类似，物性差，孔隙度一般为 7.9% ~ 11.6%，渗透率一般为 $0.16 \times 10^{-3} \sim 12.73 \times 10^{-3}\ \mu m^2$，在目前研究区范围内，利用现有资料分析，在该区还未发现滩坝沉积现象，分析主要是井控程度低，在可能存在滩坝沉积的位置未钻井，其次是铜钵庙组时期东部次凹规模相对小，水深，而且次凹东部靠近陡坡，缓坡一侧物源供给是否充足，有待进一步验证，因此，该区的滩坝沉积有待进一步研究。

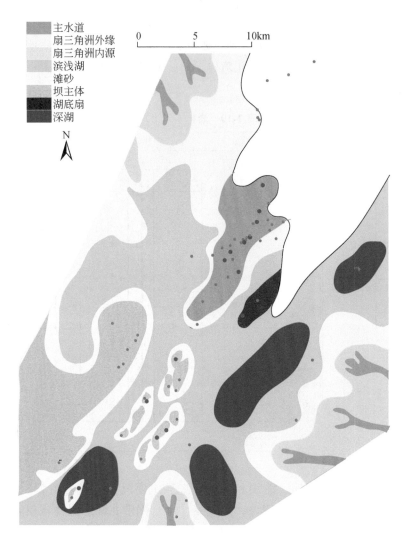

图 2-71  T19 区块铜钵庙组沉积相图

3）主体坝向湖岸方向外延，喜获百吨井

塔 34 区块是开发十几年的老区块，开发初期单井产量较高，平均单井日产油 19.1t，区块西高东低，地层倾角为 16°～25°，沿北东向呈条形展布，区块规模较小，东西宽 890m，南北长 3800m，最早按照构造油藏认识，认为具有统一的油水界面。自开发以来也曾有过多次成功滚动外扩的经历，由于区块面积有限，向高部位认为断层把主力油层断掉，向低部位为油藏边界，所以一直被认为没有进一步外扩的潜力。

2019 年为实现少井高效的目标，油田开发围绕富油高产区块，开展富油规律再认识、滩坝主体砂预测及主力层顶面构造精细刻画等三项地质研究工作，因此，塔 34 区块重新被列为主要研究对象。

首先通过多口井的动态验证，发现受储层物性影响，同一区块并没有明显的统一油水界面，而且同一油层内单井有效厚度和产量变化大，综合分析主要是受储层影响比较大，研究区是典型的构造-岩性油藏，构造背景控油，局部砂体富油，改变以往单一构造控藏的认识。

其次是发现原先的认识与实际地下存在不一致，早期一直认为该区构造高部位是反向断层控制，然而在实际滚动扩边时发现一些穿过所谓断层的井虽然上部层位缺失但通过邻井对比不能有效证明为断失，也有一些穿过断层的井层位未发生缺失现象。因而我们就此对该区断层的解释方案产生怀疑。同时，对滩坝砂体沉积规律也展开了研究，发现该区砂体沉积符合一定砂体架构原理，湖岸线变迁，再加上物源供给的差异，使得沿岸砂体延展范围和规模具有一定差异，这就导致沿岸不同时期砂体主体带发生一定的迁移，平面上延展范围不一致，纵向上形成犬牙叠置现象（图2-72，图2-73），长期的积累就会形成一定规模的沙丘，在实际地震解释工作中就会误认为是构造原因，因而解释成断层，目前地震解释欠缺对地质沉积因素的考量。

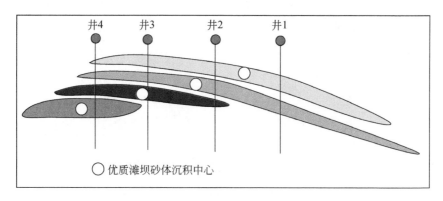

图 2-72　湖岸变迁带砂体沉积模式图

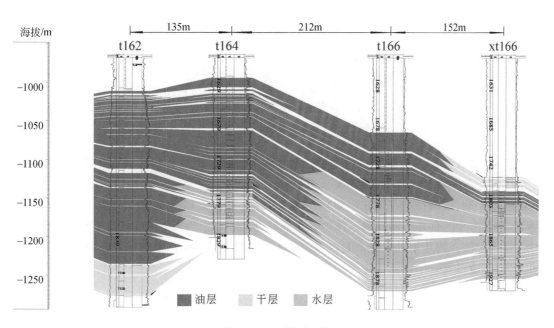

图 2-73　油藏剖面图

通过研究还发现该区滩坝主体走向为北东向,单个坝砂体呈坨形分布,多个坝主体沿北东向成串珠状展布,高产井主要分布在坝主体上,以往开发主力油层 TⅡ20～TⅡ25,所以大部分井实际钻井深度都在 TⅡ25 层左右,TⅡ27 层以下的油层只有个别井钻到,而且个别井射开 TⅡ27 层也有一定的产油量。通过这次研究,发现 TⅡ27～TⅡ29 层储层物性好,因此重点对该套坝主体砂开展预测,研究发现该套砂体向构造高部位有增厚趋势,同时通过主力小层顶面构造的刻画,认为该套主力层在构造高部位不存在缺失,综合油藏分析认为高部位含油性会更好,因此制定了总体布井思路:在构造高部位保证主力油层经济下限厚度的同时探索 TⅡ27 层以下储层含油情况,在构造低部位进一步探索 TⅡ20～TⅡ25 层砂体边界及油藏边界,共计部署井位 11 口(图 2-74～图 2-76)。

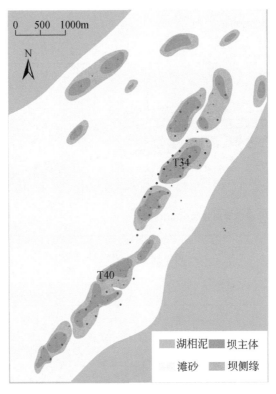

图 2-74　T34 区块 TⅡ24 层沉积相图

实施后低部位 T269～T170 井发育有效厚度 22.6m,与方案预测一致,周围两口水井注水受效,该井射开 3m 油层时自喷,井口压力 6MP,终止射孔,高峰日产油 50.7t,装机后稳定日产油 27.5t,生产 40d 已累计产油 1572t。高部位 T267～T162 井全井发育有效厚度 106.3m,全区直井厚度最大,预射开有效厚度 98.2m,当射开 43.8m(TⅡ27～TⅡ30)时,发生溢流,终止射孔,最高日产油 103.4t,连续生产 40d,平均日产油 81.8t,累计产油 3198t。通过实际剖面证实主产层为 TⅡ29～TⅡ30 层,就此发现一套全新的高产油层,成为新的储量增长点,为油田上产奠定了物质基础。

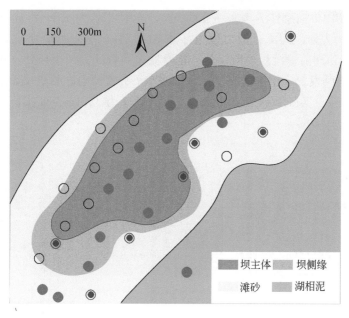

图 2-75  T34 区块 T Ⅱ 27 层沉积相图

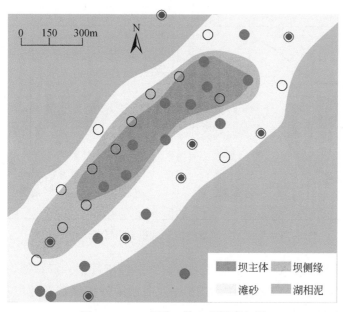

图 2-76  T34 区块 T Ⅱ 29 层沉积相图

# 二、以外甩评价指导外扩部署

## 1. 沉积微相重新认识增加布井潜力——B14 断块兴安岭油层

重新预测扇三角洲前缘分流河道砂体：B14 断块兴安岭油层属于近源水下的扇三角洲

前缘沉积环境，物源方向总体为南东—北西方向，原认识认为水下分流河道较窄，B14 断块和 B28 断块之间为分流间湾，但河道边部井 B14-X1-3 井钻遇砂岩 125m，有效厚度为 81.2m，根据扇三角洲前缘沉积规模较大、宽厚比大的特征，认为该处（虚拟井）不存在相变，预测储层连续发育，B14 区块和 B28 区块水下分流河道在该处交汇，因此部署外甩首钻井 B14-X9-1 井，实际钻遇砂岩 98.0m，有效厚度为 32.1m，证实该处水下分流河道发育（图 2-77，图 2-78）。

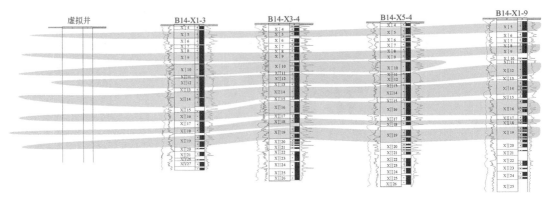

图 2-77　苏德尔特兴安岭油层横切河道方向剖面图

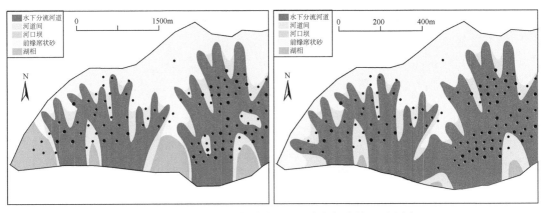

图 2-78　苏德尔特兴安岭油层沉积微相新老认识对比图

统计外甩首钻井 B14-X39 井射孔（未压裂）后提捞数据，折算平均日产油 1.2t，累计捞油 40.5t，表明该区块产能落实。2015 年及时滚动外扩部署新井位 12 口，动用储量 50×10⁴t，建成产能 0.7×10⁴t。

### 2. 物源及沉积体系改变增加的潜力区——苏 102 区块外扩方案部署

苏 102 区块原认为物源为东部物源，属湖岸沉积体系中的辫状河三角洲末端沉积，北部已进入深湖相，岩性差、含水率高，为构造油藏，高部位油井完钻后，储层发育差，已无外扩潜力，2001 ~ 2009 年高部位部署设计 35 口井，平均钻遇砂岩 20.1m，有效厚度为 6.5m，初期日产油 1.8t，由于储层连续性差，注水基本不受效，递减迅速，2 个月就降低为 1.0t/d。部分井构造位置相对较低，以油水同层或水层为主，投产后全水。后期部分井间抽，或转提捞生产。

通过沉积体系研究，认为该区块物源方向为西部物源，属于陡坡深湖-半深湖沉积体系中的湖底扇沉积。洼槽湖底扇受反向断层切割形成断块翘倾，油气聚集成藏（图 2-79）。按照上述认识，2010 年区块北部外甩 S27 井，钻遇砂岩 25.4m，有效厚度为 7.6m，截至转注前，累计产油 2800t，平均日产油 2.4t。根据该井钻遇情况，部署井位 8 口（含首钻井 S20、S26），其中 S26 井普射自喷，日产油 8.5t。S20 射孔后也发生自喷，两口井平均日捞油 4.6t。根据已钻遇及提捞状况，部署井位 18 口，投产油井 13 口井，单井初期日产油 4.0t。

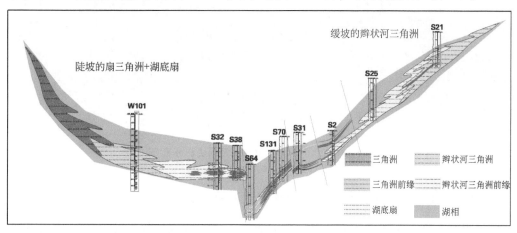

图 2-79　苏仁诺尔南二段沉积相剖面图

2012 年以来，通过滚动油藏评价，区块原油产量由 2013 年的 $1.7×10^4t$ 升至 2018 年的 $5.3×10^4t$，使老油田焕发了新活力（图 2-80）。

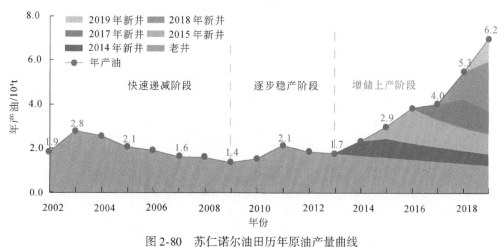

图 2-80　苏仁诺尔油田历年原油产量曲线

### 3. 以岩性油藏思路指导构造相对低部位外扩评价部署

T115 断块位于塔南凹陷西部次凹的东部断阶带，是由 4 条主控断层和 5 条次级断层控制形成的构造-岩性油藏。发育南屯组一段 II 油组油层，近岸水下扇中扇沉积，岩性以细砂岩、砂砾岩为主。断陷盆地陡坡同生断层下降盘，发育近岸水下扇沉积，扇中水道砂体与古地貌微凸起匹配，形成 T115 断块坡折带控砂岩性油气藏，部署实施 8 口井（图 2-81），平均钻遇厚度 18.2m，单井日产油 18.9t，建成产能 2.4×10⁴t，动用储量 96×10⁴t。

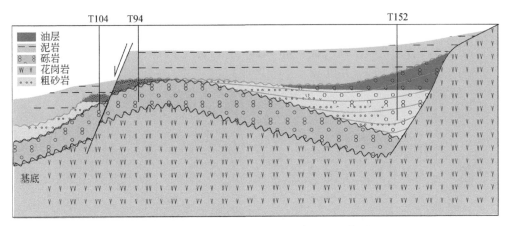

图 2-81　T115 断块井位部署及潜力区示意图

### 4. 预测优质储层分布，指导顺向断阶油藏滚动部署

W33 区块主要开采层位为南屯组一段 Ⅰ 油组，2016 年老井复查发现 W99 井补开南屯组一段 Ⅱ 油组 10 号层有效 5.0m，日增油 2.5t 后发现 N1 Ⅱ 油组潜力，随即向北构造高部位部署 W100 井，该井 Ⅱ 油组钻遇有效厚度为 21.3m，射开 Ⅱ 油组有效厚度为 17.0m，稳定日产油 4.1t，落实了产能。发现老井有 68 口井钻到 N1 Ⅱ 油组，其中 23 口井发育油层（图 2-82，图 2-83）。

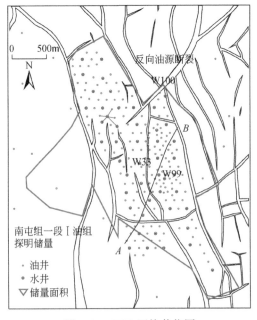

图 2-82　W33 区块井位图

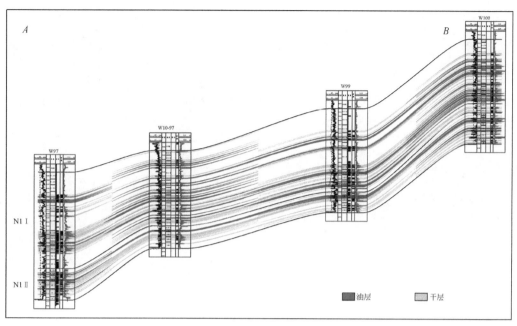

图 2-83 W97—W100 井油藏剖面图

进一步研究发现乌南地区南屯组一段储层具有湖岸滩坝砂沉积特点，砂体具有反粒序特征，砂体呈坨状，单个砂坨规模小，中间厚四周薄，整体平行湖岸呈串珠状分布（图 2-84 ~图 2-86）。

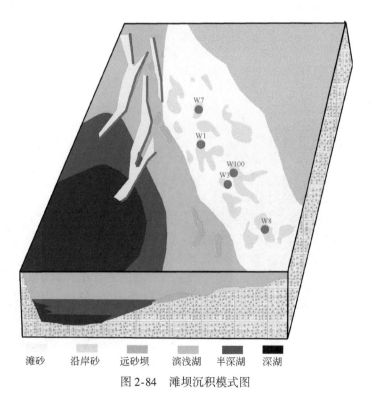

图 2-84 滩坝沉积模式图

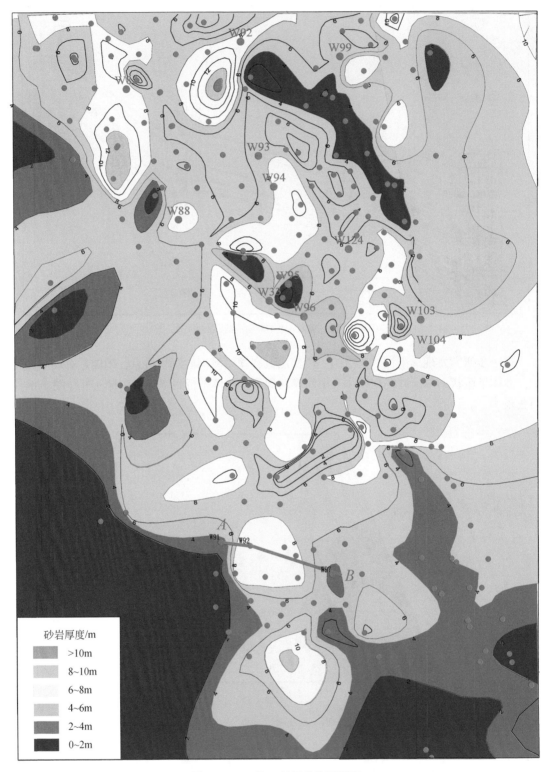

图 2-85　N1Ⅱ10 号层砂体厚度图

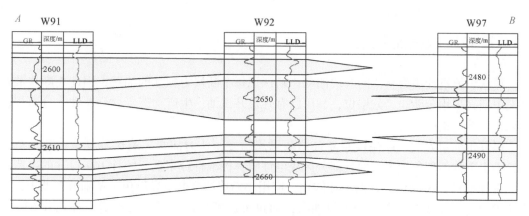

图 2-86　连井砂体剖面图

井震结合预测湖岸线滩坝砂体，在反向油源断裂控制的 W100 井区外扩布井 33 口，设计产能 2.35×10⁴t，平均单井钻遇有效厚度最小 11.3m，最大 41.0m，平均 21.0m，普射后单井日产油 2.0～12.3t，平均 3.7t/d。初步估算滚动增储 207.15×10⁴t（图 2-87）。

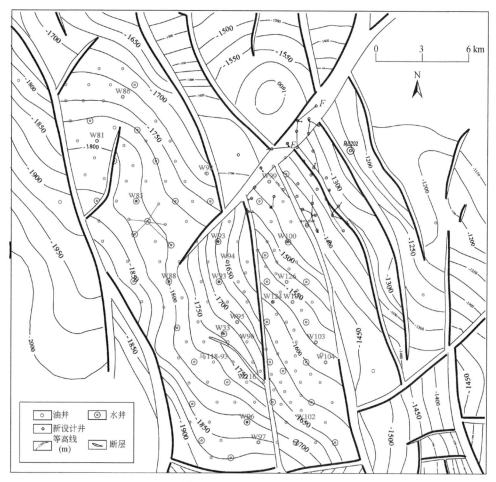

图 2-87　W100 区块井位图

## 三、指导区块措施挖潜

原认识海塔油田为整体的断块油藏，新认识每个断块为独立的油藏，因此在断块油藏开发中期，采用分断块、分层位，利用已有开发井试油、生产动态资料开展油水分布规律再认识，新增措施潜力。

以贝尔油田为例，以往按照复合油藏思想指导，认为油水关系比较复杂，从构造上看，上水下油的现象较多，而且部分区块电性解释标准符合率低，统计169口井的电测解释，符合率只有63.4%。针对上述问题，应用小断块油藏群指导思想，精细解剖油田，将原认识的一个油藏细化为多个断块油藏，通过重新解释油水层，发现潜力补孔井63口，其中58口有效益，单井日增油2.4t；堵水23口，含水率由91.6%降至35.2%，盘活了低效井。

通过认识发现 X51 断块 N1 II 4-6 层为纯油层，部署实施 XP10 井，投产后日产油10.1t，含水率15.7%，阶段累计产油3214t，产量是周围直井的3倍；同时，应用直井细分层系开发布井8口，全部完钻，N1 II 4-6 层平均单井钻遇有效厚度为13.6m。

通过上述分析，解决了部分区块电性解释标准符合率低的难题，实现油藏认识由复合油藏向小断块油藏，油水关系由表象上的复杂到相对简单的认识突破，油水层解释更符合实际，油水界面更为清晰，同时发现了新潜力。

# 第三章　断块油田有效开发技术

海拉尔–塔木察格盆地主要开发苏仁诺尔、乌尔逊、贝尔、呼和诺仁、苏德尔特、霍多莫尔、塔南及南贝尔八个油田（图3-1），除苏德尔特油田开发兴安岭（南屯组）和布达特群潜山两套层系外，其余油田主要开发一套层系。海塔油田具有含油区块小、分布零散、断块多的特点，已开发油田共划分为 71 个小断块，平均每个断块面积为 0.9km²。主要开采的油层组有大磨拐河组、南屯组（兴安岭群）、铜钵庙组及布达特群；埋深从1100m 到 3000m 不等，储层厚度平面变化大；地下储层既有强水敏砂砾岩储层，又有砂岩储层和裂缝性古潜山油藏。由于不同类型储层的成藏条件和地质特征的差异，在投入开发后呈现的开发特征及开发规律差异性较大。

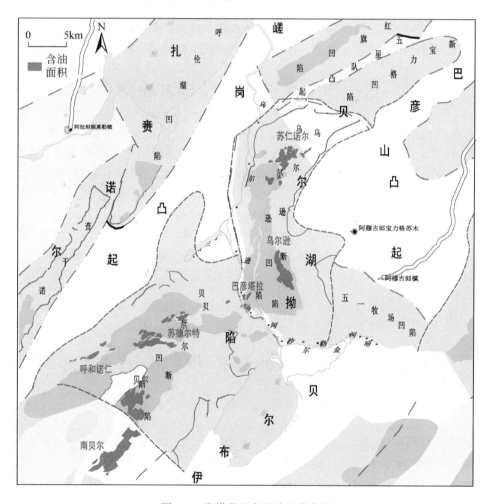

图 3-1　海塔盆地主要油田分布图

霍多莫尔油田、B301、塔 34、塔 19、塔 69、塔 X61 和 B96-38 区块主要为砂砾岩油藏，属于近源快速堆积，地层倾角为 40°~70°、储层渗透率非均质系数平均 1.342，变异系数平均为 0.57，非均质性较强。投入开发后受构造高差影响，注水方向强，构造低部位注水见效快、含水率上升快，高部位见效差、递减幅度大，通过常规注水调整难以改善开发矛盾。

苏仁诺尔、贝尔、乌尔逊油田、苏德尔特兴安岭油层、南贝尔以及塔南大部分区块主要为砂岩油藏，储层埋藏深度为 1465~2700m，由于埋藏深，储层以低、特低渗透为主，投入开发后各油田高断块具有一定吸水能力，低断块普遍注水困难，日注水量小于 10m³ 井比例高达 45%，由于吸水状况差，油井初期具有一定产能，但弹性递减快，整体注水开发效果差。

苏德尔特和塔 67 区块主要为裂缝性古潜山油藏，储层发育完全依赖于溶洞、裂缝的发育程度，构造高部位和靠近断层的区域裂缝相对发育，油井产量相对较高，平均单井日产油为 3.5~47.2t；低断块裂缝发育变差，产液量较低，多为低产低效井，平均单井日产油仅为 1.1~2.2t（图 3-1），大多数断块难以实现有效注水开发。

由于不同类型油藏的地质特征及开发状况差异性较大，采取的开发调整技术也各不相同，需按照油藏类型总结开发规律，探讨各类型油藏的有效开发技术。

# 第一节  中低渗透砂砾岩油藏

以砂砾岩油藏为例，探明地质储量为 $14189 \times 10^4 t$，已动用储量为 $2327 \times 10^4 t$，占总动用储量的 16.4%，日产水平占总产量的 25.8%，是海塔油田的主产油藏类型。由于霍多莫尔油田开发时间较短，下面主要以开发时间较长的呼和诺仁油田 B301 区块南屯组油藏为例进行描述。

呼和诺仁油田 B301 区块南屯组油藏 2001 年提交探明储量，2002~2003 年进行试油试采及井组注水开发试验，2003 年底全面投入开发，2004 年全面注水开发，经过早期分层注水、细分注水调整、一次加密调整、分层系开发试验、调剖试验及聚合物驱油先导试验，取得较好的开发效果。

## 一、砂砾岩油藏地质特征

B301 区块位于海拉尔盆地贝尔湖拗陷呼和诺仁构造，构造倾角为 14.4°；主要开发目的层为南屯组二段油层。

### 1. 断裂特征

全区共解释断层 20 条，以北东向为主，均为正断层，反向正断层居多，断距一般为 15~40m，延伸长度为 0.3~2.1km，倾角在 40°~70°。

### 2. 沉积特征

南屯组油层主要为近岸浅水环境下的扇三角洲相沉积，有效厚度集中发育在 Ⅰ、Ⅱ 油组。油藏平均埋深为1183m，平均单井钻遇有效厚度37.3m，层数15.2个，单层有效厚度为0.3~24.3m，平均为2.5m，以厚油层为主。其中，主力油层Ⅱ11-13层有效厚度为18.0m，占全区厚度的48.2%；大于2.0m以上层数比例为29.7%，有效厚度比例为63.0%。

### 3. 储层评价

南屯组油层以砂砾岩、砾质砂岩、细砂岩、粉砂岩为主，油层孔隙度的变化范围为8.2%~28.7%，平均值为20.8%，主要分布区间为15%~25%，属中孔隙度；油层渗透率变化范围为$0.03 \times 10^{-3} \sim 935 \times 10^{-3} \mu m^2$，平均值为$91.0 \times 10^{-3} \mu m^2$，渗透率区间跨度较大。主力油层渗透率以大于$100 \times 10^{-3} \mu m^2$为主，平均渗透率$230 \times 10^{-3} \mu m^2$。油层间渗透率变异系数平均为0.98；相邻的单砂层间渗透率最大级差为10.25，层间非均质性强。

B301区块南屯组储层泥质含量较高，在油层有效厚度内泥质含量为14.3%。黏土矿物中蒙脱石占18.0%，平均水敏指数为0.79，具有强水敏特征（王宝玲和汪桂娟，2000）。

### 4. 地层温度与地层压力

油层温度变化范围48.9~55.6℃，实测温度梯度变化范围为3.89~4.11℃/100m，平均温度梯度为3.99℃/100m，属正常地温梯度；油层压力变化范围为11.53~12.37MPa，实测压力系数变化范围为0.961~0.982，平均压力系数为0.970，为正常压力油藏。

### 5. 流体性质

油层原油性质具低密度、低黏度和低凝固点特点，地面原油密度平均为$0.8241t/m^3$，黏度为4.3mPa·s，含蜡10.2%，凝固点为14.5℃。地层原油密度为$0.7714t/m^3$，黏度为2.36mPa·s，体积系数为1.0945，原始气油比为$28.5m^3/t$，饱和压力为3.69MPa。地层水总矿化度为2230.42~4853.03mg/L，平均为3261.81mg/L，氯离子为87.0~632.07mg/L，平均为466.18mg/L，pH为8.25~8.60，平均为8.37，属$NaHCO_3$型。

### 6. 油水分布及油藏类型

B301区块南屯组二段油水分布在纵向上有三种形式：①油层-干层-水层；②油层-水层；③油层-干层，以上油下水分布为主。油水分布主要受构造控制，油水界面整体上由构造高部位向低部位逐渐变深，具有一定的边底水能量。同时，在平面上油藏边界受沉积砂体边界影响，因此，油藏类型属于构造控制为主的岩性-构造油藏。

## 二、砂砾岩油藏的主要开发特征

### 1. 压力系统特征

B301区块南屯组砂砾岩油藏，原始地层压力变化范围在11.53~12.37MPa，平均值为

12.13MPa，饱和压力为3.69MPa。

一是油藏压力经历下降、恢复和稳定的过程。油藏在开发初期利用天然能量弹性开采，油藏压力显著下降，2004年油藏压力下降至5.33MPa。在注水开发阶段，地层能量恢复程度与注采比成正比关系：2004~2006年注水初期采用的温和注水，注采比较低，仅1.1左右，导致地层压力较低，保持在5.0MPa左右；2006~2008年通过注采系统调整，注采比提高至1.3左右，地层压力回升至6.84MPa；2009~2010年进行了加密调整，受钻关影响油藏压力下降；2011~2012年进行注水层段细分、重组加强注水，压力回升至加密前水平；2013年至今，通过复算破裂压力等方式进一步加强注水，注采比提高至1.8，油藏压力明显回升至接近原始地层压力水平，渐趋稳定（图3-2）。

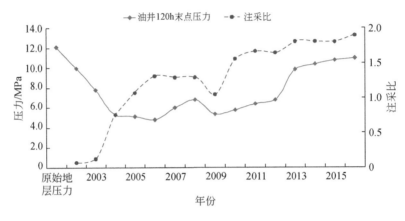

图3-2　历年120h末点压力图

二是注采井间压力损失大。对注水井和采油井进行压力监测，地层压力通常是利用油井的压力恢复和注水井的压力降落试井资料计算的。由于油藏渗透率低、油层连通率低，油水井压力检测均未出现直线段，仅统计末点压力的变化趋势代表地层压力的变化趋势。注水井末点压力和采油井末点压力相差6.6~11.6MPa，平均值为8.6MPa（图3-3）。注采井间的压力差是注采井间油层不完全连通造成的，差值越大说明连通性越差，反之亦然。

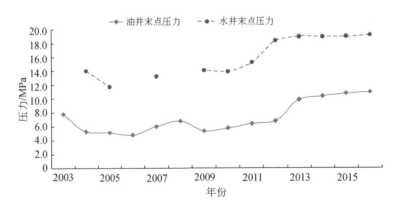

图3-3　油水井历年末点压力统计

通过历年末点压力统计曲线可以看出，水井末点压力与采油井末点压力具有很好的相关性（图3-4），同理可推得，注水井地层压力与采油井地层压力具有很好的相关性。B301区块南屯组油藏油水井末点压力存在以下线性关系：

$$P_{水} = 1.1754 \times P_{油} + 7.4183$$

式中，$P_{水}$为水井末点压力，MPa；$P_{油}$为油井末点压力，MPa。

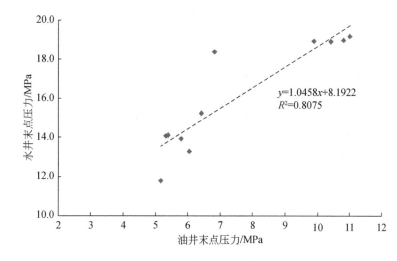

$$y = 1.0458x + 8.1922$$
$$R^2 = 0.8075$$

图3-4　油水井末点压力关系曲线

三是平面、纵向上压力分布严重不均。B301区块砂砾岩油藏储层平面、纵向上具有严重非均质性，注水开发后，平面、纵向上压力分布极不均匀（表3-1）。

表3-1　120h末点压力分类统计表

| 年份 | 120h末点压力/MPa | | | | |
| --- | --- | --- | --- | --- | --- |
| | 中轴部 | | | 破碎带 | 边底部 |
| | 构造高部位 | 构造低部位 | I油组 | | |
| 2002 | 9.24 | 10.45 | | | |
| 2003 | 8.38 | 7.49 | | 8.20 | 7.27 |
| 2004 | 5.35 | 7.11 | | 3.51 | 4.48 |
| 2005 | 4.41 | 6.23 | | 3.39 | 4.19 |
| 2006 | 3.89 | 7.00 | | 3.31 | 4.11 |
| 2007 | 3.97 | 7.43 | | 2.87 | 4.03 |
| 2008 | 5.42 | 8.21 | | 2.74 | 2.37 |
| 2009 | 3.97 | 7.20 | | 2.46 | 2.17 |
| 2010 | 4.36 | 7.81 | 6.10 | | 6.40 |
| 2011 | 4.87 | 9.22 | 4.26 | | 4.72 |
| 2012 | 5.29 | 9.32 | 3.87 | | 4.33 |
| 2013 | 6.73 | 11.90 | 3.92 | | |
| 2014 | 7.89 | 12.30 | 4.53 | | |

平面上分为三大条带，即中轴部、高部位断层破碎带和边底部边底水入侵带，其中轴部又可分为构造高部位油井和构造低部位油井。平面上中轴部构造低部位油井，注水效果最好，地层能量最高；破碎带内油井油层连通关系差，处于弹性开采，地层能量最低。边底部油井由于边底水入侵，具有一定地层能量。综上所述，平面上压力分布极其不均衡，极差可达 10MPa。

油藏纵向上 2009 年以后分为 I 油组和 II 油组两套开发层系，II 油组注水效果较好，油井受效明显地层能量较高，已恢复至原始地层压力附近；I 油组为低-特低渗透砂砾岩油藏，受储层物性、开发井网井距的影响，注水开发效果相对较差，地层压力回升缓慢。纵向上地层压力极差可达 7～8MPa，地层压力纵向分布不均衡。

四是合理的注采压力系统应保证地层有良好的渗流能力，且满足对产量的要求。根据呼和诺仁油田 B301 区块探明储量内早期 3 口压裂试油井资料统计，破裂压裂梯度为 0.0165MPa/m，油层破裂压力为 20.6MPa，使油层破裂时的井口压力为 8.2MPa。根据国内外油田开发的实践经验，井口注入压力的合理上限应当低于导致井底油层破裂时的井口压力。因此，原则上把导致油层破裂时井口压力作为注水井的可操作最高工作压力，B301 区块的最高注入压力应不超过 8.2MPa 为宜。

随着油藏开发的不断深入，根据注水开发后开发井压裂资料及现场实测指示曲线来看，初期应用 3 口压裂试油井资料所确定的 0.0165MPa/m 破裂压力梯度已不能满足目前注水要求，因此 2013 年开展破裂压力复算工作。为了得到全区具有代表性的破裂压力梯度，本次通过将实测指示曲线所得结果与压裂资料所得结果进行线性回归（图 3-5），最终确定全区破裂压力梯度为 0.0179MPa/m，与原注水方案中使用破裂压力梯度对比，提高

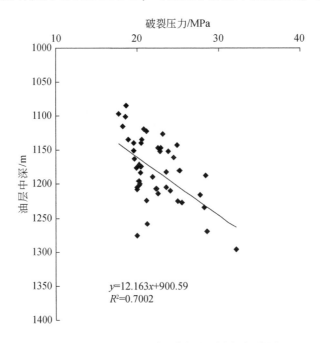

图 3-5　B301 区块破裂压力与油层中深相关图

0.0014MPa/m。通过对区块内 48 口水井进行复算，平均破裂压力为 9.8MPa，比原方案破裂压力上提 1.6MPa。

2. 注采能力变化规律

1）吸水能力保持稳定

HALL 曲线表示的是井口压力与时间乘积之和与累计注入量的关系，该曲线的斜率的倒数即是井的注水能力指数。

B301 区块注水开发后，以温和注水为主，区块吸水能力稳定，没有像其他砂砾岩油藏一样随着油藏综合含水率的升高而增加（图 3-6）。

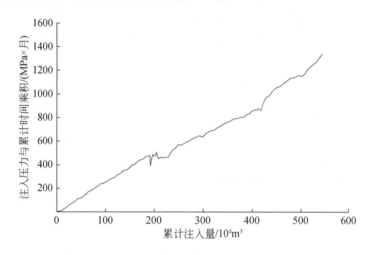

图 3-6  B301 区块注水 HALL 曲线

在累计注水量 $0 \sim 192 \times 10^4 m^3$ 期间，即 2004 年 5 月至 2009 年 5 月，也就是一次加密调整水井钻关之前，水井温和注水，HALL 曲线斜率几乎不变，水井吸水能力稳定；在 $238 \times 10^4 \sim 418 \times 10^4 m^3$ 期间，即 2010 年 7 月至 2013 年 5 月，HALL 曲线斜率较前一阶段变小，水井吸水能力变强，主要是加密调整后油藏注采关系明显改善造成的。在 $423 \times 10^4 \sim 507 \times 10^4 m^3$ 期间，即 2013 年 6 月至 2014 年 9 月，HALL 曲线斜率较前两个阶段都变大，说明区块水井吸水能力下降，主要是区块实施了细分注水调整，强化了非主力层注水，导致水井注水压力迅速升高。在 $512 \times 10^4 m^3$ 之后，即 2014 年 10 月至 2016 年底，HALL 曲线斜率较前三个阶段都大，说明区块水井吸水能力下降迅速，主要有两个原因：一个原因是 2014 年三至四季度注水调整出现一批地层污染井，水井注水能力下降；另一个原因是 6 口单卡注聚井，注入压力上升较大。

2）区块产液指数稳定，产油指数随着含水率的增加而降低

呼和诺仁油田 B301 区块进行了油水相对渗透率曲线的测定，考虑到本区水敏性较强的特点，分别制作了注地层水和注黏稳剂的油水相对渗透率曲线（图 3-7）。从油水相对渗透率曲线可以看出，随着含水饱和度的增加，具有油相相对渗透率下降较快，在含水饱和度 50% 以前，水相相对渗透率上升稍快，而在含水饱和度 50% 以后，水相相对渗透率抬不起来的特点。

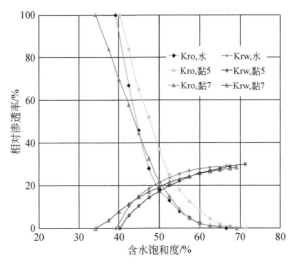

图 3-7　不同黏稳剂下油水相对渗透率曲线（高渗组）

依据测得的油水相对渗透率曲线可以计算出其无因次相对采液、采油指数随含水率变化曲线（图 3-8），随着含水饱和度不断增加，无因次相对采液指数基本保持在一个水平，采油指数下降；在含水饱和度大于98%后，无因次相对采液指数略有上升。说明整个开发过程中要依靠产液量保持油田稳产难度较大。

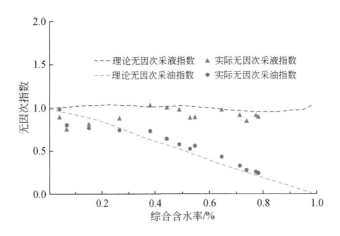

图 3-8　无因次产液、产油指数变化曲线

3. 产量递减规律

1）油田开发递减特征

递减率是衡量油田阶段开发状况好与差的一个重要指标，主要包括三种类型：综合递减率、自然递减率和两年老井自然递减率。综合递减率主要反映油田实际产量的变化情况；自然递减率主要反映油田产量的自然递减状况；两年老井自然递减率主要反映两年以上老井的阶段递减状况。B301 区块历年递减状况见图 3-9。

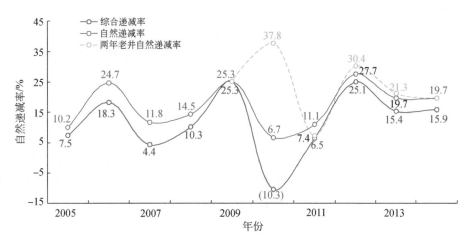

图 3-9　B301 区块历年递减状况

区块 2004～2006 年是注水初期开发阶段，油藏温和注水，注水后 3 个月油井开始受效，2005 年油藏全面受效，递减较低；低部位受效油井含水率迅速上升，油藏递减率在 2006 年增大；2007 年至 2008 年油藏进入注水综合调整阶段，该阶段以"减缓油藏开发三大矛盾"为目标，递减率控制在 15.0% 以内；2009 年油藏进行一次加密，2010～2012 年进入一次加密后注采系统调整阶段，受大面积水井钻关地层能量下降严重、加密后油藏分层系开发大批次油井进行措施改造导致初期产量拔高和部分井区出现"争液"等影响，虽然综合递减率和自然递减率较低，但两年老井自然递减率显著增加；2013 年以后经过长达 3 年注采系统调整，油藏进入相对稳定的开采时期，注采关系稳定，综合递减率下降到 15% 左右，自然递减率控制在 20% 以内。纵观 B301 区块开发历史，注采关系稳定时综合递减率可控制在 10%～15%，自然递减率可控制在 15%～20%。

2）产量下降阶段递减规律

B301 区块砂砾岩油藏在 2012 年以后进入产量递减阶段，产量递减按照 Arps 递减模型分为指数递减、双曲递减和调和递减，B301 区块产量递减阶段递减规律属于双曲递减，属于乙型水驱特征曲线（图 3-10）。

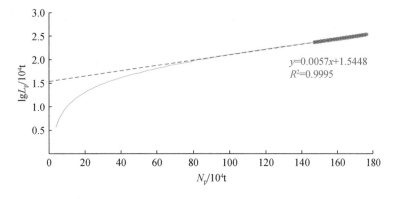

图 3-10　B301 区块乙型水驱特征曲线

乙型水驱特征曲线关系式：$\lg L_P = a + b \times N_P$

可求出产量递减率关系式：$D_O = 2.303b \times q_o - D_L$

式中，$N_P$ 为累计产油量，t；$L_P$ 为累计产液量，t；$D_O$ 为产油量递减率，%；$D_L$ 为产液量变化率，%；$q_o$ 为某时刻的产油量，t；$a$、$b$ 均为常数。

B301 区块受储层发育特征的限制，不能实现提液生产，可近似认为产液量稳定，因此乙型水驱特征曲线递减率关系式可表述为

$$D_O = 2.303b \times q_o$$

水驱特征曲线计算油藏采收率，可得采收率为 21.3%，与方案设计的 28.9% 相差较大。根据公式，可推算油田开采期内递减率为 1.7%~10.0%，越到开发后期递减率越低。依据目前的开发状况，油田整体开发效果较差，需进行深度的开发调整。

4. 含水率变化规律

童宪章院士的乙型水驱特征曲线可被用来准确地描述 B301 区块砂砾岩油藏含水率和采出程度的变化关系：

$$\lg[f_w/(1-f_w)] = 7.5(R-ER) + 1.69$$

式中，$f_w$ 为含水率，%；$R$ 为采出程度，%；ER 为最终采收率，%。

B301 区块方案设计采收率为 30%，与标准模板曲线对比，采出程度在 5%~10% 期间即含水率在 30%~60% 期间，与采收率 30% 曲线契合度较高，说明在此期间，综合调整较为得当。目前阶段含水率偏高，已明显向采收率 25% 标准曲线偏移，需进行较大规模综合调整，控制含水率上升速度。当前已执行"细分单元开发"思路，含水率有所下降，曲线向 30% 标准曲线偏移，初步见到调整效果（图 3-11）。

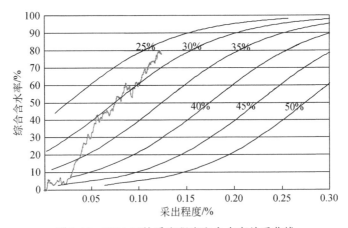

图 3-11　B301 区块采出程度和含水率关系曲线

5. 油藏水淹特征

1）油井见效见水特征

在 200~250m 反九点注水井网条件下，B301 区块砂砾岩油藏中轴部油井在注水 3 个月陆续见到注水效果。受地层倾角和沉积影响，注水后，低部位油井先见到注水效果，见

效特征为产液量、产油量上升，流压上升，油井 6～10 个月快速见水，见水后含水率迅速上升形成水淹。高部位油井一般在 6 个月至 10 个月注水受效，受效速度明显较慢，见效特征为产液量、产油量较稳定，部分油井出现小幅度回升；流压稳定；无水采油期较长，无措施情况下可达到 3～5 年甚至更长；压裂措施改造后，产量上升明显，流压突增，措施后见水且含水率上升迅速，其含水率上升速度要小于低部位油井。

　　例如，构造低部位井 B40-58 井（图 3-12），注水 3 个月后见效，10 个月后见水，见水 12 个月后含水率达到 60%，见水 30 个月后含水率达到 90%；构造高部位开发井 B42-53 井（图 3-13），注水 8 个月后液量有回升，注水开发 63 个月未见水，加密调整即 64 个月见水，见水 25 个月含水率上升至 80%；构造高部位开发井 B50-52 井（图 3-14），注水 25 个月见水，见水前无明显受效特征，见水 10 个月液量持续下降，含水率仍低于 10%，压裂引效，压裂后 25 个月含水率上升至 60%，38 个月上升至 80%。

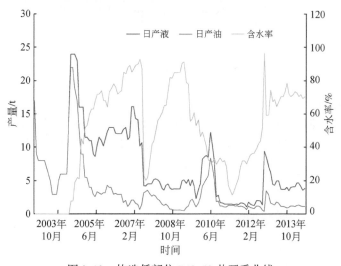

图 3-12　构造低部位 B40-58 井开采曲线

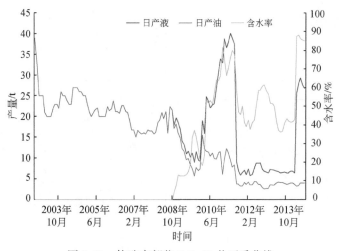

图 3-13　构造高部位 B42-53 井开采曲线

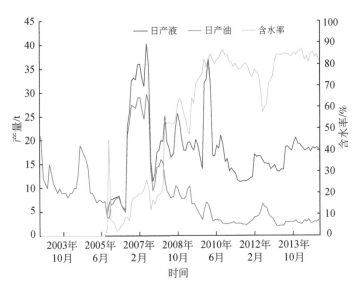

图 3-14　构造高部位压裂引效井 B50-52 井注水开采曲线

2）平面水淹特征

分别对注水前、加密调整、加密调整 2 年、加密调整 4 年、注水半年、注水 1 年、注水 3 年、注水 5 年，区块整体含水率情况进行分析对比（图 3-15）：区块存在边底水，注水开发初期边底水较活跃，边底部位的开发井遭到地层水入侵；随着注水开发的进行，构

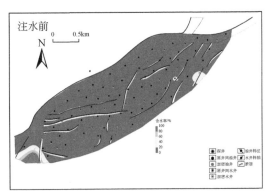

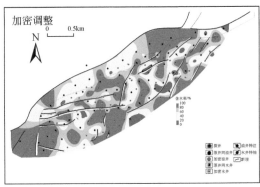

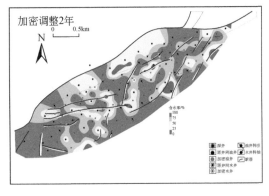

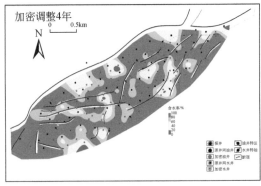

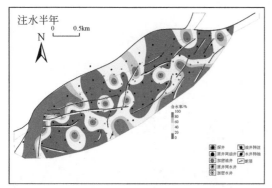
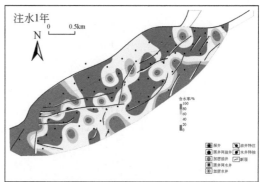
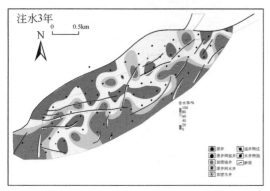
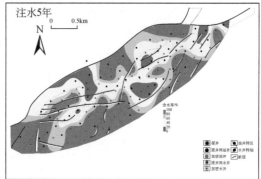

图 3-15　注水开发平面水淹进程示意图

造低部位油井遭到注入水水淹，水淹速度较快；加密调整前，只有受区块内部断层切割局部构造高点未水淹；加密调整后完善了局部的注采关系，区块全面水淹，仅局部开发 I 油组井受储层物性发育差的影响未水淹。纵观区块水淹过程，与区块的地质发育特征和注水开发规律相吻合，平面上构造高低部位油井水淹差异性较大。

3）纵向水淹特征

通过历年对注水受效井区的产注剖面进行统计，纵向上只有发育连片且物性较好的主力层 II 11 ~ 13 小层全面水淹，其他小层如 II 17 小层仅在个别井区出现水淹（图3-16）。对加密调整 34 口井主力层进行水淹状况统计（表3-2），主力层水淹程度高，高水淹比例达到 67.2%。

表 3-2　B301 区块 34 口加密井主力层水淹状况

| 层位 | 砂岩/m | 高水淹 | | 中水淹 | | 低水淹 | | 未水淹 | |
|---|---|---|---|---|---|---|---|---|---|
| | | 厚度/m | 比例/% | 厚度/m | 比例/% | 厚度/m | 比例/% | 厚度/m | 比例/% |
| N2 II 11 | 241 | 150 | 62.3 | 58 | 24.0 | 27 | 11.1 | 6 | 2.6 |
| N2 II 12 | 129 | 90 | 70.0 | 21 | 16.0 | 14 | 10.9 | 4 | 3.1 |
| N2 II 13 | 108 | 81 | 74.6 | 20 | 18.2 | 5 | 4.3 | 3 | 2.9 |
| 合计（平均） | 478 | 321 | (69.0) | 99 | (19.4) | 46 | (8.8) | 13 | 2.9 |

注：括号内为平均值。

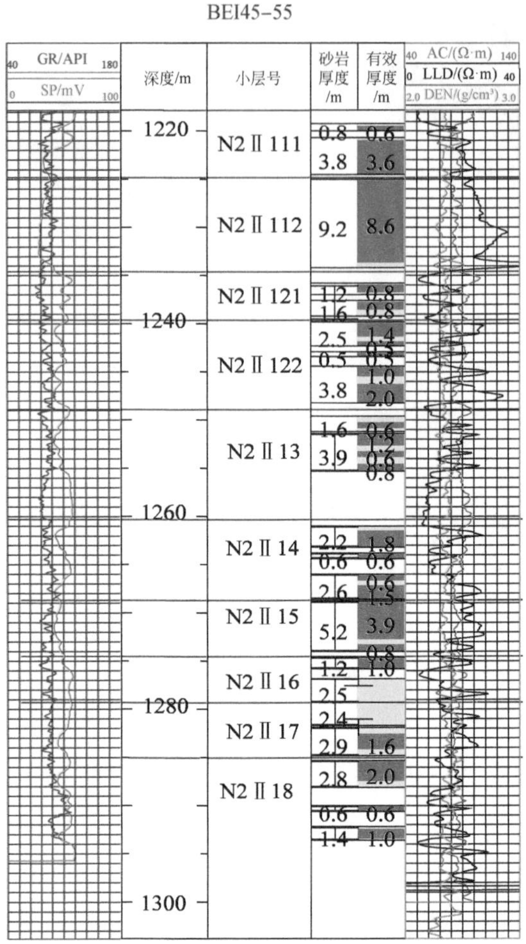

图 3-16　典型特征曲线

# 三、砂砾岩油藏的开发过程及主要开发调整技术

B301 砂砾岩油藏经过十余年的开发（图 3-17），主要分为低、中、高含水率三个开发阶段，每个开发阶段暴露的主要开发矛盾主次各不相同，在开发过程中进行针对性的调整与控制，形成系列的开发调整技术，改善油藏开发效果（李庆昌和吴虻，1997；刘丁曾和王启民，1996）。

## 1. 低含水率阶段

此阶段为油田开发初期阶段，综合含水率范围为 0~20%，从 2002 年 1 月至 2005 年 9 月，历时 45 个月。主要包括三个阶段，即试采试注阶段、弹性开采为主的全面投产阶段和全面注水开发阶段。截止到 2005 年 9 月阶段末综合含水率 19.9%，累计产油量 54.90×

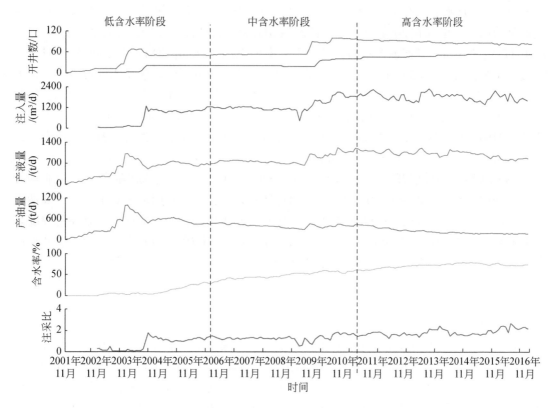

图 3-17 B301 区块开采曲线

$10^4$t，采出程度 3.88%，累计注水量 51.18×$10^4$m³，累计注采比 0.66，120h 末点压力为 5.23MPa，与投产初期地层压力对比降低 4.17MPa。

1）主要开采特征

（1）无水采油期短，弹性开采阶段采油速度高，地层压力下降快，产量下降迅速。B301 砂砾岩油藏基础井网采用"顶密边疏"200～250m 井距正方形井网投产，反九点注水井网滞后 6 个月注水开发，注水前主要进行弹性开采。无水采油期综合含水率小于 2.0%，由于开发初期对区块油水界面把握不准确，部分控制井射开水层或者含油水层或油水同层，无水采油期仅存在于试采阶段（2002 年 1 月至 2002 年 5 月），全面投产后即进入低含水率阶段。区块开发初期利用天然能量弹性开采，弹性开采阶段采油速度较高，月度平均采油速度达到为 2.30%，最大值为 2.61%，最小值为 2.02%。弹性开采 6 个月时间，采出程度达到 1.11%，累计采出地下体积为 21.58×$10^4$m³，地层压力迅速下降：2002 年下半年 120h 末点压力为 9.40MPa、外推压力为 12.41MPa，2004 年上半年 120h 末点压力为 5.32MPa、外推压力为 6.17MPa，120h 末点压力下降 4.08MPa，外推压力下降 6.24MPa。在此期间区块产量由峰值 1011.8t/d 迅速下降至低谷值 710.0t/d，递减幅度达到 29.8%，月均递减幅度达到 5.0%；液量由峰值 1039.0t/d 迅速降至低谷值 781.1t/d。

（2）注水开发后油井迅速见效，地层压力稳定，产量上升。B301 砂砾岩油藏实现了早期注水及时补充地层能量，保证了油层压力的恢复和稳定，实现区块的早期稳产。区块

2004 年 4~6 月水井陆续投注，8 月开始产量明显回升，注水受效时间在 3 个月左右。区块产量的低谷值出现在 2004 年 7 月，日产液 511.2t，日产油 493.4t，综合含水率 3.5%；8 月日产液 570.0t，日产油 550.8t，综合含水率 3.5%；受效峰值出现在 2005 年 5 月，日产液 785.2t，日产油 653.2t，综合含水率 16.4%；产量恢复至区块最高产量的 64.6%，液量恢复至 75.6%。在此期间油井流压水平明显回升，由 2.15MPa 上升至 2.88MPa；2004 年上半年 120h 末点压力为 5.32MPa、外推压力为 6.17MPa，2004 年下半年 120h 末点压力为 5.35MPa、外推压力为 6.75MPa，2005 年上半年 120h 末点压力为 5.13MPa、外推压力为 6.04Pa，120h 末点压力保持在 5.0MPa 以上，外推压力保持在 6.0MPa 以上。

（3）油藏以厚油层开发为主，油层动用程度高。B301 区块南屯组油藏是一个非均质性、多油层、单层厚度差异大的油田，层间物性差异大，开发初期由于对 I 油组、II 油组两个油藏认识不清，采用一套井网开发，物性好、连通性好、连片发育、水驱控制程度高的 II 油组 11~13 小层动用状况好，注水受效程度高。统计 19 口油井产液剖面，油井动用状况较好，层数动用比例仅为 79.5%，有效厚度动用比例为 83.8%。区块主力油层 N2 II 11~13 小层，产液量比例达到 45.1%，层数动用比例为 81.5%，有效厚度动用比例为 88.5%。

2）开发调整的任务及主要措施

针对油田开发中所暴露的矛盾和地下特征的认识深化，这个阶段的开发调整任务主要是以协调各类油层的注采关系（李士奎和朱焱，2004），提高水驱控制和储层动用程度，保证有较长时间的高产稳产为目标。调整的主要方法包括及时转注完善注采关系、早期分层注水、注入水加黏稳剂保护油层、不受效油井压裂改造改善注采关系等；与此同时，还要认真深化油藏开采规律的研究和建立有关的开发技术政策，以便更有效、更合理地开发好油田。

（1）注入端加黏稳剂且加强水质管理，保护油层，防止污染和伤害。B301 区块油层渗透率平均值为 $91×10^{-3}\,\mu m^2$，整体属于低渗透储层，渗透率区间跨度较大，变化范围为 $0.03×10^{-3}~935×10^{-3}\,\mu m^2$，以特低渗和低渗为主。为保护油层，注入水质按照大庆外围油田低渗油藏注水开发水质标准严格执行（表 3-3）。

表 3-3　外围低渗透油田不含聚合物注水水质控制指标

| 渗透率 /$10^{-3}\,\mu m^2$ | 含油量 /(mg/L) | 悬浮固体含量 /(mg/L) | 悬浮物颗粒直径中值/(mg/L) | 平均腐蚀率 /(m/a) | 硫酸盐还原菌 (SRB)/(个/mL) | 腐生菌 /(个/mL) | 铁细菌 /(个/mL) |
|---|---|---|---|---|---|---|---|
| <0.01 | ≤5.0 | ≤2.0 | ≤2.0 | ≤0.076 | 0 | $n×10^2$ | $n×10^2$ |
| 0.01~0.10 | ≤8.0 | ≤3.0 | ≤2.0 | ≤0.076 | ≤25 | $n×10^2$ | $n×10^2$ |
| 0.1~0.6 | ≤15.0 | ≤5.0 | （地面污水 ≤10.0） | ≤3.0 | ≤0.076 | ≤25 | $n×10^2$ | $n×10^2$ |
| >0.6 | ≤20.0 | ≤10.0 | （地面污水 ≤10.0） | ≤5.0 | ≤0.076 | ≤25 | $n×10^2$ | $n×10^2$ |

注：$0 \leq n < 10$。

B301 区块南屯组储层泥质含量较高，在油层有效厚度内泥质含量为 14.3%。黏土矿物中蒙脱石、伊蒙混层的含量较高，表现出强水敏特征，储层水敏指数变化范围为 0.53 ~ 0.96，平均值为 0.79。为防止储层水敏性产生的油层伤害（图 3-18），在 B301 区块注水开发过程中加入黏稳剂。通过室内试验确定了黏稳剂开发初期使用浓度为 1.5%（图 3-19）。开发一段时间后，考虑地层中已经具备相当浓度的黏稳剂，择机降低甚至停用黏稳剂（周晔和段玉秀，2001；汪伟英和唐周怀，2001）。

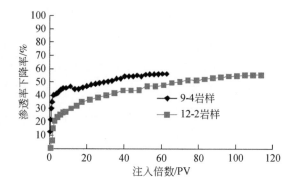

图 3-18　注入水对渗透率伤害率曲线（PV 为地下孔隙体积）

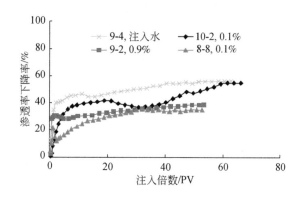

图 3-19　不同浓度黏稳剂对渗透率伤害率曲线

（2）采取早期分层注水，减缓层间矛盾，保证低含水期开发效果。B301 区块 22 口注水井初期均采用笼统注水方式注水，统计 17 口水井吸水剖面，水井动用状况较差，层数动用比例仅为 40.8%，砂岩厚度动用比例为 46.7%。区块主力油层 N2Ⅱ11 ~ 15、17 小层，虽然吸水量比例达到 67.6%，但层数动用比例仅为 42.7%，砂岩厚度动用比例为 47.3%。统计 19 口油井产液剖面，油井动用状况较好，层数动用比例为 79.5%，有效厚度动用比例为 83.8%。区块主力油层 N2Ⅱ11 ~ 13 小层，产液量比例达到 45.1%，层数动用比例为 81.5%，有效厚度动用比例为 88.5%。说明动用的层主要是物性发育较好的主力层，层间矛盾突出（表 3-4）。

表 3-4　分层注水前后小层吸水剖面情况统计表

| 小层 | 射开 | | | 笼统注水 | | | | 分层注水 | | | |
|---|---|---|---|---|---|---|---|---|---|---|---|
| | 层数/个 | 砂岩/m | 有效/m | 层数/个 | 砂岩/m | 有效/m | 绝对吸水量/(m³/d) | 层数/个 | 砂岩/m | 有效/m | 绝对吸水量/(m³/d) |
| N2Ⅰ1 | 3 | 14.9 | 9.3 | 2 | 8.4 | 3.8 | 12.6 | 2 | 11.1 | 5.5 | 18.0 |
| N2Ⅰ2 | 8 | 12.1 | 8.6 | | | | | 4 | 3.8 | 1.4 | 34.0 |
| N2Ⅰ3 | 12 | 17.6 | 13.3 | 1 | 3.0 | 3.0 | 7.9 | 11 | 17.0 | 12.8 | 48.4 |
| N2Ⅰ4 | 15 | 36.3 | 30.6 | 4 | 16.7 | 13.1 | 13.2 | 9 | 23.7 | 21.2 | 53.3 |
| N2Ⅰ5 | 13 | 36.0 | 26.2 | 4 | 15.0 | 13.4 | 18.2 | 5 | 19.4 | 17.4 | 19.9 |
| N2Ⅰ6 | 6 | 24.2 | 21.1 | 1 | 5.2 | 5.2 | 2.7 | 4 | 15.4 | 15.4 | 17.9 |
| N2Ⅰ7 | 19 | 40.0 | 33.5 | 4 | 9.6 | 8.0 | 22.7 | 10 | 25.3 | 22.0 | 25.7 |
| N2Ⅰ8 | 8 | 17.1 | 5.2 | 5 | 14.6 | 4.1 | 24.1 | 2 | 6.7 | 1.1 | 4.0 |
| N2Ⅰ9 | 3 | 3.6 | 0.0 | 1 | 2.0 | 0.0 | 6.0 | 1 | 2.0 | 0.0 | 0.2 |
| N2Ⅰ10 | 2 | 1.6 | 0.7 | | | | | | | | |
| N2Ⅱ11 | 54 | 106.0 | 81.4 | 14 | 34.5 | 30.5 | 106.1 | 36 | 71.6 | 48.9 | 96.5 |
| N2Ⅱ12 | 43 | 86.6 | 64.8 | 9 | 22.3 | 19.0 | 47.9 | 30 | 50.7 | 38.5 | 92.2 |
| N2Ⅱ13 | 40 | 86.5 | 72.3 | 20 | 52.8 | 46.0 | 120.4 | 24 | 48.3 | 41.2 | 64.3 |
| N2Ⅱ14 | 39 | 64.2 | 51.3 | 20 | 32.3 | 31.1 | 83.2 | 22 | 34.3 | 26.8 | 43.6 |
| N2Ⅱ15 | 19 | 35.3 | 22.3 | 15 | 24.8 | 16.2 | 101.2 | 13 | 25.6 | 19.0 | 36.2 |
| N2Ⅱ16 | 11 | 19.5 | 12.7 | 3 | 6.8 | 4.0 | 18.7 | 8 | 13.5 | 12.7 | 22.1 |
| N2Ⅱ17 | 15 | 38.0 | 30.0 | 9 | 25.3 | 24.3 | 111.7 | 12 | 31.0 | 30.0 | 79.0 |
| N2Ⅱ18 | 6 | 18.8 | 9.1 | 6 | 18.8 | 9.1 | 47.6 | 5 | 15.0 | 9.1 | 24.8 |
| N2Ⅱ19 | 15 | 24.5 | 16.3 | 9 | 15.7 | 8.9 | 46.0 | 11 | 18.9 | 13.7 | 31.3 |
| N2Ⅱ20 | 1 | 3.2 | 0.0 | 1 | 3.2 | 0.0 | 5.7 | 1 | 3.2 | 0.0 | 1.1 |
| N2Ⅱ21 | 1 | 0.6 | 0.0 | | | | | 1 | 0.6 | 0.0 | 4.3 |
| N2Ⅱ22 | 2 | 2.6 | 0.0 | | | | | | | | |
| N2Ⅱ23 | 0 | 0.0 | 0.0 | | | | | | | | |
| 合计 | 335 | 689.2 | 508.7 | 128 | 311.0 | 239.7 | 795.9 | 211 | 437.1 | 336.7 | 716.8 |

注水井投注 6 个月后陆续实施分层注水, 共实施分层注水 21 口井, 主要实施主力层Ⅱ11~13 单卡注水, 平均单井注水层段 3.2 个, 分注率达到 95.5%。统计 13 口分层注水前后连续监测吸水剖面注水井, 层数动用比例提高 24.8 个百分点, 砂岩厚度动用比例提高 18.3 个百分点。统计 19 口分层注水前后连续监测产液剖面油井, 产液量上升 14.5 个百分点, 动用状况稳定, 主力层产液比例稳定。综上, 早期分层注水, 使注采两端动用状况都得到改善, 有效减缓了油田开发初期的层间矛盾。

2. 中含水率采油期的开发调整

此阶段为油田注采结构调整和一次加密开发调整阶段, 综合含水率范围为 20%~60%, 从 2005 年 10 月至 2011 年 3 月, 历时 66 个月。主要包括三个阶段, 即中低含水率期注水综合调整阶段、中高含水率期注水综合调整阶段和中高含水率期一次加密开发调整阶段。截至 2011 年 3 月，阶段末综合含水率 58.2%，累计产油量 $136.62 \times 10^4$ t，采出程度 9.65%，累计注水量 $287.94 \times 10^4$ m³，累计注采比 1.73，120h 末点压力为 6.46MPa，与低含水率阶段末点压力对比上升 1.22MPa。

1）主要开采特征

（1）受地层倾角和沉积影响，油井注水受效方向性强。B301 区块地层倾角大，平均值为 14.4°。且近岸浅水环境下的扇三角洲相沉积，物源方向为西北方向，即与地层倾向相同。受地层倾角和沉积影响，注水开发过程中重力分流作用明显，油井注水受效具有明显的方向性，即低部位油井受效明显且快速水淹，高部位油井受效程度低且缓慢，能量补充较缓慢，含水率上升速度慢。高部位油井经过措施改造后能够加快受效速度。区块注水受效层位为Ⅱ油组油层，Ⅰ油组整体属于低-特低渗透油藏，注水受效困难。

（2）含水率显著上升，油藏提液生产困难，稳产形势严峻。油田全面注水受效后进入以注水调整为主的稳产阶段，油藏含水率经过初期注水受效的快速上升之后进入一个相对稳定期，年末含水率大约上升 5 个百分点，年均含水率大约上升 10 个百分点，含水率上升速度较快。受油藏储层发育特征的影响，区块产液指数下降，无法通过提液生产弥补含水率上升带来的产量下降。在大规模综合调整措施之前，只能通过改造动用差层实现产量接替，随着改造比例的增大，改造潜力的减小，区块产量递减加大在所难免，通过常规的注采结构调整实现稳产较困难。

（3）加密前油层动用程度大幅下降，层间干扰日益突出。统计 2008 年与 2005 年连续监测产液剖面油井 16 口，区块整体动用程度下降明显，但主力层动用差别较小。统计各小层产液比例，2008 年与 2005 年相比主力层相对产液量上升了 12 个百分点；Ⅰ油组相对产液比例下降 7.7 个百分点，Ⅱ油组 14 以下小层相对产液比例下降 4.4 个百分点。按照当年产油量折算，主力层年均递减 4.1%，Ⅰ油组年均递减 16.8%，Ⅱ油组 14 以下小层年均递减 13.9%。分析原因，主力层注水受效较好，动用状况相对稳定，产量递减慢；Ⅰ油组储层发育差，目前井网井距较难建立有效驱动体系，递减最大；Ⅱ油组 14 以下小层储层物性较好，目前井网井距可建立驱动体系，与主力层存在层间干扰，不能完全释放产能。

2）开发调整的任务及主要措施

中含水率期面对油田开发暴露的一系列不利因素，主要工作任务是着力于完善注采系统，强化分层技术和深化老区地质研究为重点的综合调整，进一步发挥油层层间和平面的潜力作用，解决好提高有效注水和合理含水上升率的关系，有针对性地进行井网加密；同时也要重视中低渗透层中油层厚度大、采出程度低、含水率也不高的部位作为挖潜对象。通过调整达到提高水驱波及体积，提高储层动用程度，增加可采储量和产油量，实现中含水率期开采阶段的持续高产稳产。目前霍多莫尔油田和塔 19 区块砂砾岩油藏群处于中含水率阶段，在借鉴 B301 砂砾岩油藏开发经验，进行注水调整。

分层段精细综合调整，减缓层间、平面矛盾，保持区块稳产。注水调整：该阶段注水整体上还是"温和注水"，注采比控制在 1.3 左右。针对层间矛盾突出的现状，主力层适当控制注水，注采比稳定在 1.1 左右；非主力层适当加强注水，注采比控制在 1.5 左右。随着注水开发时间的延长，油藏逐步全面注水受效，低部位油井主力层注水指进需控制注水，与高部位油井注水受效程度低需加强注水的注水调整矛盾日益突出，主力层注水调整主要采取不定周期的井间交替控制与恢复注水，注水调整时机主要取决于井组的含水率上升速度与供液能力的变化。随着含水率上升速度的加快，注水调整频率不断增加。

　　平面压裂引效：针对平面受效差异大的现状，在 2006～2008 年先后对 20 口井注水受效较差的开发层实施压裂引效，初期单井日增油8.7t，增油强度0.49t/（d·m），有效期741d，单井累计措施增油4803t，措施效果较好，有效缓解了平面矛盾。由于Ⅰ油组较Ⅱ油组储层物性发育差且动用状况较差，虽然初期增油强度较高，但能量补给较困难，有效期较短，累计增油量仅为Ⅱ油组的一半左右。Ⅱ油组压裂井与构造位置和相带发育关系较明显，受构造高差和异相带发育影响，位于水井高部位的不受效油井，措施后含水率上升速度慢有效期较长，但供液能力下降快；高部位弱受效油井，措施改造后加速水淹进程，效果相对较差；开发初期受构造发育或者注采异相带等因素影响油层连通性差、注水开发效果差的低部位油井，压裂改造后，储层物性、连通性得到改善，初期效果较好，增油强度大，措施后易注水受效，供液能力有保证，措施累产较高，但措施井处于水井的构造低部位，油井也易形成注水水淹，有效期比高部位措施井要短（表3-5，表3-6）。

表 3-5　　不同油组不同部位油井压裂效果统计表

| 分类 | | 实施量 | | | | 压裂厚度/m | | 措施初期生产状况 | | | | 平均单井增油/(t/d) | 增油强度/[(t/(d·m)] | 单井累计增油/t | 有效期/d |
|---|---|---|---|---|---|---|---|---|---|---|---|---|---|---|---|
| | | 2006年 | 2007年 | 2008年 | 合计 | 砂岩 | 有效 | 产液/(t/d) | 产油/(t/d) | 含水率/% | 流压/MPa | | | | |
| 低部位受效差 | Ⅱ油组 | 5 | | | 5 | 18.2 | 18.1 | 21.7 | 13.3 | 38.7 | 5.99 | 8.2 | 0.45 | 7322 | 765 |
| | Ⅰ油组 | 2 | 1 | 1 | 4 | 12.4 | 11.2 | 20.0 | 13.6 | 31.9 | 3.99 | 8.8 | 0.79 | 2396 | 647 |
| 高部位不受效 | Ⅱ油组 | 3 | 3 | 2 | 8 | 20.9 | 20.8 | 18.1 | 16.4 | 9.5 | 4.42 | 10.5 | 0.51 | 5575 | 915 |
| 高部位弱受效 | Ⅱ油组 | 1 | | 1 | 2 | 19.4 | 19.0 | 15.9 | 11.0 | 30.9 | 3.89 | 4.6 | 0.24 | 1303 | 285 |
| | Ⅰ油组 | | | 1 | 1 | 18.3 | 18.3 | 25.5 | 9.2 | 64.0 | 4.87 | 5.3 | 0.29 | 2659 | 518 |
| 小计（平均） | Ⅱ油组 | 9 | 3 | 3 | 15 | (19.8) | (19.7) | (19.0) | (14.6) | (23.0) | (4.87) | (8.9) | (0.46) | (5588) | (781) |
| | Ⅰ油组 | 2 | 1 | 2 | 5 | (13.6) | (12.6) | (21.1) | (12.7) | (39.7) | (4.17) | (8.1) | (0.64) | (2449) | (621) |
| 合计（平均） | | 11 | 4 | 5 | 20 | (18.2) | (17.9) | (19.5) | (14.2) | (27.5) | (4.70) | (8.7) | (0.49) | (4803) | (741) |

注：括号内为加权平均值。

表 3-6　　油井堵水效果统计表

| 井号 | 措施时间 | 堵水层位 | 堵水后本井效果 | | | | | 堵水后井组其他油井效果 | | | | | |
|---|---|---|---|---|---|---|---|---|---|---|---|---|---|
| | | | 降液/t | 增油/t | 含水率降低/% | 累计增油/t | 有效期/d | 见效油井/口 | 增液/t | 增油/t | 含水率增加/% | 累计增油/t | 有效期/d |
| B50-58 | 2007年 | N2I5～7 | 43.0 | 1 | 16.0 | 77 | 183 | 2 | 5.5 | 2.1 | 10.7 | 640 | 270 |
| B60-58 | 2007年 | N2Ⅱ12～13 | 14.2 | -2.2 | 1.0 | 0 | 0 | 1 | 1.2 | -0.8 | 11.0 | 0 | 0 |
| B40-58 | 2008年 | N2Ⅱ111～112 | 6.2 | 2.1 | 65.0 | 473 | 370 | 2 | 2.5 | 2.2 | -1.4 | 197 | 181 |
| 合计（平均） | | | 63.4 | 0.9 | (13.5) | 550 | (184) | 5 | 9.2 | 3.5 | (3.1) | 837 | (150) |

注：括号内为加权平均值。

低部位油井水淹层堵水，平面调整井组注采结构：当低部位油井主力层水淹后，实施机械堵水，进行平面调整。2007～2008年成功实施低部位水淹油井机械堵水3口，初期油井本身产液量下降，产油量上升，含水率下降；同井组中低部位油井会在2～3个月内见到平面调整效果，即增液、增油、含水率升高。在堵水6～9个月后，低部位调整受效油井含水率会迅速上升；井组高部位油井几乎见不到调整效果。

实施一次加密调整，初步实现分层系开发，保持区块产能，改善区块开发效果。B301区块2004年6月全面注水开发，经过5年的注水开发调整，采出程度7.94%，进入中高含水率期，区块开发中主要存在以下几方面问题：受断层及砂体发育特征控制，注采井网不完善，井网水驱控制程度低；油层具有较强的非均质性，综合含水率上升快；受储层物性、构造等因素影响，部分注水井注水困难；打开层数多，层间干扰严重，油层动用程度低。

针对开发中存在的问题，为改善油田开发效果，需采取井网加密调整措施。

加密调整原则：呼和诺仁油田B301区块总的调整原则为井网加密与开发层系调整相结合、与注采系统调整相结合。具体原则是加密调整后能获得经济效益，加密井可调有效厚度大于可加密下限；加密调整后可缓解油田目前开采中的矛盾，改善油田开发效果，提高油田最终采收率；加密井的开发部署要与原井网相协调，井间干扰小，且有利于后期井网利用和调整。

加密调整方案实施情况及效果：加密井采取灵活布井方式，井网中心均匀加密油井反九点注水。加密后转注原井网角井，组成新的反九点注水井网。2009～2010年分批次投产加密油井51口（含水平井2口）（图3-20），水井16口（含更新水井2口），转注井7口。加密调整后区块油井100口，水井41口，平均井网密度为28.0口/km²，平均井距为189m；注采井数比为1：2.5。

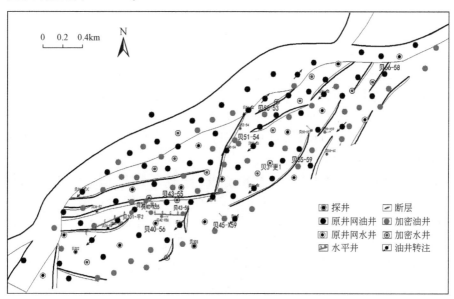

图3-20 贝301区块井位图

加密调整后增加了区块产量，降低了区块含水率上升速度，延长了稳产期。加密调整后，区块产液量由加密前的 700t/d 增加到 1000t/d，产油量由 330t/d 提高到 470t/d，含水率稳定在 53.0% 左右。按照正常递减速度，稳产期到 2008 年就结束了，通过加密调整，稳产期延长了 3 年，稳产期采出程度增加了 2.85%。

加密调整后进一步完善了砂体注采关系，提高了水驱控制程度。注采井距由加密前的 250m 缩小到 189m，有利于对单砂体的有效控制，完善了单砂体注采关系，水驱控制程度由加密前的 67.3% 提高到 88.4%，其中，不连通厚度比例由加密前的 32.8% 下降到 11.6%，单向连通比例由加密前的 39.5% 下降到 32.9%，多向连通比例由加密前的 27.7% 提高到 55.5%。

加密调整后，实现了局部 Ⅰ、Ⅱ 油组分层系开发，提高了储层动用，减缓了层间矛盾。区块 Ⅰ、Ⅱ 油组合采井 36 口，单开 Ⅰ 油组井 22 口，单开 Ⅱ 油组井 37 口，Ⅰ 油组有效厚度动用程度提高了 30 个百分点，相对产油量提高了 13.5 个百分点；Ⅱ 油组 11~13 小层，有效厚度动用程度稳定在 75% 以上，但相对产油量降低了 12.1 个百分点；Ⅱ 油组 14 以下小层，有效厚度动用程度提高了 11.7 个百分点，但相对产油量稳定在 25% 左右。区块整体动用程度提高了 14.9 个百分点，有效减缓了 Ⅰ 油组、Ⅱ 油组 11~13 小层和 14 以下小层之间的层间开发矛盾。

加密调整增加了可采储量，提高了区块采收率。根据砂砾岩油藏水驱采收率经验方程测算结果，B301 区块采收率可提高 5.4 个百分点；数值模拟计算 B301 区块最终采收率提高 7 个百分点。综合分析确定 B301 区块最终采收率提高 5 个百分点。最终采收率为 28.9%，增加可采储量 70.8×10⁴t。

高倾角窄小断块，通过"三位一体"综合调整，实现水驱高效开发。

(1) 调整区块简况。塔南油田塔 34 断块主要开发铜钵庙 Ⅰ、Ⅱ 油组，岩性以粗砂-砾岩为主，属于低渗-中高渗构造油藏。油层中部埋深为 1760.7m，平均渗透率为 50.1×10⁻³μm²，区块平均发育有效厚度为 47.1m，平均地层倾角为 26°，含油面积为 1.42km²，断块受北北东走向断层控制，整体呈窄条状分布。

塔 34 断块于 2006 年 12 月陆续投产，采用 300m×300m 之字形井网，在注水前有 21 口采油井陆续投产，累计产液 17.27×10⁴t，累计产油 16.60×10⁴t。2009 年 10 月开始注水，注水方式以边部注水为主。2009~2013 年，得益于构造低部位注水见效及断块边部外扩挖潜，使断块平均年产油量保持在 8.0×10⁴t。2014 年，通过顶密边疏井网调整，使区块年产油量由 8.0×10⁴t 上升至 9.0×10⁴t 以上。

截至 2019 年 9 月，塔 34 断块已完钻 89 口井，共投产 47 口采油井、11 口提捞井、31 口注水井，平均单井日产油 5.5t，平均单井日产液 15.3t，综合含水率 64.2%，累产液 153.28×10⁴t，累产油 97.37×10⁴t，平均单井日注水 68m³，累注水 261.51×10⁴m³，月注采比 2.12，累积注采比 1.42，采油速度 0.73%，采出程度 7.59%。

(2) 调整思路及做法。塔 34 断块含油面积较小且狭长，自 2009 年实现注水开发后，断块低部位注水 2 个月即见到注水效果，受效高峰期产油量恢复至投产初期水平的 80% 左右，但部分井受效高峰期后即出现含水率快速上升的现象。受构造倾角大影响，剩余油富集的中高部位油井长期未见到注水效果，弹性开采产量持续递减。断块受到构造高差和储层非均质性强的影响，平面矛盾和层间矛盾突出，通过分析论证，确定对塔 34 断块开展不同构造位置"三位一体"综合调整，缓解开发矛盾，实现塔 34 断块水驱高效稳产。

一是构造低部位边部水井实施强注，提高断块存水率。2014~2019 年，持续加强边部注水，同时为防止提水后边部水井快速水淹，全力做好分层注水。16 口边部注水井由 2016 年底日注水 687m³/d 上升至 2019 年底的 1633m³/d，注水强度由 1.5m³/(d·m) 提高到 3.6m³/(d·m)，断块存水率由 75.0% 提高至 83.3%。从存水率和含水率上升率与采出程度关系曲线可以看出（图 3-21），在采出程度由 2% 上升至 7% 过程中，随着边部注水不断加强，油井受效明显，断块产量快速上升，由于初期溢失量较大，断块存水率上升缓慢，同时含水率上升速度明显加快。到采出程度到 7% 以上时，随着外溢量减少，含水率上升速度减缓，从历年存水率和产油量、产液量关系来看，2017 年以来，随着存水率逐渐上升，产能建设逐年减少，但老井产液量和产油量稳定，断块处于稳产阶段（图 3-22）。

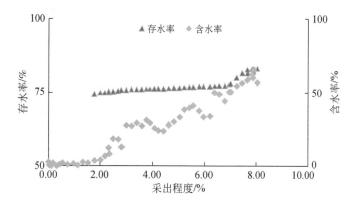

图 3-21 采出程度与存水率和含水率关系曲线

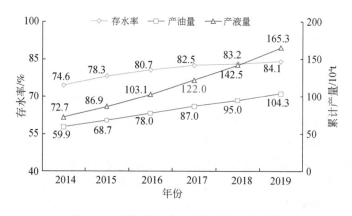

图 3-22 历年存水率、累计产量变化情况

二是断块中部位灵活点状注水，完善注采关系。数值模拟结果表明，窄小断块采取"整体边部注水，局部点状温和注水"的方式，相同含水率条件下采收率最高（图 3-23）。"边部+点状注水"的方式水驱后剩余油最少，采收率最高，开发效果最好。

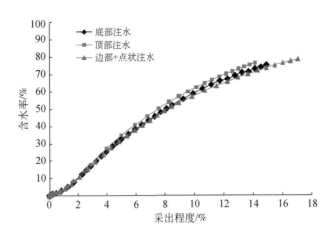

图 3-23  三种不同注水方式采出程度与含水率关系曲线

2016～2019 年，在塔 34 断块中高部位共投（转）注 6 口井，油水井数比由 3.1 下降至 2.5，水驱控制程度由 61.3% 提高到 79.8%，提高了 18.5 个百分点。同时加强细分和重组，全力做好分层注水，5 口井细分由原来的 3 段细分至 4 段，根据产吸剖面层位变化重组 2 口井。按照保持地层压力平衡原则（注采比取 1.05），实施主力层温和精细分层注水，按照注采比计算公式，单井日注水量为 35.5～53.7m³。

实施后，高部位油井 10 口井在 3～5 个月见到注水效果，受效高峰产量达到初期的72.3%，受效井 1 年内稳定日增油 55t。随着注水时间的延长，2 年后中低部位井含水率上升，截至 2019 年 10 月，受效井组累计增油 2.65×10⁴t，年均含水率上升 5～8 个百分点，好于预期调整效果。

三是高部位补充和压裂引效，提高采油速度和促进受效。采用“顶密边疏”的布井原则，高部位实施小井距开发，同时开展老井压裂引效，加快储量动用速度。2015 年以来，在高部位补钻开发井 15 口，井距由初期开发方案的 300m 缩小至 180～200m 左右，同时为提高高部位油层的钻遇率，井型由开发方案初期的直井转变为小–中型定向井。实施后，平均单井射开有效厚度为 43.5m，较直井提高了 15.3m，普射投产后，初期单井日产油7.5～8.9t，达到方案设计要求。其次，由于构造倾角大及沉积差异影响，中低部位注入水难以向高部位有效推进，为加快油井受效速度，同时提高构造高部位储量动用速度和储层动用程度，2014～2017 年按照有利沉积微相优选并实施 11 口老井压裂，单井措施有效厚度 46.1m，初期平均单井稳定日增油 5.5t，达到方案设计预期。

（3）整体调整效果。2014 年底，通过对塔 34 断块按“顶密边疏+边低部注水”方式开展注采井网调整，使断块存水率由 43.5% 提高到 71.3%，水驱控制程度由 68.5% 提高至 85.7%，提高了 17.2 个百分点，断块低部位通过拉大注采井距，使注水见效井含水率上升速度明显减缓，高部位通过缩小注采井距，逐步实现注水见效，断块注水见效井比例由原来的 42.9% 提高至 81.4%，增加了 38.5 个百分点。通过 3～5 年综合调整技术的研究与应用，塔 34 断块产液平稳，流压平稳，含水率上升速度减缓，产量实现了 9×10⁴t 以上连续 5 年稳产（图 3-24）。

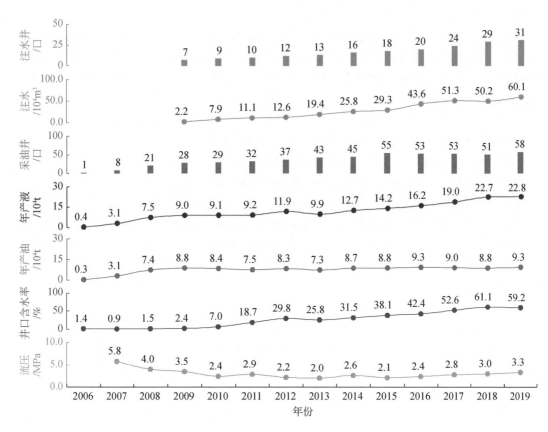

图 3-24　T34 断块历年综合开采曲线

### 3. 贝 301 高含水率期产量递减阶段的开发调整

油藏进入精细注采结构调整阶段，综合含水率为 60% ~ 80%，从 2011 年 4 月至今，历时 50 个月。截至 2015 年 5 月，油井开井 87 口，日产油 198.8t，含水率 78.1%，流压 2.66MPa，水井开井 49 口，日注水 1619m³，油压 10.0MPa，月度注采比 1.59，阶段产油量 39.80×10⁴t，阶段采油速度 0.67%，阶段采出程度 2.81，阶段注水量 262.19×10⁴m³，阶段注采比 1.73。累计产油量 176.42×10⁴t，采出程度 12.46，累计注水量 550.13×10⁴m³，累计注采比 1.35。120h 末点压力 10.4MPa，与中含水率阶段末点压力对比上升 4.0MPa。

1）主要开采特征

该阶段与低、中含水率期相比，开采状况出现了很多复杂的变化，主要开采特点如下：

（1）地层能量较高，油水分布更加复杂。随着加密调整和进一步完善单砂体注采关系后，区块注水井点明显增多，注采井距降低到 180m 左右，注采井数比达到 1∶1.7，注采系统趋于完善。经过精细注水调整，区块注采比提高到 1.8，地层压力快速回升至原始地层压力附近，地层压力的平面不均衡得到有效改善。但区块已达到高含水率阶段，油井普遍含水率高，油层水淹状况较为严重，受层间非均质性及层内非均质性的影响，层内油水更加复杂，油藏内部挖潜难度加大。

（2）产能接替困难，产量递减较快，含水率上升速度依旧较快。B301区块加密调整后，层间动用差异得到明显改善，整体动用程度高，含水率级别高。但区块产液能力呈现下降趋势，含水率上升速度依旧接近5.0个百分点，油藏递减率达到10%以上。其中Ⅰ油组加密调整后，动用程度提高了30.8个百分点，且注水效果明显，产量比例34.3%。统计单开井Ⅰ油组16口井阶段末综合含水率60.2%，阶段内含水率上升20.6个百分点，产量递减速度16.6%；Ⅱ油组加密调整后，动用程度提高5.6个百分点，产量比例65.7%。统计单开井Ⅱ油组25口井阶段内综合含水率81.8%，阶段内含水率上升17.2个百分点，产量递减速度8.2%。油藏在高含水率阶段依旧呈现产量递减快、含水率上升快的态势。

（3）注水调整效果变差，常规措施潜力较小。在高含水率阶段井组内稳定产液和控制含水率的矛盾较为突出。由于各小层含水率级别均较高，要保持产量需要稳定的供液能力。不进行注水调整，供液能力强，但含水率上升速度较快，产量下降快；进行注水调整，调整幅度小，几乎没有调整效果，调整幅度大，虽然可以控制含水率上升速度，但以牺牲井组液量为代价，产量相对稳定在较低水平。随着含水率级别的升高注水调整维持井组产量的效果变差。

区块射孔程度较高，可以达到86.2%，未射孔层段主要油水关系复杂或者同井场分层系开发避射层，补孔潜力较小；油井措施率较高，Ⅰ油组射开井62口，全部压裂；Ⅱ油组构造高部位油井29口，压裂比例83%，在高含水率期重复压裂潜力小。

由于水淹层主要为Ⅱ油组11～13小层，位于射孔层段中间，低部位油井封堵，Ⅱ油组14以下小层陪堵有效厚度大，造成实际堵水厚度远远高于需要堵水厚度，陪堵层大量剩余油无法得到有效动用。如2012～2013年，共实施机械封堵4口井，实际堵水有效厚度占射开有效的50.5%，堵水目的层厚度占射开有效厚度的31.4%，陪堵有效厚度占射开有效厚度的19.1%。

水井调剖整体效益低，调剖段效果较好。B44-54、B48-52、B56-56井组开展了以N2Ⅱ11～N2Ⅱ13层为主的调剖现场试验，统计调剖井组10口未措施油井，平均有效期9个月，累计增油1326t，水井调剖投入产出比低。调剖前后油井剖面对比，调剖层段调剖效果较好，目的层产油上升、含水率下降。

2）开发调整的任务及主要措施

高含水率阶段调整的主要任务是控制含水率上升速度，减缓产量递减。针对全面动用主次油层和整体强化开采的要求，有针对性地进行进一步细分增注、"钻、转、补"结合完善局部注采关系动用剩余油、水井深度调剖达到提高注水利用率，减缓含水率上升速度，扩大注水波及体积，提高驱油效率，达到最大合理排液速度，尽量多采出油量，使油藏开发更趋于合理。在高含水率阶段末期，针对贝301区块的开发实际，提出细分单元开发思路，其中水淹程度高的主力层探索砂砾岩油藏聚合物驱先导试验，为区块进入特高含水率期进行技术储备。

（1）进一步细分注水，主力层"多井温和注水"，非主力层强化注水。一次加密调整后高含水率阶段初期，区块共有注水井46口，其中老井20口，加密调整（转注）井26口，2010年进行新老井合理匹配注水调整后，2011年根据加密后地质精细研究成果，进一步加大注水井细分、重组力度，减小层间差异，缓解层间矛盾。共实施细分重组16口井，注水层段由原先的45个细分为72个；主力层注水层段由原先的20个，增加到30个；非主力层注水层段由原先的25个，增加到42个。在细分注水的同时，通过复算破裂压力、措施增注非主力等方式，强化非主力层注水。通过一系列细分强化注水，区块分层注水井38口，平均注水层段4个，吸水厚度比例提高15%，非主力层注水量提高1倍，主力层注水保持稳定，实现主力层"多井温和注水"，非主力层强化注水的调整目的。在采出端通过剖面监测显示，非主力层尤其是I油组，产液能力明显提升，主力层产液能力略有下降，但含水率上升速度得到控制。

（2）"钻、转、补"结合完善局部注采关系动用剩余油。随着地质认识的加深尤其是单砂体刻画和小断层、小构造的深入刻画，结合现场动态开发实际，在高含水率阶段，不断通过"钻、转、补"，完善注采关系。共实施补钻水井4口，转注井6口，补孔油井9口，井组有效井数25口，初期单井日增油2.2t，累计增油$1.2×10^4$t，剩余油动用效果好（表3-7）。

表3-7　完善注采关系工作量统计

| 分类 | 井数/口 | | 初期增产情况 | | | 累计增油/t |
| --- | --- | --- | --- | --- | --- | --- |
| | 油井 | 水井 | 井数/口 | 液/(t/d) | 油/(t/d) | |
| 钻 | | 4 | 6 | 12 | 15 | 2869 |
| 转 | | 6 | 10 | 16 | 15 | 2666 |
| 补 | 9 | | 9 | 98 | 26 | 6547 |

（3）高水淹井区进行水井深度调剖。2012年，优选区块中轴部平面、层间、层内矛盾均较突出，常规注水方案调整难度较大的B44-54、B48-52、B56-56井组，开展了以N2 II 11~N2 II 13层为主的调剖现场试验，试验目的主要是通过调剖改变主力层注入水优势推进方向，均衡井组平面、层间动用，同时验证主力层调剖在B301区块砂砾岩油藏可行性。

室内实验表明，低初始黏度调剖剂成胶黏度大于$3.0×10^4$mPa·s，岩心封堵率大于90%，破胶时间大于24个月。为了提高进入高渗透层调剖剂的比例，减少调剖剂对低渗透层的污染，B301区块使用了低初始黏度调剖剂（300万、800万、1200万分子量聚合物作为主剂，重铬酸钠作为交联剂）（表3-8）。

表3-8　低初始黏度调剖剂指标表

| 指标 | 初始黏度/(mPa·s) | 成胶黏度/(mPa·s) | 岩心封堵率/% | 成胶时间/d | 破胶时间/月 |
| --- | --- | --- | --- | --- | --- |
| 调剖剂 | 20~70 | $≥3×10^4$ | >90 | 1~30 | ≥24 |

注入体系采用初始黏度为20~70mPa·s的调剖剂体系，注入浓度为8000~12000mg/L，总注入量为$10116m^3$，调剖剂总量为86.1t，其中，聚合物用量43.9t（表3-9）。

表 3-9　B301 区块 2012 年 3 口调剖井注入周期及阶段注入量

| 聚合物分子量 Da | 浓度 | | 样品检验 | | | 注入量 /m³ | 用量 | |
|---|---|---|---|---|---|---|---|---|
| | 主剂 /% | 交联剂 /% | 初始黏度 /(mPa·s) | 成胶黏度 /(mPa·s) | 成胶时间 /d | | 主剂 /t | 交联剂 /t |
| 300 万 | 0.35 | 0.35 | 72.5 | 28160 | 15 | 3372 | 11.8 | 11.8 |
| 800 万 | 0.45 | 0.4 | 185.6 | 36547 | 8 | 3372 | 15.2 | 13.5 |
| 1200 万 | 0.5 | 0.5 | 258.1 | 49920 | 3 | 3372 | 16.8 | 16.8 |
| 合计 | | | | | | 10116 | 43.8 | 42.1 |

从调剖过程中注入压力与注入液体黏度变化曲线可以看出，注入调剖剂黏度小于 70mPa·s，注入压力由 8.0MPa 上升至 9.0MPa；大于 100mPa·s 后，注入压力由 9.0MPa 上升至 10.0MPa（图 3-25）。

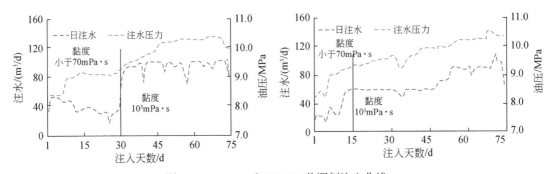

图 3-25　B44-54 和 B48-52 井调剖注入曲线

通过注水井深度调剖试验取得了以下效果。

调剖前后对比，调剖井吸水量稳定：调剖完成恢复注水后，水井平均注入压力 8.8MPa，日注水 49m³，与调剖前对比，注入量基本保持稳定，注入压力升高 1.0MPa，视吸水指数下降 35.0% 左右（表 3-10）。

表 3-10　B301 区块调剖井组水井调剖前后吸水指数变化对比表

| 井号 | 调剖前（2011 年） | | | 调剖后（2013 年） | | | 差值 | | |
|---|---|---|---|---|---|---|---|---|---|
| | 油压 /MPa | 吸水量 /(m³/d) | 视吸水指数 /(m³/d·MPa) | 油压 /MPa | 吸水量 /(m³/d) | 视吸水指数 /(m³/d·MPa) | 油压 /MPa | 吸水量 /(m³/d) | 视吸水指数 /(m³/d·MPa) |
| B44-54 | 8.3 | 36 | 4.34 | 9.3 | 38 | 4.09 | 1.0 | 2 | -0.25 |
| B48-52 | 7.6 | 51 | 6.82 | 8.9 | 59 | 6.65 | 1.3 | 8 | -0.17 |
| B56-56 | 7.5 | 57 | 7.66 | 8.1 | 50 | 6.07 | 0.6 | -7 | -1.59 |
| 平均值 | 7.8 | 48 | 6.27 | 8.8 | 49 | 5.60 | 1.0 | 1 | -0.67 |

调剖前后吸水剖面对比水井剖面调整效果明显，小层吸水量更加均衡（图 3-26）：统计调剖井组周围 10 口未措施油井，调剖初期日降液 17.9t，增油 4.1t，综合含水率下降 6.6 个百分点，累计增油 1326t，平均有效期 9 个月。其中，3 口井增油降含水率效果明显，调剖前后对比，日增油 6.8t，综合含水率下降 16.7 个百分点；4 口井井口产量稳定，

累计增油86t；3口井产液量下降，产油量下降。分析调剖井区油井井口产量下降的主要原因是水井调剖时间长达1个月以上，非调剖层段停注时间长，调剖效果较差井在非调剖层段产液比例较高，导致油井井口产量下降（表3-11）。

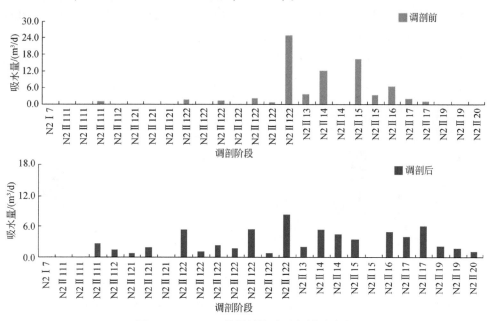

图 3-26　B48-52 井调剖前后吸水剖面对比

**表 3-11　B301 区块调剖井组未措施油井调剖前后产量变化对比表**

| 分类 | 序号 | 连通油井 | 调剖前 | | | | 调剖后 | | | | 差值 | | | 累计增油 /t |
|---|---|---|---|---|---|---|---|---|---|---|---|---|---|---|
| | | | 产液 /(t/d) | 产油 /(t/d) | 含水率 /% | 流压 /MPa | 产液 /(t/d) | 产油 /(t/d) | 含水率 /% | 流压 /MPa | 产液 /(t/d) | 产油 /(t/d) | 流压 /MPa | |
| 井口增油 | 1 | B46-51 | 10.9 | 1.3 | 88.0 | 1.28 | 13.3 | 3.9 | 70.6 | 1.83 | 2.4 | 2.6 | 0.55 | 403 |
| | 2 | B50-52 | 16.6 | 4.0 | 76.0 | 1.37 | 15.8 | 6.7 | 57.5 | 1.42 | -0.8 | 2.7 | 0.05 | 678 |
| | 3 | B56-58 | 8.8 | 3.8 | 56.1 | 1.90 | 9.1 | 5.3 | 41.2 | 1.45 | 0.3 | 1.5 | -0.45 | 159 |
| | | 小计 | 36.3 | 9.1 | 74.9 | 1.52 | 38.2 | 15.9 | 58.4 | 1.57 | 1.9 | 6.8 | 0.05 | 1240 |
| 井口产量稳定 | 1 | B42-55 | 22.8 | 5.5 | 75.9 | 2.76 | 23.6 | 6.0 | 74.7 | 2.69 | 0.8 | 0.5 | -0.07 | 23 |
| | 2 | B46-55 | 4.2 | 0.9 | 77.9 | 1.01 | 3.5 | 0.6 | 81.8 | 0.94 | -0.7 | -0.3 | -0.07 | |
| | 3 | B49-51 | 1.2 | 1.0 | 15.6 | 0.94 | 1.5 | 1.4 | 8.0 | 0.71 | 0.3 | 0.4 | -0.23 | 26 |
| | 4 | B57-55 | 9.0 | 2.6 | 71.2 | 2.69 | 9.4 | 2.8 | 70.9 | 2.53 | 0.4 | 0.2 | -0.16 | 37 |
| | | 小计 | 37.2 | 10.0 | 73.1 | 1.85 | 38.0 | 10.8 | 71.6 | 1.72 | 0.8 | 0.8 | -0.13 | 86 |
| 井口产量下降 | 1 | B48-54 | 30.1 | 9.0 | 70.0 | 2.09 | 27.2 | 8.1 | 70.1 | 1.60 | -2.9 | -0.9 | -0.49 | |
| | 2 | B54-56 | 47.5 | 16.8 | 64.7 | 2.00 | 32.1 | 15.0 | 53.2 | 0.56 | -15.4 | -1.8 | -1.44 | |
| | 3 | B58-56 | 8.9 | 2.9 | 67.2 | 3.62 | 6.5 | 2.0 | 68.4 | 3.70 | -2.4 | -0.9 | 0.08 | |
| | | 小计 | 86.5 | 28.7 | 66.8 | 2.57 | 65.8 | 23.1 | 61.7 | 61.9 | -20.7 | -3.6 | -0.62 | |
| 合计（平均） | | | 160.0 | 47.8 | (70.1) | (1.97) | 142.0 | 51.8 | (63.5) | (1.74) | -17.9 | 4.1 | (-0.22) | 1326 |

注：空白表示数据不适用。下同。括号内为平均值。

依据调剖后井组油井调剖效果对比分析，调剖井组内油井主力产液层与调剖层段不一致，是导致调剖井组油井井口产量变化较大的主要原因。如 B48-52 井组调剖层段为 N2Ⅲ12 ~ N2Ⅲ19 层，井组油井 B46-51 井主力产液层为调剖目的层，调剖后取得较好效果，产油量上升，综合含水率下降（图3-27、表3-11）；井组内 B48-54 井开采层段为 N2Ⅲ11 ~ N2Ⅲ19 层，主力产液层 N2Ⅱ11 层为非调剖目的层，受非调剖层段停注影响，油井主力油层供液不足下降产量大于调剖层段受效增油产量，导致调剖后井口降液降油（图3-28、表3-11）。

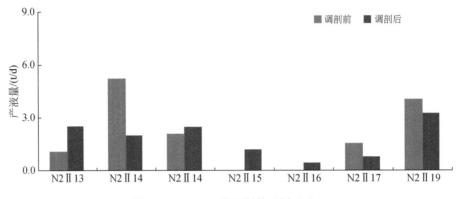

图 3-27　B46-51 井调剖前后剖面对比

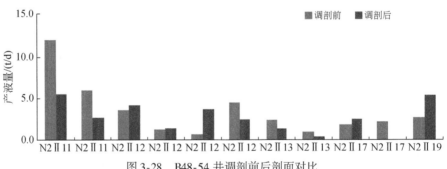

图 3-28　B48-54 井调剖前后剖面对比

试验结果证明了砂砾岩油藏高含水率期注入井深度调剖的可行性，但需要进一步匹配药剂体系配方、优化深调方案。

（4）提出"细分单元开发"思路，逐步改善区块高含水率阶段区块开发效果。根据油藏的小层发育特征和生产开发数据，将 B301 区块砂砾岩油藏分为五个开发单元，即全区发育的主力层南屯组二段Ⅱ油组 11 ~ 13 小层、在区块东部较为发育的南屯组二段Ⅰ油组、在区块西部较为发育的南屯组二段Ⅱ油组 14 ~ 20 小层、构造高部位破碎带开发井和构造边低部位地层水入侵带开发井。主力层南屯组二段Ⅱ油组 11 ~ 13 小层为中高渗透储层注聚开发，南屯组二段Ⅰ油组为低-特低渗透储层缩小井距开发提高开发效果，南屯组二段Ⅱ油组 14 ~ 20 小层为低渗透储层，受主力层层间干扰严重，通过完善注采结构释放产能。破碎带开发井连通关系差，难以建立有效驱动体系，主要采用吞吐采油增加储层动用。地层水入侵带为低产低效区经济效益差，在有效益的前提下提高采油量。截至 2016 年 5 月主力层已实施 6 个井组的注聚开发试验，Ⅰ油组 2 个井区的缩小井距开发方案已完成钻井 4 口, Ⅱ油组 14~20 小层落实真实产能, 破碎带注水吞吐方案 3 口均提捞见油待装机生产, 地层水入侵带优选 4 口井进行 $CO_2$ 吞吐开发试验。

(5) 主力层南屯组二段Ⅱ11~13 小层注聚深度调剖试验效果明显。B301 区块南屯组二段Ⅱ11~13 小层属于大倾角砂砾岩油层, 已进入中高含水率阶段, 水淹程度高、剩余储量大, 层间、层内矛盾突出, 常规调整手段无法解决开发矛盾。

优选 B48-52 和 B38-54 两个井区南屯组二段Ⅱ11~13 层进行聚合物驱油先导试验, 地层倾角为 14.4°, 渗透率为 $230 \times 10^{-3} \mu m^2$, 地下孔隙体积为 $108.1 \times 10^4 m^3$; 共有油水井 23 口, 其中注入井 6 口, 采出井 17 口; 注采井距为 140~260m, 平均为 170m; 平均射开有效厚度 23.4m, 地质储量 $65.5 \times 10^4 t$。

方案设计注入时间为 6 年; 采用橇装注入设备污水配制, 聚合物分子量为 1200 万; 聚合物溶液浓度为 1800mg/L; 井口黏度为 40mPa·s; 注入速度 0.12PV/a; 聚合物的用量为 420mg/(L·PV)。

经过 4 年多的现场试验, 试验区实现了 3 年稳产, 聚驱试验取得明显的降水增油效果, 明显提高了砂砾岩油藏的采收率, 改善砂砾岩油藏高含水率期开发效果。主要取得以下认识:

开展"匹配、提高、完善、个性"综合提效调整, 实现聚合物的稳定注入, 保证了聚驱效果。

匹配: 根据储层特征, 匹配聚合物分子量、聚合物浓黏度、注入速度。按照方案设计注入 6 个月后初步见到了注聚效果, 但仍然存在两方面问题: 一方面是注入压力提升幅度小, 仅为 1.1MPa; 另一方面是剖面动用依旧不均衡, 中低渗透储层未见明显改善。在室内研究的基础上, 通过现场实际注入效果来检验聚合物分子量与砂砾岩储层的匹配性 (表 3-12)。匹配结果为 2500 万分子量聚合物, 1600mg/L 的浓度、40mPa·s 的黏度, 注入速度 0.15PV/a。

表 3-12　B301 区块注聚现场试验聚合物分子量优化统计表

| 项目 | 分子量 | 注入浓度/(mg/L) | 注入黏度/(mPa·s) | 加药比重/(kg/m³) |
|---|---|---|---|---|
| 方案设计 | 1200 万 | 1800 | 40.0 | 1.8 |
| 现场注入试验 | 950 万~1200 万 | 2370 | 52.2 | 2.3 |
| | 1200 万~1600 万 | 1992 | 50.2 | 2.0 |
| | 2500 万 | 1792 | 51.0 | 1.8 |
| 优化结果 | 2500 万 | 1660 | 42.5 | 1.6 |

提高: 研究关键节点, 控制黏度损失, 提高聚合物使用效率。通过现场室内研究实验, 明确了黏损的主要因素是黏稳剂和固体悬浮物含量。通过停用黏稳剂, 严格把控水质等方法, 把黏损控制在 20% 以内, 节省调剖剂用量 32%, 节省黏稳剂用量 3435t, 共计节省成本 $3651 \times 10^4$ 元, 投入产出比由 1:1.16 提高至 1:3.38, 实现了降本增效。

完善: 优化时机, 通过"补、拔、压"等方式, 完善聚驱层段注采关系。含水率下降期, 补孔 4 口完善注采关系; 低含水率期开展了高含水率方向拔堵 2 口、弱受效井压裂 3 口方式。试验期间措施 9 井次, 累计增油达到 $0.93 \times 10^4 t$, 占聚驱阶段增油量的 30%。

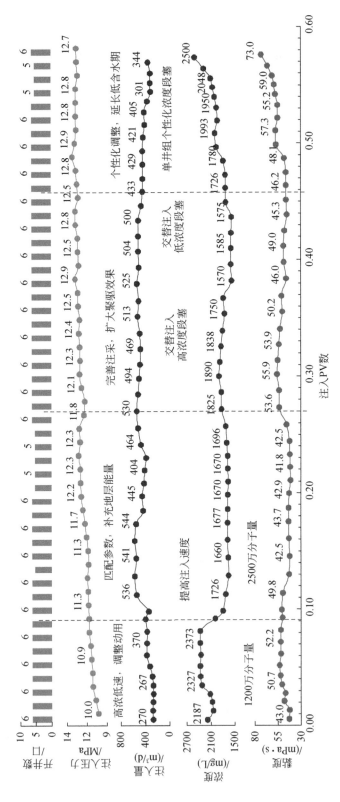

图3-29　B301区块注聚调剖井区注入曲线

个性：根据各井组实际需求，实现单井单配单注，开展个性化注入调整。初期低速高浓注入；含水率下降期，提高注入速度，恢复地层能量；低含水率期根据井组注采需求合理调整浓黏度；部分井组出现注聚突破迹象后，开展高低浓度段塞注入，尽可能延长低含水率开发期。整个聚驱试验期间，共下发跟踪调整方案 20 批次，50 井次，保证聚合物的注入效率，进而保证了聚驱试验效果（图 3-29）。

聚驱提高中低渗透层注采能力，层间、层内矛盾得到改善。从渗透率分级来看，中低渗透储层提高动用 21.7%，注采能力明显提升（图 3-30，图 3-31）；高渗透层在聚驱初期得到有效控制，有效缓解了层间矛盾，但随着聚驱含水率回升，剖面反转。

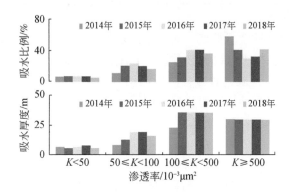

图 3-30　渗透率分级吸水剖面统计（4 口）

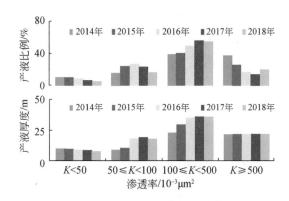

图 3-31　渗透率分级产液剖面统计（6 口）

从有效厚度分级来看（表 3-13），以大于 1.0m 层动用为主。尤其是 1.0~2.0m 层动用程度得到明显提高，提高比例达到 41.7%。

综上，B301 区块聚驱有效提高了大于 1.0m 中低渗透储层的动用。

油井全面受效，聚驱试验区实现 3 年稳产。试验区实现阶段稳产，与正常水驱开发对比，阶段增油 $4.24 \times 10^4$ t，采出程度提高 6.38 个百分点。油井全部见到了注聚效果，目的层高峰期产油增幅 274%，含水率最大下降幅度达到 18.5%。

表 3-13　B301 区块注聚调剖井连续注入剖面统计表

| 厚度分级 | 注聚前吸水 | | | | 注聚后吸水 | | | | 吸水比例差值 | | | |
|---|---|---|---|---|---|---|---|---|---|---|---|---|
| | 层数/个 | 砂岩/m | 有效/m | 吸水量/m³ | 层数/个 | 砂岩/m | 有效/m | 吸水量/m³ | 层数/% | 砂岩/% | 有效/% | 相对注入/% |
| $h \geqslant 2.0\text{m}$ | 23 | 91.3 | 69.4 | 175.7 | 22 | 91.6 | 65.3 | 218.1 | -3.8 | 0.3 | -5.4 | -2.8 |
| $1.0\text{m} < h < 2.0\text{m}$ | 6 | 8.7 | 8.1 | 43.3 | 11 | 16.2 | 15.6 | 70.6 | 38.5 | 40.3 | 41.7 | 4.9 |
| $h \leqslant 1.0\text{m}$ | 8 | 5.6 | 4.3 | 16.1 | 4 | 3.4 | 3.4 | 14.4 | -22.2 | -17.2 | -7.8 | -2.1 |
| 合计 | 37 | 105.6 | 81.8 | 235.1 | 37 | 111.2 | 84.3 | 303.1 | 0 | 4.3 | 2.4 | 0 |

　　聚驱见效井表现为先见效后见聚，典型特征是液量降、含水率下降，产油上升。油井见效主要分为三种类型：构造低部位油井、小井距油井和弱受效油井。其中，构造低部位油井和小井距油井均属于明显受效井，位于河道砂体主流线方向。因此，B301 区块砂砾岩油藏聚驱见效主控因素为砂体连通状况、地层倾角、注采井距。同时，聚驱试验效果表明 B301 区块大倾角砂砾岩油藏，高部位 140m 井距、低部位 180～200m 井距的不等距井网可实现同步受效。

　　预测提高采收率 10%～12%；明显受效井聚驱提高采收率预计达到 15% 以上。聚驱试验区目前阶段提高采收率 3.38%，与数值模拟对比，聚驱试验效果明显好于预期，预测最终提高采收率 10%～12%。明显受效油井目前提高采收率达到 12.4%，预测最终采收率达到 15% 以上（图 3-32～图 3-34）。聚驱试验证明了砂砾岩油藏化学驱的潜力，为下步 B301 区块南屯组二段 11～13 层单独推广化学驱采油奠定了基础。

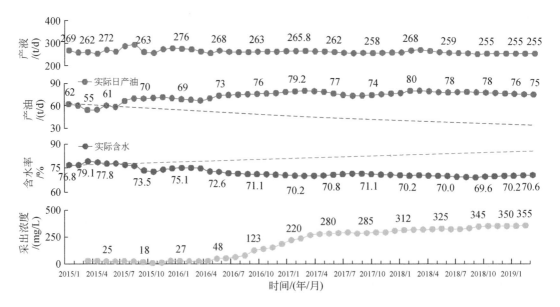

图 3-32　B301 区块聚驱井区 14 口正常生产井开采曲线

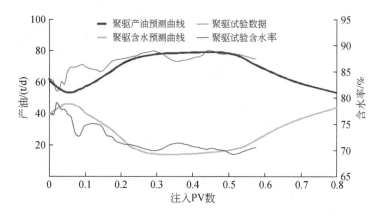

图 3-33　B301 区块聚驱试验生产数据与数模数据对比曲线

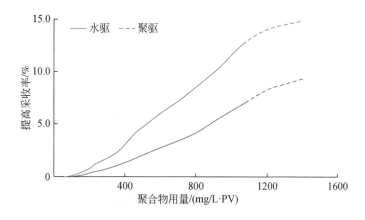

图 3-34　B301 区块聚驱试验提高采出程度曲线

# 四、中低渗透砂砾岩油藏的开发认识与思考

经过十多年的探索实践，形成了适合大倾角砂砾岩油藏的开发模式。

（1）科学匹配注水井网：大倾角砂砾岩油藏适合采用顶密边疏的正方形井网，初期注水方式采用"边底部温和注水+中部反九点注水"，随着开发时间的延长逐步变成中高部位五点法注水为主的面积注水井网。

（2）低含水率期通过早期分层注水调整技术有效控制低递减，减缓层间矛盾。

（3）中含水率期构造倾角大、含油面积小断块，应用不同构造位置的"三位一体"的精细综合调整技术，能够实现提液稳油，有效保持开发效果，实现稳产的目的。

（4）高含水率期应用化学调驱技术，有效提高采收率。

当前阶段，虽然 B301 区块砂砾岩油藏取得较好的开发效果（图 3-35），但依旧存在以下开发问题：①主力层与非主力层层间矛盾突出，一套井网开发，层间矛盾难以调和；②构造破碎带、构造低部位等低效井区剩余油常规技术难以实现有效动用。

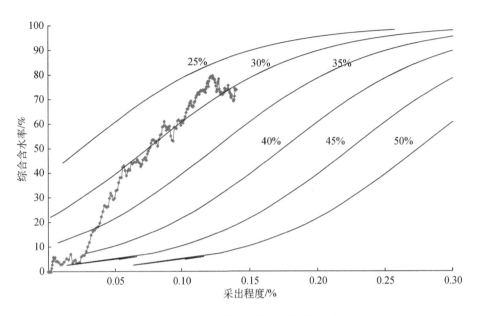

图 3-35　B301 区块砂砾岩油藏开发效果

　　针对当前开发矛盾，以"提高储层动用"和"提高采收率"为目的，继续开展砂砾岩油藏有效开发模式攻关。一是分层系开发，主力层利用老井网开展化学驱采油，提高采收率，非主力层单独一套井网水驱开发，提高储层动用；二是引进大规模压裂、压驱等新技术，探索低效井区有效动用方法。

# 第二节　特低渗透砂岩油藏

　　在海拉尔盆地已开发的六个油田中有四个主要开采特低渗透砂岩油藏，即苏仁诺尔、贝尔、乌尔逊及苏德尔特兴安岭油层。其中，贝尔油田和苏德尔特兴安岭（南屯组）油层位于贝尔凹陷内，乌尔逊和苏仁诺尔油田位于乌尔逊凹陷内，主要开采南屯组油层，合计动用储量占海塔盆地总动用储量的 63.6%。2015 年，年产油量达 $27.22 \times 10^4$t。经过十多年开发探索实践，目前各油田仍处于中低含水率阶段，油田开发效果持续改善（李道品等，1997）。

## 一、简要地质特征

### 1. 构造特征

　　海拉尔盆地特低渗透砂岩油藏多为反向正断层控制下的，以断块为单元的复杂断块油气藏。构造破碎、断层发育、断块面积小，油水关系复杂。同时又具有断陷盆地的地层倾角大，地层厚度变化大，储层规模小，砂体多期次叠置，储层横向变化快，连续性、连通性差的特点。

2. 岩性特征

由于海拉尔盆地特低渗透储层以近物源、快速堆积的近岸水下扇沉积体系和多物源、窄相带的扇三角洲沉积体系为主，因此，具多物源、窄相带、纵向和横向岩相变化快、展布规模小的特点。储层岩性复杂，既有正常砂岩组合，也有砂砾岩、含砾砂岩、火山碎屑岩、风化壳残留古土壤、侵入体和滑塌浊积岩。

3. 物性特征

海拉尔盆地特低渗透储层渗透率为 $0.1 \times 10^{-3} \sim 46.0 \times 10^{-3} \, \mu m^2$，平均为 $2.1 \times 10^{-3} \, \mu m^2$，统计 B14 区块 B2、B55-50、B56-54 井等 3 口兴安岭油层取心井，Ⅰ～Ⅳ油组共 889 块岩心样品物性分析，储层以中孔、超低渗为主。孔隙度小于 5% 和大于 25% 样品比例极小，孔隙度 10%～15%、15%～25% 占大多数；空气渗透率 $0.1 \times 10^{-3} \sim 1 \times 10^{-3} \, \mu m^2$ 和 $1 \times 10^{-3} \sim 10 \times 10^{-3} \, \mu m^2$ 间出现频率较高。

4. 油藏特征

南屯组油藏油水分布总体为上油下水，局部为上油下干，全区无统一油水界面，各断块有相对独立油水系统，同一断块内部有相对独立油水界面。平面上，构造高部位油层发育，向构造低部位油层逐渐变薄，油藏受构造、断层及岩性共同控制，为岩性–断块油藏。兴安岭油藏总体表现为上油下干（水），为断块构造层状油藏。

## 二、简要开发历程

海拉尔盆地特低渗透砂岩油藏是海塔盆地最早探明和投入开发的油藏，随着勘探进程的不断深入（李道品等，1997），特低渗透砂岩油藏探明及动用储量不断扩大，陆续投入开发四个油田。特低渗透砂岩油藏的开发过程，总体上经历了由简单到复杂、再由复杂重归简单的十分曲折的过程，有成功的经验也有失误的教训，开发过程大体分为三个阶段。

1. 早期开发上产阶段（2001～2009 年）

2001 年苏 131 区块完钻 39 口开发试验井，标志着海塔油田正式进入开发阶段。2004～2009 年苏德尔特、乌尔逊、贝尔三个特低渗透油田也相继投入开发，随着新区陆续动用，特低渗透油田的产能规模逐年攀升，截至 2009 年底累计投产油井 527 口。

借鉴特低渗透油田的开发经验，方案设计均采取同步注水方式，但由于海拉尔盆地各油田分布零散，地面系统建设难以跟上开发上产步伐，均存在注水滞后情况，开发初期由于油藏具有一定天然能量，且多数采取压裂投产，油井投产初期相对产量较高，2009 年12 月，4 个特低渗透油田的合计日产油水平达到 986t，但由于新区注水系统建设难以跟上开发上产步伐，水井投注普遍滞后，同时老区部分水井注入困难，导致地层能量补充不及时，地层压力下降快，产量递减大。生产 3 个月后，日产油水平下降为 723t，投产初期月递减幅度达 8.9%，随着水井陆续投注，自然递减逐渐减缓。

2. 基础井网注水开发阶段 (2009~2010 年)

特低渗透油藏水井试注工作开始于 2002 年，在苏仁诺尔油田投注 11 口水井，平均单井日注水 14m³/d，证实特低渗透油藏注水开发的可行性。2004 年苏德尔特兴安岭油层开始试注工作，于 2007 年实现部分井区注水开发。2009 年贝尔及乌尔逊油田陆续开展水井投注工作。通过不断完善各油田的注水系统，至 2010 年底，四个油田逐步实现了全面注水开发，区块的注采井数比达到 1∶3.46，实现年注水量 70.60×10⁴m³。开发过程中，主力井区的部分油井见到了一定的注水效果，地层能量得到一定恢复，产量月递减幅度得到一定缓解，由初期的 8.9% 下降为 2.0%，2010 年实现年产油量 30.18×10⁴t。

随着开发区块的不断增多，逐渐暴露出部分井区由于储层渗透率低、储层连通状况差等因素，导致水井投注后不吸水或吸水能力明显下降，通过压裂等措施仍无法实现有效注入的情况。同时，由于储层非均质性强，部分受效井组暴露出受效方向性强且受效层位单一等情况，亟须采取有效的开发调整手段，改善特低渗透油田注水开发效果。

3. 开发调整阶段 (2011 年至今)

针对基础井网注水开发过程中暴露的主要矛盾，开展油藏精细地质研究，通过"补钻、转注、补孔"等手段，对部分井区逐步开展细分单元开发调整试验。重点开展三项工作：①优选物质基础较好，受井距过大影响无法建立驱动的井区，开展小井距加密调整；②对因断层遮挡及砂体认识变化导致注采关系不完善井区，通过转注、补钻、补孔等措施完善注采关系；③通过开展大规模压裂、提压增注等现场试验，实现特低渗透储层有效注水动用。

2011~2018 年，通过各油田主力断块开展补充加密及注采调整，主力断块的水驱控制程度提高至 85.0% 以上，注采井数比提高至 1∶2.58。同时，通过开展大规模压裂及提压增注试验，调整井区产量得到进一步提升，连通水井吸水状况得到了明显改善，部分油井明显见到了注水效果，开发效果得到了明显改善。

# 三、各开发阶段存在的主要问题及对策

海拉尔盆地油藏埋藏深、地质条件复杂，断块间储层物性及油水分布规律存在较大差异，同时在开发初期无配套的开发技术政策，导致大部分区块投入开发后未达到开发方案设计指标，为进一步弄清影响特低渗透砂岩油藏开发效果的主要因素，需要对各开发过程中存在的主要问题进行深入分析和总结，从而指导下一步的开发调整，最终形成一套改善特低渗透砂岩油藏开发效果的配套技术。

1. 早期开发上产阶段

1) 开发效果

2001~2009 年期间，随着四个低渗透油田的陆续投入开发，低渗透油藏产能规模呈逐年上升趋势，2009 年达到产油量高峰期，累计投产油井 527 口，年产油突破 31.32×10⁴t，

阶段累计产油 $101.39\times10^4$ t，阶段末日产油 986t，日产水 591m³，综合含水率 37.5%（表 3-14）。

表 3-14　海塔盆地已开发油田开发初期基本情况表

| 油田 | 主要开发层位 | 油层厚度/m | 砂岩组数/个 | 渗透率/$10^{-3}\mu m^2$ | 投入开发时间 | 注水时间 | 投产油井数/口 | 初期单井产油/t |
|---|---|---|---|---|---|---|---|---|
| 苏仁诺尔 | $N_2$ | 6.0 | 3 | 31.9 | 2001 年 10 月 | 滞后注水半年 | 62 | 2.5 |
| 苏德尔特 | X | 43.8 | 4 | 1.7 | 2004 年 10 月 | 滞后注水 6 个月 | 185 | 5.8 |
| 贝尔 | $N_1$ | 21.8 | 2 | 4.0 | 2006 年 6 月 | 滞后注水 1 年 | 184 | 5.3 |
| 乌尔逊 | $N_1$ | 13.1 | 2 | 5.8 | 2008 年 5 月 | 滞后注水 8 个月 | 96 | 3.8 |
| 海拉尔小计 | | | | | | | 527 | (4.9) |

注：括号内为加权平均值。

由于该阶段处于开发上产时期，各油田注水系统建设相对滞后，投产初期主要依靠天然能量开发。同时，由于储层渗透率低，油井均采取压裂方式投产。在开发部署井网时，除 B16 区块兴安岭油层因油层发育厚度大且层间物性差异大采取了三套井网开发，其余断块虽油层层数较多，层段跨度较大，但油层段发育总的有效厚度相对较小，储量丰度较低，油井产量较低，为保证区块开发效益，采取了一套层系开发。同时，考虑断块油藏地质条件复杂，为便于后期井网调整主要采用反九点法注采井网，采取 200～250m 注采井距。

投产初期大部分油井一次性射开所有油层，通过压裂改造后，初期产量均达到方案设计水平，但由于未能及时补充地层能量，初期产量递减较快，平均年自然递减达 34.6%。

2）存在的主要问题

油藏物性条件差，油井自然产能低。由于海拉尔盆地特低渗透储层岩性致密，孔喉半径小，渗流阻力大，普射投产后自然产能较低，普遍产油量低于 5.0t，特别是渗透率低于 $2.0\times10^{-3}\mu m^2$ 的储层，普射投产自然产能更低，部分井甚至不出油。因此，海拉尔盆地特低渗透储层大都需要压裂改造后投产，改造后增产幅度相对较大，可达到工业开采条件。

以苏德尔特油田 B14 区块兴安岭油层为例，该储层渗透率平均为 $1.7\times10^{-3}\mu m^2$，自下而上共发育四个油组，平均发育砂岩厚度为 118.9m，有效厚度为 38.3m，但由于油藏埋藏深、渗透率低，普射投产后无法实现有效开采，统计开发初期普射投产的 30 口井，平均单井日产油仅为 0.9t，采油强度仅为 0.02t/(m·d)，鉴于自然产能较低，后期采取了压裂改造措施，改造后平均单井日产油提升至 7.6t，采油强度达到 0.20t/(m·d)。因此，对于海拉尔盆地后续开发的类似特低渗透区块均采取了压裂方式投产。

油藏天然能量不足，投产后压力、产量下降快。海拉尔盆地特低渗透储层整体上边底水都不活跃，大部分井区投产初期产量较高，但由于地层能量消耗快，产量递减较大。依靠天然能量开发，产油量年递减率基本在 25%～45%，地层压力随采出程度的提高不断下降，每采出 1% 的地质储量，地层压力下降 3.2～4.0MPa。

以乌尔逊油田 W130-100 区块为例（表 3-15），采用三角形井网 250m 井距部署开发井。油井从 2008 年 5 月开始陆续投产，注水井从 2009 年 8 月开始投注，滞后注水近一年。

表 3-15　乌尔逊油田 W130-100 区块油井生产数据表

| 时间 | 生产井数 /口 | 平均单井厚度/m | 平均单井日产油/t | 平均采油强度 /[t/(d·m)] | 综合含水率 /% | 沉没度 /m | 累计产油 /10⁴t | 地层静压 /MPa |
|---|---|---|---|---|---|---|---|---|
| 投产初期 | 27 | 12.6 | 6.5 | 0.52 | 7.9 | 833 | 0.06 | 10.39 |
| 投产一年 | 27 | 12.6 | 3.2 | 0.25 | 7.4 | 108 | 0.20 | 7.49 |

初期油井平均单井日产油量 6.5t，平均采油强度为 0.52t/(d·m)，投产一年后平均单井日产油量 3.2t，采油强度为 0.21t/(d·m)，年递减幅度达 50.8%，地层压力由开发初期的 10.39MPa 下降为 7.49MPa。统计 13 口油井沉没度资料，沉没度由初期的 833m 下降为 108m。

针对特低渗透油藏开发初期暴露出的主要问题，即油藏天然能量不足、压后产量递减快的问题（胡文瑞，2009），制定了相应的开发技术对策（史成恩等，2005）。一是优化投产方式，依据储层物性情况，选择合适的投产方式，对渗透率较高的储层可选择普射投产，对低渗透储层需采取油井压裂投产（雷群和赵振峰，2000），对特低渗透储层油水井均需压裂投产、投注；二是优化注水方式与时机，特低渗透储层，应采取同步注水或超前注水方式开发，在新建设区块采取注水系统先期建设，力争实现同步或超前注水，减缓因地层亏空导致的产量下降过快情况（周鹏，2012）。

### 2. 基础井网注水开发阶段

#### 1）开发效果

随着开发进程的不断推进，四个油田的注水系统不断完善，全面进入注水开发阶段，截至 2010 年底，总井数 901 口，其中油井 699 口，水井 202 口，注采井数比 1∶3.46。阶段末日产油 738t，日产水 474m³，综合含水率 39.1%，日注水 2649m³，阶段注采比为 1.18，累计注采比为 0.91。

通过注水补充能量，主力井区初步见到注水效果，明显注水受效井为 169 口，见效井比例仅为 24.2%，见效井区自然递减明显减缓，由开发初期的 34.6% 减缓至 20.1%，但非主力井区由于未见到注水效果，自然递减仍达 24.6%。

随着注采比上升，地层压力逐步回升，2010 年底，地层压力上升至 12.20MPa，低于原始地层压力 7.0MPa，地层压力年上升 0.27MPa。

#### 2）存在的主要问题

注水井吸水能力低，增注措施效果差。在进入注水开发阶段后，各油田高断块具备一定吸水能力，但低断块由于埋藏深、物性差，大部分水井投注后吸水能力差，且随着注入时间的延长，注入压力不断上升，吸水量随之不断下降，物性及连通状况相对较差井区的水井甚至出现不吸水现象，无法满足注水开发需要。

截至 2010 年底，共有注水井 202 口，平均单井注水压力 19.2MPa，日配注 30m³，日实注 15m³。其中，注水量大于 20m³ 的井共有 56 口，占总井数的 27.7%，主要位于各油田储层发育相对较好的高断块；注水量小于 10m³ 的井共有 93 口，占总井数的 46.0%，主要位于各油田储层物性极差的低断块或断层边部井区（表 3-16）。

表3-16 海拉尔盆地特低渗透油田吸水状况统计表

| 油田 | 注水井数/口 | 日注水量分级/口 | | | | | 平均单井日注水量/m³ |
| --- | --- | --- | --- | --- | --- | --- | --- |
| | | 不吸水 | ≤5m³ | 5~10m³ | 10~20m³ | ≥20m³ | |
| 苏仁诺尔 | 39 | 4 | 3 | 12 | 8 | 12 | 15 |
| 苏德尔特兴安岭 | 51 | 3 | 4 | 7 | 22 | 15 | 19 |
| 贝尔 | 73 | 22 | 4 | 16 | 15 | 16 | 13 |
| 乌尔逊 | 39 | 10 | 3 | 5 | 8 | 13 | 14 |
| 总计 | 202 | 39 | 14 | 40 | 53 | 56 | (15) |

注：括号内为平均值。

为改善特低渗透油田的吸水状况，在"油层发育厚，油井初期产量高"井区，开展压裂增注现场试验，截至2010年底，共实施36口。统计36口压裂井增注效果，有效井19口，占比52.8%，有效井主要分布在各油田的主力断块高部位，平均单井有效期为503d，单井累计增注6615m³；增注效果差和无效井共有17口井，占比47.2%，主要位于各油田渗透率极低的低断块及断层边部井区，依据增注量与测井数据点关系，确定增注效果主要与储层物性有关，对于储层渗透率极低的储层通过压裂改造，仍无法实现有效注入（表3-17）。

表3-17 海拉尔盆地特低渗透油田水井压裂效果统计表

| 效果分类 | 井数/口 | 砂岩/m | 有效/m | 措施前 | | 初期 | | 措施1年后 | | 平均单井 | |
| --- | --- | --- | --- | --- | --- | --- | --- | --- | --- | --- | --- |
| | | | | 油压/MPa | 实注/(m³/d) | 油压/MPa | 实注/(m³/d) | 油压/MPa | 实注/(m³/d) | 有效期/d | 累计增注/m³ |
| 有效 | 19 | 26.7 | 22.8 | 17.1 | 5 | 12.7 | 25 | 16.3 | 17 | 503 | 6615 |
| 效果差 | 9 | 22.0 | 23.3 | 16.3 | 3 | 13.7 | 21 | 16.4 | 5 | 268 | 1938 |
| 无效 | 8 | 31.1 | 13.8 | 18.8 | 2 | 17.2 | 13 | 17.3 | 2 | 145 | 460 |
| 平均 | | 26.6 | 20.0 | 17.4 | 3 | 14.5 | 20 | 16.7 | 8 | 305 | 3004 |

从整体压裂增注效果来看，其中47.2%的井未见明显增注效果，另外52.8%的井虽见到明显增注效果，但平均有效期仅为50d，未从根本上实现有效注水开发。

油井注水见效差，受效方向性强，受效层位单一。特低渗透油田大部分井区，尤其是各油田的低断块井区由于储层渗透率低，渗流阻力大，注水井端的能量无法有效扩散，在注水井附近形成高压区，导致注水井注水压力上升快，注水困难；油井端由于难以见到注水效果，地层压力和流动压力随着采出程度的提高迅速下降，产量递减迅速，逐渐演变成"注不进、采不出"的低效区块。

在各油田的高部位井区，储层物性相对较好，水井注入状况较好，在注入1年后部分井组陆续见到注水效果，统计海拉尔盆地特低渗透油田699口油井，明显注水受效井为169口，见效井比例仅为24.2%。受效后产油量明显上升，通过受效前后油井产出状况对比，受效后平均单井日产油量由受效前的2.1t上升至3.6t，但对比投产初期，产油量恢复程度仅为60.9%（表3-18）。

表3-18　海拉尔盆地特低渗透油田油井受效状况统计表

| 油田 | 油井数/口 | 受效井数/口 | 见效比例/% | 单井产量/(t/d) | | | 产量恢复程度/% |
|---|---|---|---|---|---|---|---|
| | | | | 投产初期 | 见效前 | 见效后 | |
| 苏仁诺尔 | 94 | 41 | 43.6 | 3.7 | 1.8 | 2.4 | 64.9 |
| 苏德尔特兴安岭 | 216 | 80 | 37.0 | 6.8 | 1.7 | 4.1 | 60.3 |
| 贝尔 | 279 | 33 | 11.8 | 7.8 | 2.7 | 4.3 | 55.1 |
| 乌尔逊 | 110 | 15 | 13.6 | 5.7 | 2.3 | 3.6 | 63.2 |
| 合计（平均） | 699 | 169 | (26.5) | (6.0) | (2.1) | (3.6) | (60.9) |

注：括号内为平均值。

特低渗透油田由于受构造倾角、砂体沉积及人工裂缝方位影响，水驱方向性强，水井低部位或人工裂缝方向油井优先注水受效，相对高部位油井注水见效状况差，同一相带内油井受效明显，异相带内油井受效差，由于平面受效差异大，特低渗透油田整体受效程度较弱（表3-19）。

表3-19　海拉尔盆地特低渗透油田油井受效特征

| 油田 | 典型区块 | 井网 | 主要见效特点 | |
|---|---|---|---|---|
| 苏仁诺尔 | S131 | 220m 三角形井网 | 受砂体展布及相带分布影响 | 同一相带内油井受效明显，不同相带油井受效差 |
| 苏德尔特兴安岭 | B14 | 加密前200m 加密后144m 正方形井网 | 受人工裂缝影响 | 人工裂缝方向油井受效明显，非人工裂缝方向受效差 |
| 贝尔 | X55-51 | 350m×150m 矩形井网 | 受重力驱影响 | 水井构造低部位油井受效明显，相对高部位油井受效差 |
| 乌尔逊 | W130-100 | 250m 三角形井网 | | |

同时，层间非均质性强，层间受效差异大，受效层位单一。通过W130-100区块受效井组的剖面资料分析来看，该井区主要的受效层位为4、6、9号小层，主力受效层合计产液、吸水量分别占全井的47.1%、51.7%，储层动用不均衡，注水调整难度较大（图3-36）。

见水后含水率上升速度快，提液采油难度大。由于特低渗透储层受效后具有受效方向性强、受效层位单一的特征，注水受效后，注水调整难度较大，含水率上升速度很难得到有效控制。苏仁诺尔油田为储层物性相对较好区块，注水6个月陆续见到效果，一年后主力井组全面受效，陆续见到注入水，见水后含水率迅速上升，月含水率上升幅度达1.7个百分点，为控制含水率上升速度，采取了周期注水调整方式，初期调整效果明显，含水率得到有效控制，随着采出程度的不断提高，周期调整效果逐渐变差（表3-20）。

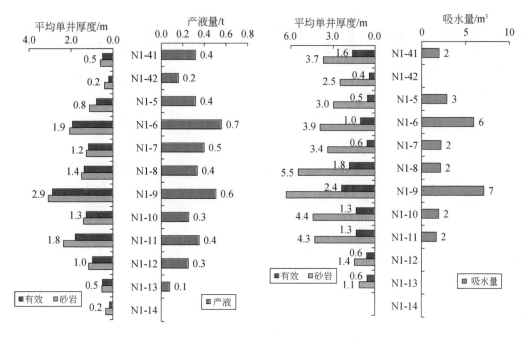

图 3-36　小层产液、吸水情况统计图

表 3-20　苏仁诺尔油田周期注水井组调整效果统计表

| 时间 | 产液/(t/d) | 产油/(t/d) | 含水率/% | 流压/MPa | 与调整前对比产量递减幅度/% |
|---|---|---|---|---|---|
| 调整前 | 23.9 | 10.1 | 57.8 | 3.00 | |
| 第一次调整效果 | 25.9 | 9.7 | 62.4 | 3.39 | -3.5 |
| 第二次调整效果 | 26.2 | 10.9 | 58.6 | 3.34 | 7.4 |
| 第三次调整效果 | 27.3 | 10.9 | 60.0 | 3.05 | 8.1 |
| 第四次调整效果 | 24.5 | 10.3 | 58.0 | 2.89 | 1.9 |
| 第五次调整效果 | 25.4 | 10.3 | 59.6 | 1.78 | 1.6 |
| 第六次调整效果 | 20.2 | 6.5 | 67.7 | 1.49 | -35.3 |
| 第七次调整效果 | 17.8 | 7.1 | 60.4 | 1.72 | -30.2 |

　　从生产需要考虑，油井见水后需逐步加大生产压差，通过提高排液量，以保持产油量稳定。但由于特低渗透储层渗透率低，渗流阻力大，提高液量难度大。同时，对于压裂投产井区，在提液采油情况下，注入水易人工裂缝突进，进一步导致含水率上升。

　　在苏仁诺尔油田选取了 S66-70 等井组开展提液试验，探索提液采油方式的可行性，水井端配注量由 99m³/d 提高至 150m³/d，油井端液量上升了 3.8t，然而随着液量的上升，含水率迅速上升，由 68.3% 上升至 84.4%，由于含水率上升产油量下降了 2.1t（图 3-37）。通过产液及吸水剖面分析，实施上提配注后所增加的注水量主要集中在原来主见效层，原见效层已形成水流通道，通过提配仅实现主流通道的提液，携油效果并不理想，因此，并未实现提液采油试验目标。

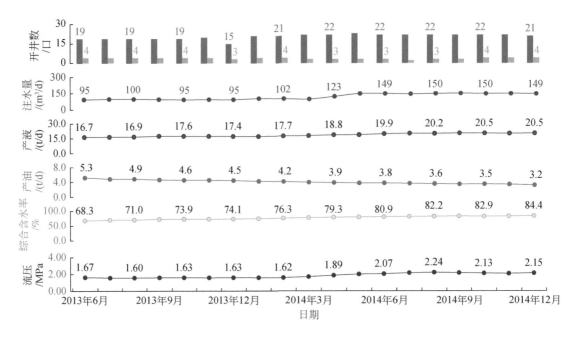

图 3-37　苏仁诺尔油田提液采油井组开采曲线

从试验效果来看，对于特低渗透油田，油井见水后通过提液采油无法实现持续稳产。低含水率期含水率上升速度较慢，因此，低含水率期是重要的采油阶段。

3）开发影响因素分析

通过对海塔盆地特低渗透油藏 10 年来的地质认识及开发规律的梳理和总结，确定了影响开发效果的主要因素，为制定科学有效的开发调整政策提供了依据。

（1）断块间物性差异大，物性差井区注采井距偏大。多条断层切割形成的多断块油藏，各小断块间均表现为不同的成藏特征，且同一断块内储层物性特征及构造特征差异性较大。开发初期，在同一断块内应用同一套井网，会出现不同区域开发效果差异大的情况。由于特低渗透储层存在启动压力，部分渗透率明显偏低井区，由于注采井距过大，难以建立有效驱动体系，水井端憋压严重，油井端无法见到注水效果，地层压力不断下降。

（2）砂体展布规模小，注采井间砂体连通性差。沉积相类型以窄相带的扇三角洲前缘沉积体系为主，主要发育厚度介于 1 ~ 3m 的河道间，占比 58.9%，大多为砂泥岩交互储层。不同期次单砂体之间，河道砂体的切割面或低渗透层的存在，导致单砂体内难以建立驱动体系。平面上河道砂体宽度主要介于 300 ~ 500m，砂体规模窄小，导致同一注采单元内，多数油水井位于不同沉积相带内，严重影响驱动体系的建立。

（3）断层切割严重，难以形成完善注采井网。多期断裂活动控制而形成，因此在小断块内部伴生小断层较为发育。在开发钻井前对钻井区域内的小断层无法有效识别，开发钻井后，随着地质认识的不断加深，主力井区解释出多条小断层，导致钻井后部分井组受断层切割影响，原井网无法形成完善注采系统，水驱控制程度整体偏低，且以单向连通为主，难以形成完善的注采系统，严重影响注水开发效果。

4）技术对策

通过以上成因分析，总结出难以建立驱动体系的主要因素，以小断块为单元，针对各小断块开发中存在的问题制定了相应的调整对策，并采取配套性进攻手段，使油水井建立起有效驱动体系，综合改善油田开发效果。

（1）对具备整体加密调整井区实施小井距加密调整。在小断块油藏精细地质解释的基础上，对各小断块单元开展储层再认识，针对各小断块物性差异，开展井网、井距适应性分析，采取灵活井网调整。

（2）对实现注水开发井区，细分开发单元，完善注采系统。依据精细地质研究成果，对开发井以砂岩段为单元进行层间动用程度及井间连通关系再认识，针对注采关系不完善的单元，通过"补钻、转注、补孔"完善注采系统。

（3）加大特低渗透储层有效动用技术攻关。对油井初期产量较高，投产后未实现有效动用井区，探索油井大规模压裂及水井提压增注一体化动用技术攻关试验（赵惊蛰等，2005，姚凯等，2004；马淑华，2008；李勇明等，2010；劳斌斌等，2010）。

3. 开发调整阶段（2011年至今）

1）开发效果

自2011年开始，陆续对各油田开展精细地质研究，应用新的地质研究成果，开展井网及注采系统精细调整，同时开展了一系列现场试验，均取得了良好的效果。

截至2018年底，海拉尔油田特低渗透油藏总井数达1136口，其中油井821口，水井315口，年产油$27.22×10^4$t，累计产油$263.45×10^4$t，年注水$131.77×10^4m^3$，累计注水$762.43×10^4m^3$，累计注采比达1.56。

在小断块油藏精细地质研究的基础上，2010～2015年重点对储层发育较好的6个断块开展小井距开发调整，平均井距由245m调整为166m。共加密油井144口，水井62口，建成产能$17.27×10^4$t；受效井比例由24.0%增至49.3%；自然递减率由23.1%下降到14.6%（表3-21）。

表3-21　海拉尔油田小井距开发调整效果统计表

| 分类 | 调整断块 | 调整年份 | 批次 | 层位 | 加密井数/口 | | | 建成能力/$10^4$t | 增加可采储量/$10^4$t | 受效井比例/% | | 自然递减率/% | |
|------|---------|---------|------|------|------|------|------|------|------|------|------|------|------|
| | | | | | 油井 | 水井 | 小计 | | | 调整前 | 调整后 | 调整前 | 调整后（3年） |
| 物性差 | B14 | 2010年 | 4 | X | 53 | 35 | 88 | 6.61 | 61.42 | 34.3 | 73.2 | 23.4 | 14.4 |
| | XX1 | 2015年 | 1 | N1 | 8 | 3 | 11 | 1.00 | 10.25 | 18.7 | 37.5 | 24.2 | 15.5 |
| | B16 | 2014年 | 1 | X | 11 | 1 | 12 | 1.06 | 9.80 | 29.3 | 43.3 | 19.2 | 13.5 |
| 断层切割 | W33 | 2013年 | 3 | N1 | 32 | 12 | 44 | 3.53 | 14.06 | 19.5 | 53.2 | 21.8 | 12.2 |
| | X46-46 | 2015年 | 2 | N1 | 7 | 4 | 11 | 1.05 | 13.14 | 25.0 | 40.0 | 25.2 | 15.3 |
| 高倾角 | X55-51 | 2013～2015年 | 3 | N1 | 33 | 7 | 40 | 4.02 | 46.67 | 17.3 | 48.3 | 24.7 | 16.5 |
| 合计（平均） | | | 14 | | 144 | 62 | 206 | 17.27 | 155.34 | (24.0) | (49.3) | (23.1) | (14.6) |

注：括号内为平均值。

同时在细分单元的基础上，开展"分断块、分层系、分单元"的细分开发单元注采系统调整，2010~2018 年，海拉尔油田特低渗透砂岩油藏共转注油井 74 口，补钻水井 37 口，调整井区注采井数比由 1∶3.65 提高到 1∶2.72，水驱控制程度由 66.7% 提高到 83.7%，提高 16.8 个百分点，其中两向以上连通提高了 33.5 个百分点。

在以上开发调整的基础上，不断开展现场试验，探索特低渗透油藏有效动用途径，其中开展大规模压裂现场试验 78 口井，提压增注试验 125 口井，水平井分层系开发 22 口井，通过上述试验，实现累计增油 12.28×10⁴t，累计增注 40.41×10⁴m³，新增动用储量 252.35×10⁴t。

2）目前存在的问题及下一步工作思路

通过不断开发调整，油田开发效果虽得到明显改善，但仍存在一系列较为突出的问题，主要表现在如下方面：

一是不具备加密调整经济指标的井区，仍无法实现有效动用。海拉尔特低渗透油田共有开发区块 24 个，其中仍未建立驱动体系区块为 14 个，总油井数 341 口，占总井数比例的 41.5%，该类区块主要为储层条件较差，油层发育厚度及含油性均低于油田平均水平，按照经济指标限制，不具备加密调整条件，需寻求新的有效动用手段。

二是部分井区由于注水压力升高，受破裂压力限制无法实现有效注入。在低渗透油田注水开发过程中，随着注水时间的延长，受储层基质运移及油层污染影响，储层渗透性逐渐变差，水井注入压力呈逐渐上升趋势，部分井区注水压力达到破裂压力上限，由于受破裂压力限制注入量不断降低。

下一步工作思路主要有以下三点：

一是在开发调整过程中，对于储量丰度低、加密调整效益差井区，探索大规模压裂与注水补充能量一体化技术，通过大规模压裂施工使油层得到充分改造，形成储层有效渗流通道，压裂后采取配套注水调整，使井区实现有效注水开发。

二是对注水压力不断上升井区，开展提压增注落实最高注水压力，通过破裂压力复算，使注水压力达到启动压力，促进低注井区实现有效注入。

三是对已开发区块进一步完善注水系统，实现全面注水开发，确保地层能量充足，提高油田开发水平。

## 四、特低渗透砂岩油藏的有效开发技术对策

### 1. 储层有效改造配套技术

针对海塔油田复杂断块油藏水敏性强、岩性变化大、井深特点，经不断探索、攻关试验，初步形成了海塔油田复杂断块油藏有效改造配套技术。

1）人工裂缝高度控制技术

苏德尔特兴安岭及乌尔逊油田南屯组储层主要为砂泥岩薄互层，储层纵向上应力差异小于 3MPa，缝高难以控制，施工成功率低，导致压裂增产效果不理想（雷群等，2009；王永昌等，2005；窦让林，2002）。从分析裂缝高度影响因素入手，确定压裂液滤失系数、

压裂液稠度系数、施工排量对水力人工裂缝参数有较大影响（温庆志等，2005）。形成了针对性地控制人工裂缝高度的系列配套技术：变压裂液黏度控缝高技术、变排量控缝高技术、复合层控缝高技术、动态胶塞控缝高技术、人工隔挡层技术，确定了每种技术的适用条件（表3-22）。

表3-22　不同控缝高措施的应用条件

| 序号 | 控缝高技术 | 适用条件 |
|---|---|---|
| 1 | 变压裂液黏度控缝高技术 | （1）应力差2~3MPa；（2）隔层泥质含量高，基质滤失小；（3）多段射孔；（4）不适合裂缝型储层 |
| 2 | 变排量控缝高技术 | （1）应力差2~3MPa；（2）隔层有效厚度不小于2m |
| 3 | 复合层控缝高技术 | （1）存在多个薄互层；（2）具有明显的岩性分层特征 |
| 4 | 动态胶塞控缝高技术 | （1）具有弱的应力遮挡；（2）砂岩厚度较大 |
| 5 | 人工隔挡层技术 | （1）无应力遮挡；（2）不适合多段射孔，尤其是射孔间有应力、岩性变化的情况 |

共实施239井258层，其中150口井161层进行控上部缝高，22口井24层进行了控下部缝高，12口井14层同时进行控上、下部缝高，12口14层实施了变压裂液黏度控缝高技术，43口45层实施了变排量、复合层控缝高技术，控高成功率87.6%。

2）多分支缝转向压裂技术

海拉尔特低渗透储层由于受砂体展布、构造高差及人工裂缝影响，受效方向性强，平面受效不均衡。针对该问题采取多分支缝转向压裂技术，实现了平面压裂引效。

在多分支缝转向压裂过程中，加砂末期加入可降解纤维，使主缝内产生桥堵，提高缝内压力，使主缝侧向产生分支裂缝，形成复杂裂缝系统。压裂规模比常规压裂扩大30%~40%，平面上增加沟通面积，纵向上压开新储层，沟通原裂缝无法沟通的储量，从而实现多分支缝，达到转向压裂引效目的（图3-38）。以兴安岭油层应用效果为例，兴安岭储层

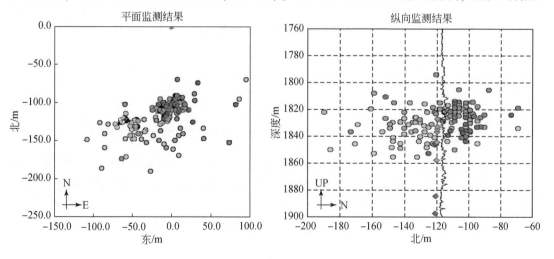

图3-38　转向压裂微地震监测结果解释图

水平应力差小，目的层水平应力差异小于 5.5MPa；渗透率主要分布在 $0.01 \times 10^{-3} \sim 1.0 \times 10^{-3} \mu m^2$，是强水敏非脆性储层，弹性模量为 18.7GPa，泊松比为 0.23，脆性指数为 47.3%。

兴安岭储层多分支缝转向压裂 14 口井，有效率为 85.7%，平均压裂规模扩大 45.1%，日产液恢复到首次压裂后的 74.7%，日产油恢复至首次压裂后的 70.2%；在 B52-50 井成功进行 2 层转向压裂，优选蜡球为颗粒暂堵剂，主缝分别左转向 17°、25°，日产液由 0.3t 恢复至 2.8t，日产油由 0.2t 恢复至 2.6t。

3）分层坐压管柱细分压裂技术

海拉尔盆地特低渗透储层油层分布零散，发育层数多，厚度薄，纵向上跨距大，长井段导致压裂层段划分困难，压裂层段跨距大。同时，储隔层应力差小，隔层无法形成有效应力遮挡，即使综合应用控缝高措施，普通压裂均为垂直缝，分层压裂隔层厚度要求至少 10m，压裂施工时常因隔层无法形成有效遮挡影响压裂效果。

2011 年开始，针对长射孔井段、缺乏有效隔层的井实施分层坐压管柱细分压裂，提高储层改造程度。该工艺工具指标为承压 80MPa，耐温 100℃，9 级投球，最多压裂 10 段，单层加砂量最大 50m³，最低隔层厚度 3.0m。相比逐级上提分层压裂工艺，其主要优点如下：一是应用分层坐压管柱细分压裂增加改造的针对性和规模控制能力；二是分层坐压管柱可以使最小隔层厚度降到 3.0m，最多可压 10 段，提高改造针对性。

相同压裂井层，应用分层坐压管柱压裂与双封单卡分层压裂相比，单井压裂层段数增加，最多 1 次压裂 7 个层段；每个压裂层段内小层数减少，最多降低了 3.8 个，且无窜槽（表 3-23）。

表 3-23　分层坐压与双封单卡工艺对比表

| 井号 | 双封单卡 | | | 分层坐压 | | | 差值 | | |
|---|---|---|---|---|---|---|---|---|---|
| | 压裂层段数/段 | 每段压裂厚度/m | 每段压裂小层数/个 | 压裂层段数/段 | 每段压裂厚度/m | 每段压裂小层数/个 | 压裂层段数/段 | 每段压裂厚度/m | 每段压裂小层数/个 |
| B75-74 | 4 | 14.3 | 5.5 | 7 | 8.2 | 3.1 | 3 | −6.1 | −2.4 |
| B77-77 | 3 | 10.2 | 7.7 | 6 | 5.1 | 3.8 | 3 | −5.1 | −3.8 |
| B46-55 | 4 | 11.9 | 3.8 | 5 | 9.5 | 3.0 | 1 | −2.4 | −0.8 |
| B73-70 | 4 | 11.5 | 6.5 | 5 | 9.2 | 5.2 | 1 | −2.3 | −1.3 |

注水井机械细分压裂后，吸水剖面更加均匀，以 B44-53 井为例，B44-53 井与同区块应用双封单卡压裂的 B69-63 井相比，压裂后吸水剖面显示 B44-53 井注水量分配更加均匀（图 3-39）。

大规模压裂技术在本书的第三章第四节有专门叙述，此处不再赘述。

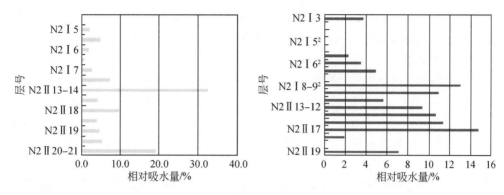

图 3-39　B69-63 井常规压裂与 B44-53 井分层坐压吸水剖面对比图

## 2. 细分开发单元，完善注采系统

### 1）注采关系不完善的主要成因

由于海拉尔盆地特低渗透油田，受构造、断层、沉积影响，储层横向、纵向变化快，在开发初期，受多种因素影响，注采关系很难一次性完善，通过地质认识的不断深入，在小断块油藏描述成果基础上，划分出独立开发单元，以开发单元为基础，针对各断块存在的开发矛盾，总结出注采关系不完善的主要原因如下：

（1）在开发钻井前对钻井区域内的小断层无法有效识别，导致钻井后部分井组受断层切割影响，注采关系不完善；

（2）海拉尔盆地特低渗透储层，具多物源、窄相带、短流程搬运特点，沉积相带窄，纵、横向岩相变化快，展布规模小，砂体多期次叠置，储层横向变化快、连续性差，导致注采关系不完善；

（3）由于海拉尔部分特低渗透油田分多批次滚动钻井，初期无法充分考虑注采关系，油水井数比高，注采不完善（图 3-40）。

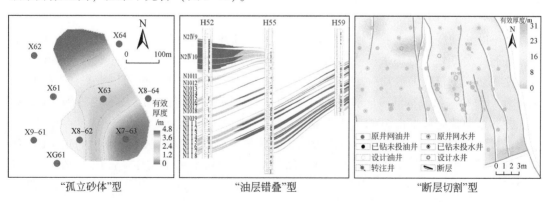

图 3-40　海拉尔盆地特低渗透油田注采关系不完善分类示意图

### 2）注采系统调整的原则及方法

对于砂体大面积分布油田，调整注采系统目的是在水驱控制程度较高的情况下，以改变液流方向提高油层波及体积，增加驱油效果。而对于窄小砂体储层，开展注采系统调整的目的一是提高油田水驱控制程度，使有采无注的小砂体实现水驱动用，从而提高多向水驱厚度比例，提高储层水驱动用程度；二是降低综合含水率，减缓产量递减；三是提高经济效益，提高油田采收率。

针对注水困难、自然递减大的实际，在小断块油藏描述成果基础上，细分开发单元，围绕单砂体，通过"钻、转、补"完善注采关系，逐步恢复地层能量，具体调整原则如下：

（1）以压力系统是否合理为依据，确定该区块是否需要转注采油井进行调整。如需要，转注井应尽可能选择高含水率井，以达到转注损失产量最少及控制油田综合含水率上升的目的；

（2）立足于单砂体，以完善主要砂体注采关系为主，兼顾层间和平面上的相互关系，尽量使窄小或孤立砂体动用起来，提高油田水驱控制程度，提高多向水驱厚度比例；

（3）认识储层条件和不同的含水率阶段及油井产液量对注水量的需求，布置合理的油水井数比，使其调整后的油水井数比趋于合理。

同时在注采系统调整过程中，还应该开展一系列配套调整措施，进一步提高注采系统调整效果，具体措施如下：

（1）对于油井因转注及补充井而新增的方向、增水驱厚度的油层，应及时采取相应的提液措施，进行压裂引效。可根据油井产量、含水率情况实时进行，以搞好平面注水调整，充分发挥调整的效果，提高经济效益。

（2）转注井投注以后，根据周围油水井的连通状况，对老注水井的注水量进行适当的调整，实现新老井注水量的合理转移，改变液流方向，扩大波及体积，同时控制老井注水压力，预防套损发生。

（3）对于补充井优选，预测可调厚度要大于油田经济极限厚度，并能够达到最有效改善调整区注采关系、增加水驱储量的井位。

（4）对于转注井根据与周围油井连通状况，应补射作为油井时未射开的油水同层及砂岩层，相应补开周围油井未射层位。

3）注采系统调整效果

在小断块油藏描述成果基础上，结合各断块局部井区平面开发矛盾，以开发单元为基础，开展"分断块、分层系、分单元"的细分开发单元注采系统调整，重点完善能够实现有效注入、产量较高的区块（井区）注采关系，提高储层动用。按照以上思路，2010～2015年，海拉尔盆地特低渗透油田共转注97口井，注采井数比由1∶3.6提高到1∶2.7，转注井区水驱控制程度由80.1%提高到88.3%，提高了8.2个百分点，2015年底，转注井合计日注水1890m³，累计注水195.0×10⁴m³。统计转注时间较长62个井组周围169口未措施油井，平均单井日产液4.2t，日产油2.3t，综合含水率45.2%，流压2.26MPa，自然递减9.3%，与转注前对比，自然递减率减缓6.4个百分点，流压回升0.32MPa，高于油田平均水平，取得较好调整效果。

**3. 小井距加密调整，实现特低渗透储层有效动用**

1）加密调整区块简况

苏德尔特油田兴安岭油层B14断块主要开发兴安岭油层Ⅰ、Ⅱ油组，已开发区块初期采用 200m×200m 正方形井网，主要采用反九点注水方式。油田开发主要经历四个阶段，即 2004~2005 年快速上产阶段、2006~2007 年弹性开采阶段、2007~2010 年全面注水开发阶段及 2010 年加密综合调整阶段。B14 断块加密前共部署开发井 106 口，其中油井 83 口，水井 23 口。提交探明储量 2065.00×10⁴t，含油面积 6.90km²，动用地质储量 1575.5×10⁴t，动用面积 4.80km²。

B14 断块兴安岭油层地质条件十分复杂，主要表现在断裂体系发育，断层结构复杂；储集体形成背景属断陷盆地近物源、窄相带、快速充填堆积的近岸水下扇沉积，单砂体分布规模复杂，储集体岩相及物性横向相变快，物性差、非均质性强；该区块为油干系统；储集砂体类型较多，主要包括辫状沟道砂体、辫状沟堤砂体、沟间微相砂体、中心微相砂体、末梢微相砂体等。其中，辫状沟道砂岩、辫状沟堤砂岩及沟间典型浊积岩体为本区兴安岭群主要储集砂体类型。储集层岩石物性属中低孔、特低渗透型，孔隙度分布在 11.6%~28.8%；平均值为 16.84%；渗透率分布在 0.01×10⁻³~15.2×10⁻³ μm²，平均值为 1.41×10⁻³ μm²。

在油藏开发方面表现为油井初期产量较高递减较快，大部分井处于弹性开采状态，部分井低压低产关井；注水井吸水能力差，通过压裂、提压等增注措施，仍无法实现有效注入。

2）井网加密调整界限及方式

2010 年底通过深入分析，确定 B14 断块兴安岭油层吸水差的原因是"井距过大"。由于特低渗透油藏存在启动压力梯度，在注水开发过程中驱替压差除了要克服水驱阻力外，还要克服由启动压力梯度引起的附加阻力。当注采井距过大时，注水井端压力无法传导到油井端，导致注水井井底憋压严重，油井端地层亏空大的情况。

极限井距的大小主要与储层基质渗透率有关，特低渗透储层由于存在启动压力，为非达西流，并且渗透率越低，其启动压力梯度越大，渗流阻力越大。

启动压力梯度与渗透率关系式为

$$\lambda = -0.0225\ln K + 0.0847$$

式中，$\lambda$ 为启动压力梯度，MPa/m；$K$ 为储层渗透率，$10^{-3} \mu m^2$。

根据渗流理论，等产量一源一汇稳定径向流的水动力场中，注采井中点处的压力大于等于启动压力时，才能建立起有效驱动，因此极限井距的公式为

$$\frac{\Delta P}{\ln \dfrac{L}{r_w}} \cdot \frac{2}{L} = -0.0225\ln K + 0.0847$$

式中，$\Delta P$ 为注采压差，MPa；$L$ 为注采井距，m；$r_w$ 为井筒半径，取 0.1m。

通过上述公式计算出 B14 断块极限井距为 140m，小于开发方案设计井距 200m，主要是由于开发初期，部署井网时所采取的储层物性资料为探评井取得，而开发钻井后，开发井区储层渗透率明显偏低，因此需重新计算井区最大注采井区，继而开展相应的加密调整工作（图 3-41，图 3-42）。

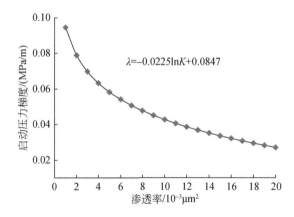

图 3-41　渗透率与启动压力梯度关系曲线

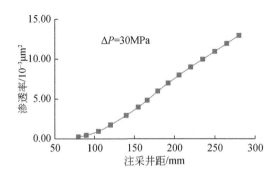

图 3-42　兴安岭油层最大注采井距图版

B14 开发单元储层基质渗透率特低，人工压裂缝作用较弱，依据 B14 动态反映，北东 45°方向注采井距较小，其见效和见水相对明显，但由于储层砂体方向以北西为主，人工裂缝方向东西向，因此，应以反九点注水为主，后期视动态反映逐渐调整为沿东西向线状注水或灵活反九点或五点注水。

综合研究确定，对 B14 区块采取井网中心加密油井，角井转注形成新的反九点注水井网，后期老井网角井转注成线状注水，井距 141m，排距 141m。主要原因有：①加密后单井控制地质储量高和可采储量高，开采物质基础比较雄厚，并且后期继续调整余地大；②采用该加密方式，井距缩小到 141m 能整体建立有效驱动体系，该开发单元砂体宽度大多大于 200m，其 141m 均匀井距也能有效控制砂体；③加密方案井与老井井网均匀有利于井网对砂体的控制程度。

3）小井距加密调整效果

2010 年底，对 B14 断块兴安岭油层，按"中心加密，角井转注"方式开展整体加密调整试验，形成新反九点法井网，井距由 200m 缩小至 141m，加密井平均单井钻遇有效厚度 44.5m，初期平均单井日产油 5.7t，分别高于方案设计 3.9m、1.5t。

加密调整后，水井吸水状况明显得到改善。其中 32 口老注水井，加密后吸水明显得到改善，注水压力由 12.5MPa 下降至 11.8MPa，平均单井注水量由 22m³/d 上升至 33m³/d（表 3-24）。

表 3-24　B14 断块兴安岭油层加密调整前后水井吸水状况对比表

| 类别 | 井数/口 | 射开厚度/m | | 调整前 | | | | 2013 年 12 月 | | | |
|---|---|---|---|---|---|---|---|---|---|---|---|
| | | 砂岩 | 有效 | 油压/MPa | 配注/(m³/d) | 实注/(m³/d) | 视吸水指数/(m³/m·MPa) | 油压/MPa | 配注/(m³/d) | 实注/(m³/d) | 视吸水指数/(m³/m·MPa) |
| 老水井 | 32 | 48.0 | 44.0 | 12.5 | 22 | 12 | 0.02 | 11.8 | 33 | 22 | 0.04 |
| 转注井 | 11 | 48.3 | 45.2 | | | | | 7.0 | 42 | 31 | 0.32 |

通过加密调整，注水受效井数及比例明显增加。加密调整前加密井区共有采油井 38 口，建立驱动体系井仅 8 口，占总井数比例的 21.1%。加密调整后，注水受效井数及比例明显增加，截至 2013 年 12 月底，共有采油井 56 口，建立驱动体系井 41 口，占总井数的 73.2%，比调整前增加 52.1 个百分点（表 3-25）。

表 3-25　B14 断块兴安岭油层加密调整前后建立驱动体系井对比表

| 项目 | 油井/口 | 能建立驱动体系 | | | | 不能建立驱动体系 | | | | 建立驱动体系井比例/% |
|---|---|---|---|---|---|---|---|---|---|---|
| | | 井数/口 | 产液/(t/d) | 产油/(t/d) | 含水率/% | 井数/口 | 产液/(t/d) | 产油/(t/d) | 含水率/% | |
| 加密调整前 | 38 | 8 | 3 | 2.7 | 11.1 | 30 | 2.2 | 1.9 | 10.5 | 21.1 |
| 加密调整后 | 56 | 41 | 3.1 | 2.7 | 11.5 | 15 | 1.9 | 1.7 | 10.5 | 73.2 |

统计相同井号的 6 口井吸水剖面资料及 12 口油井产液剖面资料，吸水厚度比例由 49.8% 提高至 58.4%，产液厚度比例由 39.3% 提高至 63.8%；采油速度由 0.30% 提高至 0.42%，自然递减由加密前的 15.2% 降至 11.0%，取得较好调整效果（表 3-26）。

表 3-26　加密前后产液吸水对比

| 分类 | 吸水情况 | | | 产液情况 | | |
|---|---|---|---|---|---|---|
| | 射开有效厚度/m | 吸水有效厚度/m | 吸水比例/% | 射开有效厚度/m | 吸水有效厚度/m | 吸水比例/% |
| 加密前 | 131.8 | 65.6 | 49.8 | 113.6 | 44.6 | 39.3 |
| 加密后 | 131.8 | 77.0 | 58.4 | 113.6 | 72.6 | 63.8 |

4）小井距加密调整技术应用前景

自 2011 年开始陆续对储层发育较好的 4 个断块开展小井距开发调整，见到较好的调整效果，调整井区见效井比例明显提高。已调整井区仅占低渗透油田总井数比例的 32.7%，其余 16 个断块仍有待进一步开展加密调整。按照现有经济指标界限要求，目前有 5 个断块可作为下一步加密调整目标区，预计可加密钻井 60 口，增加可采储量 27.0×10⁴t。

从实施效果来看，小井距加密调整技术是特低渗透油藏有效注水开发的必然手段，通过逐步探索有效开发工艺，逐步降低投入成本，加密调整潜力将进一步扩大，该项技术在特低渗透油藏开发中具有较好的应用前景。

**4. 水平井细分层系开发，提高储层动用**

海塔低渗、特低渗储层所占比例大，开发以来低效井逐年增多。由于水平井开发能够抑制底水锥进，同时有效增加钻开油层的泄油面积，能够很好地解决特低渗透油层低产问题。为此，水平井开发逐步由零散试验转入开发应用。

1）水平井设计思路及流程

水平井设计思路：利用水平井井眼轨迹呈水平或接近水平的特点，增大目的层泄油面积，提高波及效率，降低生产压差，从而提高油藏的采油速度及最终采收率。可有效动用海拉尔盆地特低渗、低产油层，解决直井动用产量低，经济效益差的问题。同时采取直井-水平井联合开发模式，实现大跨度特低渗透储层的分层动用，有效提高油田开发效果。

具体流程：①对目标区、层开展精细油藏地质研究，为水平井轨迹设计提供可靠的地质依据；②在充分认识构造、储层及油水关系的基础上，进行精细三维地质建模；③根据邻井情况确定水平井运行轨迹（方位，靶点深度），优化井身结构。

2）水平井技术应用及效果

开发过程中，坚持直井-水平井联合开发模式，精心设计、精确控制、精细调整，提高单井产量，推动难采储量有效开发。关于水平井的应用有如下几点。

一是应用水平井动用"直井预留压裂隔层"。贝14区块贝14-1井区兴安岭组XI10号层的砂岩钻遇率为100.0%，有效钻遇率为100.0%，单井钻遇砂岩厚度为4.0~7.8m，钻遇有效厚度为3.8~6.0m。平均砂岩厚度为6.5m，平均有效厚度为5.6m。兴安岭组油层压裂隔层中XI10小层有效厚度大，具备一定的储量规模，能够满足水平井技术经济界限的要求，达到细分层系，分层开采的目的。因此，在B14区块设计了贝14-平7井和贝14-平8井（图3-43，图3-44）。

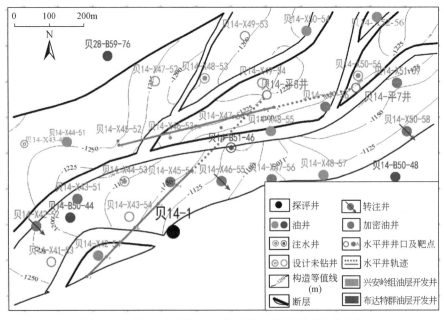

图 3-43　贝 14 区块贝 14-1 井区 XI10 号层顶面构造井位

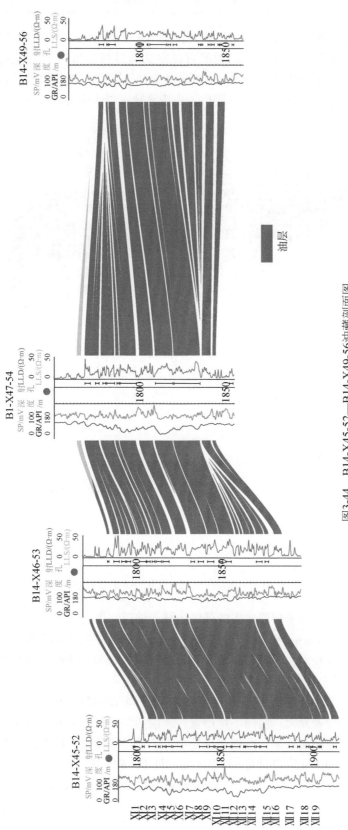

图3-44  B14-X45-52—B14-X49-56油藏剖面图

二是油层发育厚度大，纵向物性差异大，应用水平井分层系开发。如 X1 井区，纵向上南屯组一段 I、II 油组均发育。据周围直井完钻后解释结果，I 油组主力砂体 I 1～2 号层平面分布稳定，单砂体厚 3～8m，油水关系为油干系统。为此，该井区构造高部位直井统一避射 I 1～2 层，为水平井预留层位，先后设计 3 口水平井（图 3-45，图 3-46）。

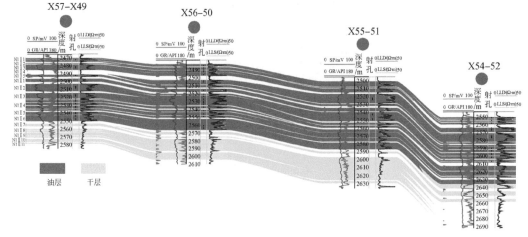

图 3-45　贝尔油田 X46-46 井区 X47-46—X49-47 井油藏剖面图

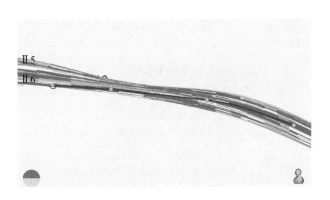

图 3-46　X3-平 10 井南屯组一段 II 5～6 层设计钻井轨迹

三是应用水平井动用单层厚度大的低渗、低产油层。大磨拐河组一段油层纵向上油层分布集中，目的层 D I 1 平均单井有效厚度为 9.6m，岩性主要为单一粉砂岩，属低孔特低渗透储层，常规直井开发，单井产能低，开发经济效益较差，为此在该区块设计了 X3-平 4、X3-平 5、X3-平 6 井（图 3-47～图 3-49）。

四是应用水平井穿断层技术动用窄小断块储量。苏德尔特油田德 123-158 井区 XI 油组油层，由于储层物性差异大、层间干扰严重，断层切割严重，部分有效储层低产液或不产液，注水后无法见到注水效果，应用水平井加密细分层系开发，同时，穿断层动用两个窄小断块储量，在 XI 油组油层设计贝 14-平 4 井、贝 14-平 5 井。贝 14-平 5 井的主力油层为 XI8 号层，考虑后期压裂隔层较薄，可以兼顾到 XI7、XI9 号层有效动用。贝 14-平 5 井周围共有控制直井 4 口。主力油层选定为 XI7、XI8、XI9 号层，三个小层有效厚度为 5.2～

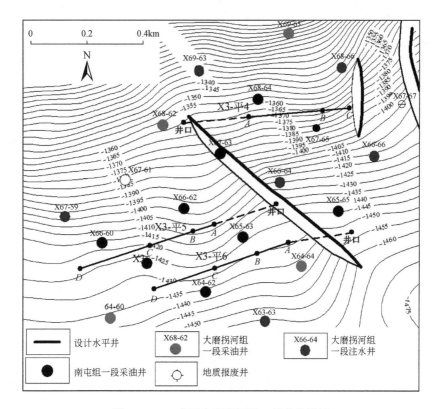

图 3-47 X3 井区大磨拐河组一段井位设计

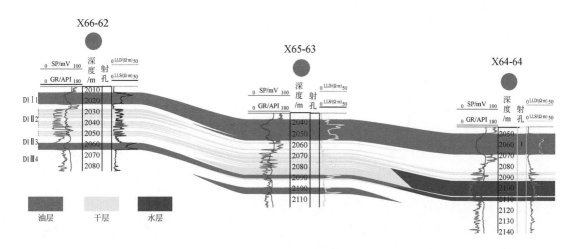

图 3-48 X3 井区大磨拐河组一段油藏剖面图

9.7m(图 3-50 ~ 图 3-52)。

　　五是应用水平井体积压裂技术,实现难采储量效益动用。主要是针对丰度低、储层薄、物性差直井开发无效益储量,通过长水平段,分簇射孔+体积压裂方式,充分改造储层渗透性,充分发挥油层潜力,实现效益开发,2019 年共在塔南油田实施 5 口井,取得较

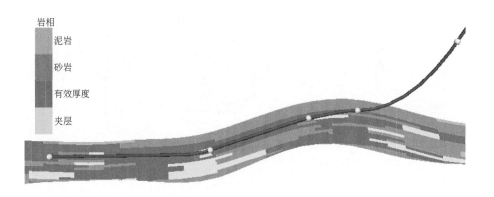

图 3-49　X3-平 5 轨迹及参数设计图

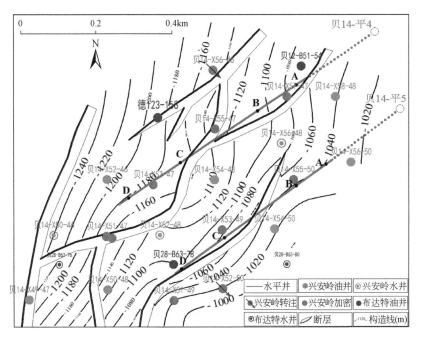

图 3-50　德 123-158 井区 XI7 号层顶面构造井位图

好效果，为今后油田有效开发指明了方向。

　　自 2007 年，在精细地质研究的基础上，先后在贝尔、苏德尔特特低渗透储层设计完成 22 口水平井，其中，油井 21 口，水井 1 口。

　　在水平井钻井实施过程中，通过制定随钻导向流程，LWD（随钻测井）、综合录井与地质模型相结合，克服过断层直接入靶、地层倾角变化大、目的层泥质夹层多等难点，确定合理的"着陆点"，现场及时修正水平段轨迹参数。目前 22 口井已全部实施，平均单井钻遇有效厚度 337m，钻遇率 77.2%（表 3-27）。

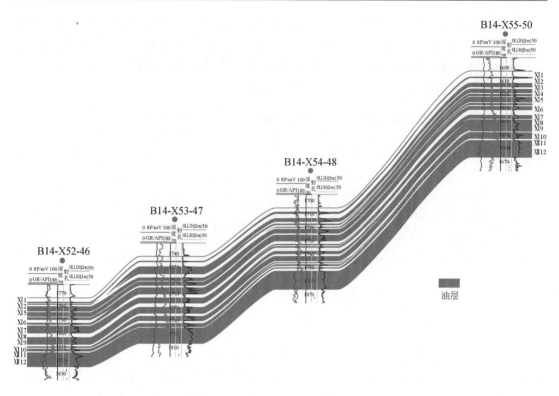

图 3-51　B14-X52-46—B14-X55-50 井油藏剖面图

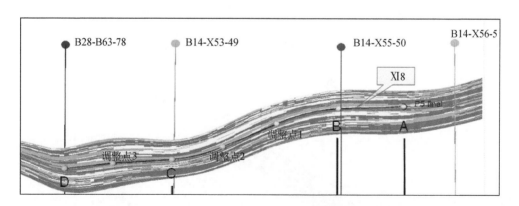

图 3-52　贝 14-平 5 井兴安岭油层 I6～10 号层设计钻井轨迹

表 3-27　海拉尔盆地特低渗透油田水平井钻遇情况统计表

| 油田 | 区块 | 目的层位 | 钻井时间 | 井数 /口 | 水平段长 /m | 钻遇有效厚度 /m | 有效钻遇率 /% |
|---|---|---|---|---|---|---|---|
| 苏德尔特 | B14 | B、X | 2007～2012 年 | 8 | 452 | 342 | 81.1 |
| 贝尔 | X55-51、XX1、X3 | N1、D1 | 2009～2012 年 | 14 | 449 | 332 | 73.2 |
| 平均单井 | | | | | 451 | 337 | 77.2 |

海拉尔盆地特低渗透油田共投产水平井 22 口，其中 21 口油井，初期平均单井日产油
12.5t，含水率 17.8%，产量是周围直井的 3~7 倍；至 2015 年 12 月平均单井日产油 4.5t，
含水率 19.1%，单井累积产油 6772t（表 3-28）；1 口水井投注初期日注水 65m³/d，投注
两年后日注水保持在 20m³/d，累计注水 0.97×10⁴m³。

表 3-28　海拉尔盆地特低渗透油田水平井投产情况统计表

| 序号 | 油田 | 投产日期 | 射开厚度/m | | 投产初期 | | | 2015 年 12 月 | | | 累计 | |
|---|---|---|---|---|---|---|---|---|---|---|---|---|
| | | | 砂岩 | 有效 | 液/(m³/d) | 油/(t/d) | 含水率/% | 液/(m³/d) | 油/(t/d) | 含水率/% | 油/t | 水/t |
| 1 | 苏德尔特 | 2007~2013 年 | 130.4 | 117.0 | 10.5 | 9.4 | 10.5 | 5.0 | 4.3 | 14.0 | 4925 | 588 |
| 2 | 贝尔 | 2009~2012 年 | 136.5 | 135.3 | 19.9 | 15.6 | 21.6 | 6.0 | 4.6 | 23.3 | 8618 | 3439 |
| 平均单井 | | | 133.5 | 126.2 | 15.2 | 12.5 | 17.8 | 5.5 | 4.5 | 19.1 | 6772 | 2014 |

下面列举一个水平井体积压裂开发成功案例。

塔 52 断块整体为北东走向，断块构造呈西南高，东北低，是一个典型的反向断块，
主要开采南屯组一段油层，为岩性-构造油藏，断块内由构造高部位向低部位油层厚度逐
渐减薄（图 3-53），高产井多分布于构造高部位厚油层区（图 3-54）。实际在实施东部低
部位的井位时，发现有效厚度变薄，单井平均有效厚度仅为 17.2m，单井产量低，日产油
0.8t（表 3-29）。由于该井区平均井深 2000m，单井经济极限产量为 6.6t/d，直井方式无

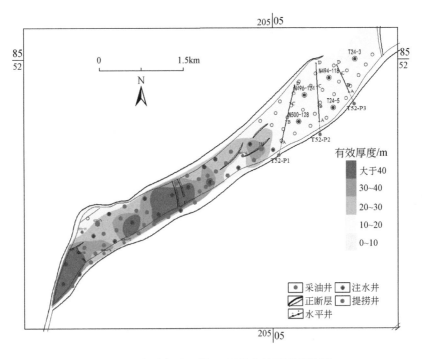

图 3-53　南贝尔油田塔 52 区块有效厚度等值图

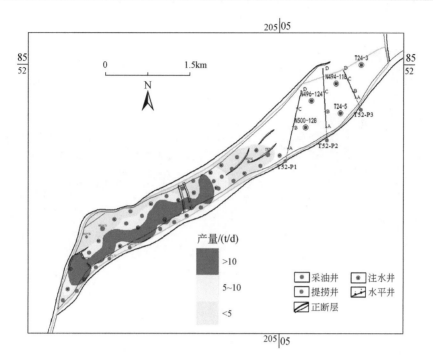

图 3-54　南贝尔油田塔 52 区块单井初期产量分布图

法达到经济效益开发，为此，及时取消井位 32 口井。

**表 3-29　T24-5 井区提捞井生产情况统计表**

| 井号 | 有效厚度/m | 射开有效厚度/m | 初始提捞日期 | 提捞周期/d | 次捞油/t | 累计捞油/t | 累计捞水/t |
|---|---|---|---|---|---|---|---|
| N502-142 | 19.3 | 18.4 | 2015 年 12 月 10 日 | 4.1 | 1.7 | 403 | 330 |
| N504-136 | 18.4 | 18.4 | 2017 年 8 月 27 日 | 1.1 | 2.4 | 761 | 608 |
| T24-3 | 16.0 | 4.4 | 2015 年 3 月 17 日 | 2.3 | 1.8 | 1010 | 765 |
| T24-5 | 15.2 | 13.6 | 2016 年 7 月 13 日 | 2.2 | 1.6 | 563 | 478 |
| 平均 | 17.2 | 13.7 | | 2.4 | 1.9 | 684 | 545 |

2019 年，通过对已有井资料研究发现该区油层虽然发育薄，但是相对集中，主要为南屯组一段 I 3、 I 5、Ⅱ1 号油层（图 3-55），储层以细砂岩为主，含油级别较高，以油斑显示为主，小层砂体平面上发育比较稳定，而且单井都有一定产量，平均单井累计产油 $684.3 \times 10^4$ t，产量相对落实，非常适合水平井开发。按照上述思路，当年设计 3 口水平井（图 3-56），平均单井水平段长 800m，单井控制地质储量 $45.0 \times 10^4$ t，预测平均单井日产油 21.0t，设计产能 $1.89 \times 10^4$ t。

以塔 52-平 1 井为例：设计水平段长 1050m，实钻水平段为 1040m，砂岩厚度为 857m，有效厚度为 650m，油气显示 681m，砂岩钻遇率为 81.6%，油层钻遇率为 65.5%（表 3-30），采取分簇射孔+体积压裂方式，共分 15 段压裂，每段射孔 2 簇，每簇射开 1.0m，压裂共

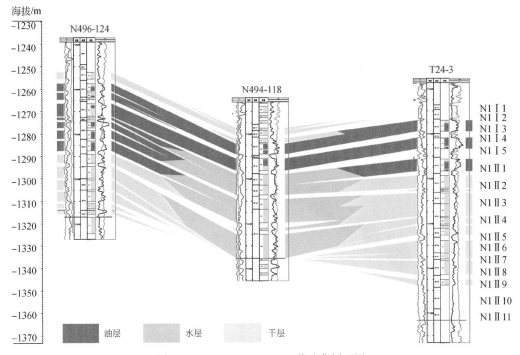

图 3-55　N496-124—T24-3 井油藏剖面图

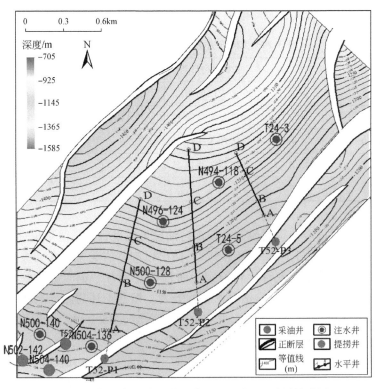

图 3-56　塔 52 断块水平井区南屯组一段 I 5 号层构造图

加陶粒1010m³，压裂液10100m³，压裂后排液即见油，关井压力7.5MPa，高峰日产油106t，放喷累计产油2014.0t，机采稳定日产油54.0t，含水率32.0%，截至2021年4月10日，累计生产537天，累计产油18536.4t。

表3-30　油层钻遇率及含油显示统计表

| 井号 | 录井显示/m | | | 录井显示比例/% | | | 含油显示长度/m | 油层钻遇率/% | 水平段长度/m |
|---|---|---|---|---|---|---|---|---|---|
| | 油浸 | 油斑 | 油迹 | 油浸 | 油斑 | 油迹 | | | |
| 塔52-P1 | 142 | 229 | 325 | 20.4 | 32.9 | 46.7 | 696 | 66 | 1040 |
| 塔52-P2 | | 84 | 202 | | 29.4 | 70.6 | 286 | 29 | 970 |
| 塔52-P3 | | 77 | 24 | | 76.2 | 23.8 | 101 | 18 | 559 |
| 塔53-P4 | | 533 | 16 | | 97.1 | 2.9 | 549 | 72 | 760 |
| 塔30-P1 | | 388 | 34 | | 91.9 | 8.1 | 422 | 63 | 649 |

2019～2020年，应用水平井+体积压裂工艺，挖潜薄差储层难采储量，在塔南油田共探索实施5口水平井，初期平均单井日产油50.6t，阶段累计产油4.05×10⁴t（表3-31），取得非常好的效果。

水平井+体积压裂技术是在塔南油田破天荒的一次大胆尝试，效果超预期，成果喜人，为实现难采储量效益动用找到了一把"金钥匙"，油田类似储量占比高，未来推广应用前景巨大，为油田未来发展注入了新的动力，为油田稳产或上产提供了有力保障。

3）水平井技术应用关键点及前景

（1）在精细地质研究的基础上，精细刻画水平井运行轨迹，确保钻井效果。构造建模方面：通过精细刻画布井区块断层和构造发育特征，为水平井设计和随钻地质导向提供可靠的地质依据。储层建模方面：应用直井资料进行储层发育特征和油水分布规律研究，建立储层模型，为水平井布井奠定物质基础。轨迹优化方面：应用现有井网开展沉积微相精细解剖和剩余油分布研究，优选构造高部位河道发育区、剩余油富集区，设计水平井轨迹。工程设计方面：结合油藏参数和经济界限确定注采井距及水平段长度，综合考虑应力、地层倾角及注采井网，优化水平井方位，最大限度地降低水平井设计风险。

（2）加强精细分段注水综合调整，保证水平井开发效果。精细分段注水：采取同步不均衡注水，依据注采井不同相带组合类型及水平井井筒根端指端不同部位，优化注水强度，促进水平井均衡受效。灵活超前调整：针对水平井见水段判断及调整难度大的情况，在注水综合调整上应采取"灵活、超前"的调整原则，同时结合受效情况适时开展注采系统调整，提高水平井开发效果。生产参数优化：对渗透率相对较好的储层，适当降低生产压差，控制含水率上升速度；对储层条件较差储层，适当加大生产压差，同时适时应用压裂等措施，促进水平井受效。

几年来，海塔油田先后灵活部署实施水平井27口，从开发效果来看，压后初期产量较高并保持长期稳产，实现了低渗透和低丰度储量有效开发；建立了低渗透复杂断块油藏灵活实施水平井开发工作流程，应用水平井技术，可提高低渗透、低丰度油藏单井产量及最终采收率、降低投入，是加快储量动用、剩余油挖潜的有效方式，为特低渗透油藏的局部挖潜和效益开发开辟了新途径。

表 3-31　塔南油田水平井实施效果表

| 井号 | 合计厚度/m | 动用储量/10⁴t | 目的层 | 投产日期 | 水平段长度/m | 钻遇率/% 砂岩 | 钻遇率/% 油层 | 段数/个 设计 | 段数/个 实施 | 压裂总量 加液量 | 压裂总量 加砂量/m³ | 初期日产油/t | 投产300天平均日产油/t | 日产液/t | 2021年4月10日 日产油/t | 2021年4月10日 含水率/% | 累计生产时间/d | 累计产油/t |
|---|---|---|---|---|---|---|---|---|---|---|---|---|---|---|---|---|---|---|
| T52-平1 | 10.1 | 35.5 | N Ⅰ 5 | 2019年7月 | 1040 | 82 | 66 | 15 | 15 | 10100 | 1010 | 106.3 | 39.2 | 55.5 | 20.0 | 61.0 | 537 | 18536.4 |
| T52-平2 | 8.1 | 37.3 | | 2019年8月 | 970 | 85 | 29 | 15 | 13 | 9625 | 884 | 51.4 | 21.5 | 57.4 | 14.0 | 73.0 | 518 | 10421.3 |
| T52-平3 | 10.6 | 33.9 | | 2019年10月 | 559 | 61 | 18 | 9 | 8 | 6521 | 591 | 18.3 | 9.9 | 18.3 | 5.2 | 69.0 | 329 | 3282.3 |
| T53-平4 | 19.3 | 31.0 | N Ⅰ 3 | 2020年11月 | 760 | 95 | 72 | 16 | 9 | 7211 | 650 | 66.2 | | 94.3 | 39.6 | 58.0 | 159 | 6636.1 |
| T30-平1 | 5.6 | 16.9 | T Ⅱ 26 | 2020年11月 | 649 | 90 | 63 | 15 | 15 | 9442 | 842 | 10.9 | | 50.6 | 15.0 | 70.3 | 135 | 1576.4 |
| 合计（平均） | 53.7 | 154.6 | | | (796) | (83) | (50) | (16) | (12) | (8580) | (795) | (50.6) | (23.5) | (55.2) | (18.8) | (66.0) | (336) | 40452.5 |

注：括号内为平均值。

## 5. 特低渗透储层提压增注技术

### 1）提压增注技术相关理论

目前普遍认为低渗透储层非达西渗流特征更明显，具有更强的应力敏感性，且随着渗透率的减小，启动压力梯度、应力敏感系数增大（图3-57），有效驱替压力系统建立更难。

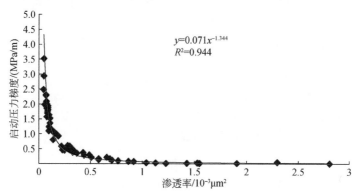

图 3-57　渗透率与启动压力梯度关系曲线

试验研究认为温度为25℃时去离子水在半径为10.0μm、7.5μm、5.0μm 和2.5μm 微圆管中的流动特征，4种尺寸的微管中去离子水的平均流速与压力梯度基本呈线性关系。但若将曲线的低压力梯度区域局部放大，可见微管中流体流速与压力梯度呈现不同程度的非线性特征，且管径越小，非线性程度越强，同时随着压力减小，有效边界层厚度占管径比例越大（图3-58）。这说明对于微尺度条件下需加大驱动压力，减小有效边界层影响，最大程度增加有效驱动。

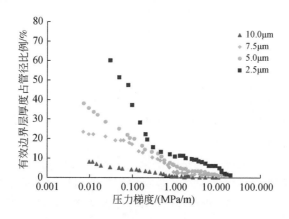

图 3-58　有效边界层厚度比例与压力梯度关系

动态裂缝是特低渗透油藏注水开发中出现的新的开发地质属性：动态裂缝是指特低渗透油藏在长期注水过程中，由于注水井近井地带憋压，当井底压力超过岩层破裂、延伸压力时，岩石破裂产生的新生裂缝，或原始状态下闭合、充填的天然裂缝被激动、复活所产生的有效裂缝通道。这些裂缝受现今地应力场控制，随着注水量的增长和井底压力的升高，不断向油井方向延展，直至与油井压裂缝连通，其与国外文献中提到的"注水生长缝"形成机理类似（图3-59）。在实际开发过程中，也观察到了相关开发动态及地质特征，为提压注水提供了有利依据。

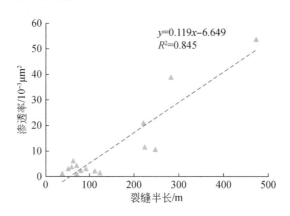

图 3-59　裂缝半长与渗透率关系图版

2）提压增注技术现场实施方法

为实现特低渗透储层的有效注入，需要进一步提高注入压力，然而注入压力并不能无限制地提高，注入压力不能高于地层破裂时的压力值，因此，最高注入压力确定的关键是"破裂压力梯度"的确定，海拉尔油田通过对确定方法的不断改进，使得破裂压力逐渐接近客观实际值。

海塔油田提压注水主要通过以下途径来实现。

（1）破裂压力复算：受不同开发阶段储层条件变化及认识限制的影响，破裂压力需做适时调整及合理界定，适时开展复算工作具有必要性。

（2）撬装注水及活动注水：基于地面限制、自然环保区及经济效益等方面考虑，以及零散及低效区块地层破裂压力尚不落实的实际，开展撬装注水及活动注水，落实区块注入能力及潜力，为区块动用提供有效途径。

（3）泵站间提压：小断块油田受油层跨度大小不同，断块间应力场不同，初期地面配套建设难以兼顾等因素影响，在现有地面设备条件允许范围内，开展提压试注，同时为地面系统配套改造提供依据。

开发初期破裂压力梯度的确定主要是依据少数探评井确定，由于海拉尔油田断块多、岩性复杂、储层非均质性强等因素制约，各断块间甚至断块内油层破裂压力梯度存在一定差异，根据探评井资料计算的油层破裂压力无法代表全区实际水平。在实际开发钻井后应用区块压裂井破裂压力资料，对各区块进行了破裂压力复算，取得了与各断块相匹配的破裂压力梯度。然而在实际注入时由于油层埋藏深，形成的管损及嘴损较大，在达到理论破裂压力值时仍无法实现有效注入。统计低渗透油田水井注水状况，日注水量小于 $10m^3$ 水井数占总井数比例的 60.2%。由于水井吸水能力差，地层能量亏空严重、产量递减大。

为改善低渗透油田注入状况，需进一步确定低渗透储层的真实破裂压力梯度。自2011年，陆续在各断块分别选取典型井开展了提压试注试验，已开发油田已建地面管网系统无法满足进一步提高注入压力需求。因此，采用灵活撬装注水设备，对各断块开展提压增注试验，当注入压力较理论最高注入压力高 0.5MPa 时，油层开始实现吸水；当注入压力较理论压力高 2MPa 或 3MPa 时，吸水量提高至 30m³/d 左右；当注入压力提高至 4MPa 或 5MPa 时，吸水量明显增加，说明地层出现裂缝开启。因此，地层真实破裂压力要高于理论计算值近 4MPa，依据此值可计算出该井破裂压力梯度。

3）提压增注应用效果

2011 年以来，海拉尔油田通过对油层破裂压力重新认识，应用灵活撬装注水及系统增压等方式，开展提压注水 125 口井，累计增注 40.41×10⁴m³，有效地弥补了大规模压裂井区、高产低注井区以及边远零散井区地层亏空，产量递减减缓。现场应用效果表明，撬装提压注水后，水井的吸水能力提高，吸水厚度增加（图 3-60，图 3-61），周围油井产量递减减缓，是低渗透断块油田改善吸水状况，建立油水井间有效驱动的有效方法之一。同时，撬装注水设备可灵活地实施提压注水，对于已建地面系统无法满足开发需求且管线改造费用巨大井区，是较好的增注手段。

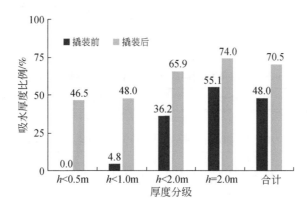

图 3-60    注水井撬装前后储层动用对比图

针对低渗透储层难以有效动用的实际情况，通过开展海拉尔油田合理注水压力研究，低渗透油田提压增注机理研究以及现场提压增注试验，有效地解决了海拉尔油田低渗透断块能量补充问题，提高了储层动用，改善了注水开发效果，形成适合海塔低渗透断块油田的有效注水开发技术，为其他低渗透油田有效开发提供技术指导。

在海拉尔油田现场应用效果显著的基础上，2014 年以来，针对塔木察格油田地面系统能力不足，无法满足油田注水开发需求的矛盾，在理论依据的指导下，落实不同断块启动压力的基础上，依托地面已建设施，实施撬装提压增注，取得了较好的增注降递减效果。累计实施 47 口井，累计增注 62.5×10⁴m³，连通 121 口油井，累计增油 1.25×10⁴t。其中 T12 断块通过撬装提压，30 口水井吸水能力得到改善，平均单井注入压力提高 3.2MPa，单井日增注 40m³，吸水厚度比例增加 30 个百分点，达到 58.2%，其中 T12 断块铜钵庙Ⅱ油组断块开展 8 口井整体撬装提压注水，平均注入压力上升 1.3MPa，日注水由 231m³ 增加至 440m³，整体自然递减由撬装前的 19.8% 减缓至 10.4%，减缓了 9.4 个百分点（表 3-32）。

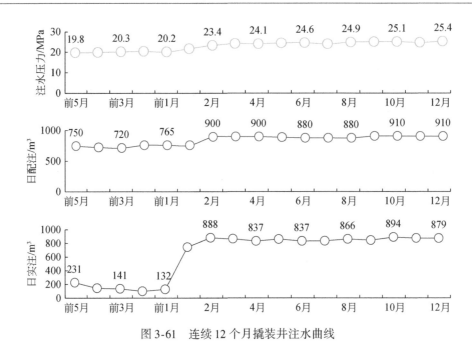

图 3-61　连续 12 个月撬装井注水曲线

**表 3-32　T12 断块铜钵庙 II 油组撬装实施前后注水情况**

| 主要开发层系 | 分类 | 井数/口 | 调整前 | | | 调整后 | | | 差值 | | |
|---|---|---|---|---|---|---|---|---|---|---|---|
| | | | 泵压/MPa | 油压/MPa | 实注/(m³/d) | 泵压/MPa | 油压/MPa | 实注/(m³/d) | 泵压/MPa | 油压/MPa | 实注/(m³/d) |
| T II | 撬装提压 | 8 | 14 | 12.9 | 231 | 15.6 | 14.2 | 440 | 1.6 | 1.3 | 209 |

4）撬装压驱试验效果

2019 年，为促进低注井区快速注水见效，在常规撬装提压增注的基础上，采用"超常规、大排量"方式，探索特低渗透储层快速补充能量方法，按照"平面整体驱，纵向细分驱，区块轮替驱"原则，开展撬装压驱注入，共实施 14 个井组，平均注入压力上升 2.4MPa，单井日注水由 17m³ 增加至 140m³，日增注 123m³。统计 2 口南屯组油层压驱井吸水剖面，吸水层数由 3 个增加至 7 个，吸水层数比例增加 36.4%，吸水状况得到明显改善。14 口井日增注 1740m³，累计增注 20.22×10⁴m³（表 3-33）。统计连通 46 口未措施井，受效井 17 口，受效比例 37.0%，日增油 25.9t，沉没度上升 22m，阶段增油 4258t。由于整体驱油井来水方向多，见效比例高达 45.2%，为主要推广方向。

## 五、特低渗透砂岩油藏的开发认识与思考

海塔油田经过了十多年来的开发实践，在特低渗透砂岩油藏的开发过程中开展了多项研究和现场实践工作（姜洪福，2018），其中也走过一些弯路，但实践过程中取得的经验和教训，给了我们很多的启示，让我们对特低渗透复杂断块油藏的地质条件和开发动态特征有了

更清醒的认识，在实践中逐渐形成了针对性的有效动用技术，也就是说已具备该类油藏开发所需的技术储备。通过对多年来所开展工作的梳理和总结，可知该类油藏开发的主要难点在于油藏地质条件复杂，开发中影响因素众多。往往越是在复杂的情况下，越是需要有一个清醒的认识，在众多不利因素中寻找到突破的方向，继而制定出科学合理的开发思路。

表 3-33　撬装压驱井组注入效果统计表

| 注入方式 | 井数/口 | 压驱厚度/m | | 压驱前 | | | 压驱后 | | | 差值 | | | 累计增注/m³ |
|---|---|---|---|---|---|---|---|---|---|---|---|---|---|
| | | 砂岩 | 有效 | 油压/MPa | 实注/(m³/d) | 注水强度/(m³/d·m) | 油压/MPa | 实注/(m³/d) | 注水强度/(m³/d·m) | 油压/MPa | 实注/(m³/d) | 注水强度/(m³/d·m) | |
| 整体驱 | 11 | 63.3 | 35.2 | 21.6 | 183 | 2.89 | 24.2 | 1313 | 20.74 | 2.6 | 1130 | 17.85 | 124562 |
| 单井点 | 3 | 40.9 | 20.8 | 19.6 | 49 | 1.20 | 21.6 | 659 | 16.11 | 2.0 | 610 | 14.91 | 77692 |
| 合计（平均） | 14 | (52.1) | (28.0) | (21.2) | 232 | 4.09 | (23.6) | 1972 | 36.85 | (2.5) | 1740 | 32.76 | 202254 |

注：括号内为平均值。

通过前述的开发矛盾分析和总结，特低渗透砂岩油藏开发的主要矛盾集中在以下三点：①断块间储层物性差异大，部署井网时无法采用统一井网井距，为开发布井带来挑战；②砂体规模小及断层切割严重，不具备形成完善注采井网条件；③随着注水开发时间的延长，注水井注入压力不断上升，注水矛盾不断加大。

为解决以上开发矛盾，需要我们首先从思想方法上有一个根本的转变，决不能按照整装油藏的开发思路进行决策，应采取迈小步的策略，边部署、边研究，然后再部署、再研究的开发策略。

在每个独立开发区块部署时应从以下几方面入手：

（1）在大面积布井前，先确定各小区块尽可能接近实际的储层物性资料。在确定井网井距前，需要在区块部署若干口首钻井，通过对首钻井开展深入地质研究，取得该区块相对翔实的地质资料，为下一步开发井网部署提供地质依据。

（2）在开发部井后需结合储层发育状况采取合适的压裂方式及压裂规模。对于裂缝较为发育的砂岩油藏应采取普射方式投产；对于裂缝不发育的低渗透储层，油井采取压裂方式投产；对于储层物性极差的储层，油水井均需采取压裂方式投产、投注；对个别采取小井距开发经济效益指标较低井区，可以采取邻井错层位大井距和大规模压裂相结合方式投入开发。

（3）在建立注水系统时，适当增大提压余地空间。考虑低渗透油田在注水开发中随着储层条件的变化，注入压力呈逐渐上升的趋势，为满足后期开发需要，需在建设地面系统时，在经济指标允许范围内适当提高系统额定压力。在开发后期对部分注入量明显下降井区，应用注水指示曲线法，确定合理注水压力界限，对具备提压潜力井实施提压增注。

（4）在开发部井后随着地质认识的深入，应逐步开展注采系统调整，完善注采关系。随着开发进程的不断深入，对各区块逐步开展精细地质研究，依据研究成果逐步开展注采系统调整，对因砂体展部及断层走向变化而引起注采不完善井区，应用"补钻、转注"等手段完善注采系统，提高水驱控制程度。

从实际开发效果来看，海拉尔特低渗透油田的开发并未达到高效开发的水平，但通过几代人的不断努力和探索，正在向有效开发的方向前进。鉴于特低渗透油藏在该盆地地质储量比重较大，相信在不远的将来，随着特低渗透油藏的产能规模日益扩大，特低渗透油藏的开发必将成为海塔油田乃至中国石油工业产能贡献的主力军，以满足国民经济对石油资源的需要（阎庆来等，1990）。

# 第三节　变质岩裂缝性潜山油藏

## 一、裂缝性潜山油藏地质特征

海塔油田主要分苏仁诺尔、呼和诺仁、苏德尔特、乌尔逊、贝尔、塔南、南贝尔七个油田，除苏仁诺尔油田和南贝尔油田未钻遇潜山油层，其他油田潜山油藏均见到油气显示，但由于潜山油藏埋深较深，且大部分区块裂缝发育程度均较差，油藏品质较差，目前仅在苏德尔特油田实现了规模有效开发。布达特群油层埋藏深度为 1682~2681m，地层原油黏度为 2.90mPa·s，储层空气渗透率为 $0.63 \times 10^{-3} \mu m^2$，孔隙度为 4.37%（表 3-34），属于潜山裂缝性特低孔、特低渗及致密油藏。已开发 9 个单元（图 3-62）。动用含油面积 25.36km²，地质储量 2102.02×10⁴t。

表 3-34　苏德尔特油田布达特群油层已开发单元地质参数表

| 序号 | 开发单元 | 层位 | 油层深度/m | 含油面积/km² | 地质储量/10⁴t | 有效厚度/m | 孔隙度/% | 空气渗透率/10⁻³μm² | 地层原油黏度/(mPa·s) |
|---|---|---|---|---|---|---|---|---|---|
| 1 | B12 | BⅠ-Ⅲ | 1682-2146 | 1.79 | 254.55 | 73.2 | 3.73 | 0.25 | 2.86 |
| 2 | B14 | BⅠ-Ⅲ | 1708~2310 | 5.43 | 414.57 | 39.3 | 0.68 | 0.46 | 2.96 |
| 3 | B15 | BⅠ-Ⅱ | 2181~2282 | 1.34 | 55.76 | 18.0 | 6.70 | 0.35 | 2.49 |
| 4 | B16 | BⅠ-Ⅲ | 1761~2062 | 2.00 | 216.58 | 43.4 | 6.10 | 2.76 | 4.68 |
| 5 | B28 | BⅠ-Ⅱ | 1772~2224 | 6.20 | 593.21 | 46.8 | 5.60 | 0.38 | 2.96 |
| 6 | B30 | BⅠ-Ⅱ | 2081~2339 | 1.26 | 83.60 | 28.7 | 3.70 | 0.31 | 2.49 |
| 7 | B38 | BⅠ-Ⅲ | 2441~2681 | 6.94 | 352.77 | 29.2 | 5.30 | 0.29 | 2.46 |
| 8 | 零散井 | BⅠ-Ⅱ | 2004~2150 | 0.40 | 16.47 | 20.1 | 3.20 | 0.25 | 2.26 |
| 合计（平均） | | BⅠ-Ⅲ | 1682~2681 | 25.36 | 1987.51 | (37.3) | (4.37) | (0.63) | (2.90) |

注：括号内为平均值。

### 1. 构造特征

苏德尔特构造带布达特群油层顶面构造为沿 B10、B12、B14、B20、B16 井一线北东向延伸的较为完整的隆起构造，受基底控制，为继承性构造，在隆起带的边缘发育着继承性的深大断裂，该区具有南北分带、东西分块的特点。根据断裂平面走向、剖面发育特征，

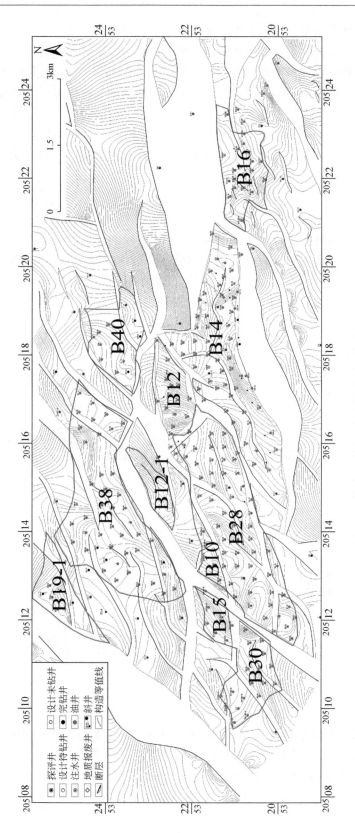

图3-62 苏德尔特油田布达特群顶面构造井位图

可进一步划分为北部断裂带、中东部潜山主体断裂带、南部断裂带。中西部地区断裂数量多、走向多变，组合形式复杂，形成多个断块构造群，东部发育大型潜山断裂，控制了苏德尔特构造带主体构造格局，B14、B16 断块就是受其影响形成的；南部地区发育南倾正断层，形成垒堑相间的地质结构。以苏北断裂带为界，苏德尔特构造可以划分为上升盘潜山带和下降盘断阶带，潜山带内部发育一系列次级断层，对潜山进一步切割，自西向东形成 B15-B30 井断块、B28 断垒、B14 断块、B16 断块等构造，系列构造沿构造断裂带走向分布；下降盘断阶带由西向东发育了 B19 断鼻构造、B40 背斜构造，同时受一系列相互平行的反向正断层切割，形成大小不等的多个断块构造。

## 2. 储层特征

苏德尔特油田布达特群油层岩性主要为具有轻微变质的碎屑岩岩系和火山岩岩系，储层储集空间类型以裂缝为主，具有较强的非均质性。布达特群储层岩石类型包括火山岩、火山碎屑岩和陆源碎屑岩三大类。储集空间类型是以裂缝为主，与裂缝有关的孔（洞）为次，构成孔（洞）-裂缝储渗系统。其中，B16 断块为孔隙（洞）裂缝型储层，B12、B14断块为孔隙-裂缝型储层，其他断块为微裂缝-孔隙型储层（图 3-63）。

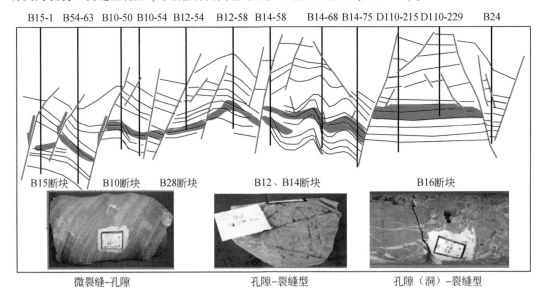

图 3-63　苏德尔特油田古潜山油藏连井剖面图

## 3. 油藏类型

### 1）流体性质

布达特群油层地面原油密度为 0.8109 ~ 0.8649g/cm³，平均为 0.8409g/cm³，原油黏度为 3.6 ~ 19.8mPa·s，平均为 8.9mPa·s，凝固点平均为 27.3℃，含胶量平均为 14.1%，含蜡量平均为 18.1%，属于常规轻质原油。

地层原油密度平均为 0.746g/cm³，地层原油黏度平均为 2.75mPa·s，体积系数平均为 1.1584，原始气油比平均为 37.2g/cm³，原始饱和压力平均为 6.41MPa。

地层水总矿化度平均为 4742.42mg/L，氯离子含量平均为 658.9mg/L，pH 平均为 7.48，水型为 NaHCO₃ 型。

2）油水分布及油藏类型

苏德尔特构造带布达特群潜山油气藏发育于中部断垒带中 9 个断块内。油藏分布于各断块断层上升盘的断鼻、背斜、断块高部位。依据测井、试油及生产信息研究，布达特群整个潜山油藏无统一油水界面，但在同一含油断块单元内部具有相对统一的油水界面。B16 开发单元油水界面深度为海拔–1360m；B14 开发单元油水界面深度为海拔–1466m；B12 和 B28 开发单元油水界面深度为海拔–1440m；B38 开发单元油水界面深度为海拔–2080m。

布达特群潜山油藏油水分布具有明显的东、西差异。东部 B12、B14、B16、B28 含油开发单元油水界面深度尽管有一定差异，但基本接近；而西部潜山油藏除主体部位具有一个统一油水界面外，在油藏内部及边缘，还存在高于统一油水界面的若干局部性油水界面，即 B38 井区及 B30 井开发单元出现多个片状局部油水界面。

在苏德尔特断裂潜山构造带上，布达特群浅变质砂泥岩潜山和兴安岭群砂砾岩地层不整合风化壳十分发育，成为布达特群潜山裂缝–孔洞双重介质储集层和兴安岭群次生孔隙发育的砂砾岩储集层，加之贝西凹陷带和贝中凹陷带两大油源区通过控制形成潜山的深大断裂和自身作为两大疏导层提供油源，在断层复杂化的潜山圈闭和兴安岭群披覆构造圈闭中聚集成藏，形成断块潜山油气聚集带。可以具体地分为块状潜山、网络状潜山和裂缝发育差潜山。

## 二、裂缝性油藏的开发历程及主要开发特征

由于潜山油藏在大庆油田开发尚属首例，没有成熟的开发经验；另外，与国内外潜山油藏相比（柏松章和唐飞，1997；王华芳和曲中英，1997；揭克常，1997），苏德尔特群油田潜山油藏裂缝发育程度明显要差得多，且裂缝充填程度较高，单井产量明显偏低。如国内开发效果相对较好的华北油田，单井日产量最高达到 2000t，平均达到 400t，而海拉尔油田底水能量较强的 B16 区块溶洞型潜山油藏产量相对较高，但初期平均单井产量也仅为 47t，明显低于国内其他油田潜山油藏；B12 等区块溶洞不发育，主要发育裂缝，裂缝发育程度较差，边底水能量较弱，油井产量明显偏低，平均单井产量仅为 3.0t。

针对海拉尔油田潜山油藏的自身特点，参考国内外类似油田开发经验，海拉尔油田潜山油藏主要经历了衰竭式开发、注水开发和开发调整三个阶段，其中衰竭式开发阶段油井产量迅速下降，注水开发阶段油井含水率快速上升，开发调整阶段含水率上升速度得到控制，但整体调整效果较差。总之，海拉尔油田潜山油藏表现出与国内外潜山油藏类似的开发特征，整体开发效果较差。

### 1. 裂缝性油藏的开发历程

苏德尔特油田为裂缝性变质岩潜山油藏（肖淑蓉和张跃明，2000）。变质岩是一种超

低孔隙储层，一般孔隙度仅在3%~4%，孔隙度的大小不能反映储层的性质。正是由于这种特点，储层发育完全依赖于溶洞、裂缝的发育程度。与国内外裂缝潜山油藏相比（尹志军等，2001），苏德尔特油田潜山油藏规模小，产量低，裂缝系统发育相对较差，且在会战"勘探开发一体化""当年钻井、当年基建、当年投产"，时间紧，产量任务重的背景下，地质研究长期跟不上开发节奏，为尽可能地减少对油藏系统的破坏，因此采取了"局部试验，整体开发，边开发、边研究"的思路进行开发。

鉴于国内外裂缝性油藏注水开发后快速水淹的特点，综合多方面因素考虑，在较长一段时间内，采取衰竭式开发，后由于产量的降低，裂缝识别方法的进一步完善，油藏认识不断加深，在注水先导试验的基础上，逐步采取注水开发。油田注水开发后，呈现与国内裂缝性油藏类似的特点，即油井快速水淹，调整效果较差。

1）衰竭式开发阶段

海拉尔油田潜山油藏从2004年开始陆续投入开发，2006年在B12区块开辟注水开发试验区。在衰竭式开发阶段，B16区块溶洞型块状底水油藏由于产量高，地层能量充足，主要通过控制采油减缓水锥速度，尽量增加无水采油期产量；其他裂缝性潜山油藏由于裂缝发育程度较差，地层能量下降较快，油井产量递减幅度较大，在注水开发前，递减幅度平均达到83.4%。

2）注水开发阶段

国内其他裂缝性潜山油藏开发实践表明，注水开发后注入水容易沿着裂缝突进形成窜流，从而导致油井含水率快速上升，因此，为了充分发挥重力作用，减缓含水率上升速度，提高最终采收率，B12注水开发试验区在开发初期采取边底部，大高差，低配注、低注采比的温和注水方式开发。

该区块注水开发两年，油井未见到明显的注水效果，由于其他区块衰竭式开发产量递减幅度极大，为尽快得出试验结果，先后经过8次注水方案上调，单井日配注水量由初期的10m³上调至70m³，注采比由初期的0.8上调至5.4，又注水2年仍未见到明显的注水效果。2010年开展了注水方式调整，通过水井补孔及恢复高部位停注层等方法，将注水方式由边底部注水调整为边部同层注水，注采高差由初期的157m缩小至53m，油井1年后见到注水效果。

此后，主要发育裂缝、边底水能量较弱的B14等区块按照边部同层注水的方式陆续注水开发，注水半年左右油井见到效果；溶洞比较发育，边底水能量较强的B16区块依旧采取边底部温和注水开发，但由于该区块底水能量较强，水体较大，地层压力虽然下降较快，但油井产液能力一直较强，且含水率上升速度快。采出水矿化度分析表明为地层水，即注水4年，油井未见到注水效果，含水率上升主要是由于地层水锥进导致，为控制无效注水，减缓含水率上升速度，在控制油井生产参数的同时，于2014年全面停注注水井，目前依靠天然能量开发。

3）开发调整阶段

注水受效后体现出与其他类似油田相同的开发特征，即油井受效方向性强，受效后含水率上升速度快。由于非均质性强，不同类型的油井受效时间、受效幅度以及含水率上升速度不同，这阶段主要针对不同区块、不同井组采取针对性的调整措施，主要有以下几种做法。

（1）对位于构造高部位、裂缝发育程度相对较差，累积注采比大于 2.0，注水受效差井或不受效井实施压裂引效。共实施 8 口井，平均单井初期日增液 4.5t，日增油 3.2t，含水率上升 12 个百分点，累积增油 1248t。

（2）对于构造低部位或裂缝较为发育方向上受效速度、含水率上升过快的油井，主要通过控制连通水井注水量来减缓含水率上升速度。共实施注水方案下调 25 井次，平均单井日注水量下调 15m³，统计周围 64 口油井，平均日降液 187t，日增油 31t，含水率下降 8.7 个百分点。

（3）对部分由于控制注水导致整个井组产液量、产油量和含水率大幅下降的井组，主要通过周期注水或高含水率方向油井关井的方法来保证井组的产油量。

（4）对底水能量强、采油速度高、水锥速度快的溶洞型潜山油藏主要通过调小生产参数、缩小井距开发、停注注水井等调整手段，控制含水率上升速度，提高最终采收率。

2. 裂缝性油藏开发特征

1）裂缝性潜山油藏衰竭式开采特征

裂缝较发育的 B12、B14 开发单元开发较好，属于网络状潜山类型；而裂缝发育差的 B28 西部、B15、B30、B38 等开发单元开发效果差，属于裂缝发育较差的潜山类型，即裂缝越发育开发单元开发效果越好。

对于一般裂缝性油藏，由于裂缝系统和基质系统在储集和渗流能力上的差异，裂缝和孔洞及其分布严重的非均质性，表现为典型的双重孔隙介质特征：油井产量平面上差异大，自喷井周围较短距离内很可能就出现低产井；油井初期产量较高，但是递减较快，部分井甚至在半年内就低产关井。

（1）裂缝性油藏渗流动态及油井产量变化规律。苏德尔特油田潜山油藏不同于其他双重孔隙介质裂缝性油藏，虽然试井曲线和部分开发井表现为双重孔隙特征，但大量的取心表明苏德尔特油田潜山油藏基质孔隙度、渗透率均极低，在油井生产过程中几乎不参与贡献，因此我们更多地认为，由于不同缝宽的裂缝簇系统在不同开发阶段对油井产量的贡献程度不同，形成了类似双重介质油藏的特征。正因为如此，苏德尔特油田潜山油藏在衰竭式开发阶段体现出比类似油田更为突出的矛盾：油井产量递减速度更快、幅度更大，稳产期更短，大部分井甚至没有明显的稳产期。

按照不同缝宽裂缝簇系统在不同阶段的贡献程度来分析油井产量变化过程，大致可以分为三个阶段：第一阶段，缝宽比较大的裂缝或溶洞系统中原油首先流入井筒，我们认为该阶段流体可能不遵循渗流特征，体现为线性流或管流特征；此时，微小裂缝中原油基本保持原始状态，未发生流动。因此，该阶段油井的产量比较高，但产量递减速度快，幅度大。大量的现场生产实际表明，该阶段仅有 3~5 个月左右，产量递减幅度达到 70% 以上。第二阶段，当油井生产一段时间后，缝宽比较大的裂缝中流体大量减少，压力急剧下降，这时不同缝宽簇系统之间形成压差，使微小缝中流体发生流动，该阶段遵循渗流特征，油井产量大部分来自微小缝，因此，该阶段油井递减幅度明显减缓。第三阶段，当不同缝宽的裂缝簇系统压力达到动态平衡后，油井基本已经沦为低产低效井，大量的现场生产实践表明，在裂缝发育程度较差的区块，油井生产两年不到就低产关井，部分井甚至生产半年不到就低产关井。

（2）油井初期产量高，采油速度快。由于苏德尔特油田基质孔隙度、渗透性极差，基质基本不参与贡献，油井的生产能力几乎完全取决于溶洞、裂缝发育情况，即裂缝越发育，缝宽越大，油井产油量越高。

如苏德尔特油田 B16 区块潜山油藏，溶洞裂缝极为发育。B16-B2 井取心表明，该井溶洞、裂缝均较发育，成像测井显示大量暗色正旋曲线及大面积的暗色图像，常规测井微球聚焦电阻率发生剧烈波动，与双侧向电阻率形成大幅度的负异常。各种信息表明，该区块自上而下，溶洞、裂缝整体较为发育，且地层水较为发育，为典型的块状底水溶洞-裂缝性潜山油藏。

该区块有 2 口试油井，均自喷。其中，D216 井试油 82.1t/d，D227 井试油 170t/d。该区块投产初期共有油井 8 口，平均单井日产油量达 47.2t，生产能力较强。区块自 2005 年全面投入开发后，采油速度连续 8 年在 2.0% 以上，其中 2007 年达到最高峰，为 3.63%。

（3）油井产量递减速度快，递减幅度大。苏德尔特油田于 2004 年陆续投入开发，2006 年全面开发，B12 区块为注水开发先导试验区，B16 区块为溶洞型底水潜山油藏。其他区块开发初期主要依靠地层自身能量采取衰竭式开发，生产两年后，总递减幅度为 73.1%，平均月递减幅度高达 7.1%。其中，裂缝发育程度极差的 B15、B30 区块投产初期产量仅为 1.1t，生产 6 个月产量递减高达 90.9%，单井日产仅有 0.1t（表 3-35）。

表 3-35　B28 布达特群产量递减幅度统计表

| 区块 | 投产时间 | 井数/口 | 射开厚度/m | | 投产初期 | | 水井投注前 | | 产量递减幅度/% | |
|---|---|---|---|---|---|---|---|---|---|---|
| | | | 砂岩 | 有效 | 产油 /(t/d) | 流压 /MPa | 产油 /(t/d) | 流压 /MPa | 月 | 总 |
| B14 | 2005 年 6 月 | 10 | 20.6 | 15.4 | 13.1 | 12.70 | 4.8 | 4.49 | 2.5 | 63.4 |
| | 2005 年 12 月 | 15 | 23.6 | 20.4 | 5.7 | 9.06 | 2.0 | 3.56 | 3.4 | 64.9 |
| | 2006 年 5 月 | 8 | 35.5 | 28.1 | 6.5 | 2.75 | 0.7 | 无波 | 6.4 | 89.2 |
| | 2006 年 10 月 | 11 | 21.8 | 15.8 | 5.4 | 5.23 | 2.0 | 2.06 | 7.0 | 63.0 |
| B28 | 2006 年 5 月 | 12 | 41.4 | 33.1 | 6.0 | 8.29 | 1.1 | 无波 | 5.8 | 81.7 |
| | 2006 年 12 月 | 35 | 29.0 | 23.7 | 2.8 | 3.40 | 0.8 | 无波 | 10.2 | 71.4 |
| B15、B30 | 2006 年 12 月 | 19 | 30.3 | 28.9 | 1.1 | 1.74 | 0.1 | 无波 | 13.0 | 90.9 |
| B38 | 2006 年 12 月 | 7 | 35.3 | 34.3 | 7.0 | 11.09 | 2.8 | 无波 | 8.6 | 60.0 |
| 小计（平均） | | 117 | (29.7) | (25.0) | (6.0) | (6.8) | (1.8) | | (7.1) | (73.1) |

注：括号内为平均值。

地层压力由 2005 年上半年的 15.7MPa 下降到 2007 年上半年的 4.5MPa，两年下降了 11.2MPa。

从单井产量动态变化情况看，除裂缝发育程度较好的 B14 区块中部构造相对较高的部分井和溶洞较为发育的 B16 区块生产状况相对稳定，表现出有一定边底水能量外，其余大部分井产量下降明显，有的井生产几个月就停产，多数井以指数方式递减，少部分裂缝发育极差井以直线方式递减（图3-64，图3-65）。

（4）裂缝性油藏非均质性严重，井间产量差异大（图3-66）。裂缝性潜山油藏在平面上非均质性非常严重，孔洞和裂缝在平面上、纵向上差异极大，具体体现为油井在平面上、纵向上小层上产油量的差异。形成溶洞、裂缝发育差异的主要原因如下。

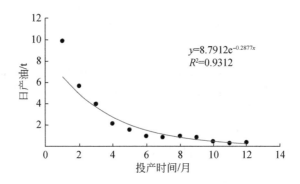

$$y=8.7912e^{-0.2877x}$$
$$R^2=0.9312$$

图 3-64　BB57-54 井产量递减曲线

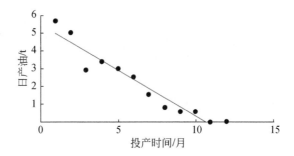

图 3-65　BB57-56 井产量递减曲线

图 3-66　苏德尔特油田潜山油藏油井初期产量柱状图（图中红色柱子为油柱，蓝色柱子为水柱）

一是构造部位的不同导致溶洞、裂缝的发育程度不同。构造高部位长期出露地表,风化淋滤作用较强,因此缝洞较为发育,随着构造位置的降低,发育程度逐渐变差;另外,缝洞发育程度在纵向上差异也很大,随着深度的加深,风化、淋滤作用逐渐变弱,缝洞发育程度变差。统计表明,苏德尔特油田油层段主要分布在顶面以下 0~100m 范围内。需要补充说明一点,并不是缝洞越发育油井产量就越高,油井的产量主要与有效缝洞有关。构造高部位缝洞发育程度好,但充填程度也高,统计 171 条岩心裂缝,充填裂缝占 85.8%。无效缝洞在常规电测曲线上比较容易区分,主要表现为相对的低电阻、低伽马、自然电位无明显异常。统计表明,顶面以下 0~20m 裂缝充填程度较严重。

二是距离断层位置的不同导致裂缝发育程度不同。断层活动越剧烈,裂缝发育程度越好;距断层位置越近,裂缝发育程度越好。反之,断层活动越弱,裂缝发育程度越差;距断层越远,裂缝发育程度越差。

平面和纵向上缝洞发育程度存在差异,尤其平面上的差异导致油井产量差异较大。实践表明,各个区块中高产井和低产井同时存在,在高产区块中有低产井,低产区块中也有高产井,高低产井交互共存,且油井产能悬殊。

如 B38 区块,该区块构造最高部位的油井 B38-1 投产自喷,日产油 60.4t,然而仅仅一个井距外的 B38-B64-33 投产后日产油量仅为 5.0t;B16 区块 D112-227 井投产后日产油 74.0t,一个井距外的德 112-232 日产油仅为 4.8t,生产半年后转间抽。

另外,如 B28 低产区块共有油井 46 口,其中日产油大于 10t 共 4 口,日产油 50t,占总井数的 8.7%,总产量的 32.3%;日产油 3~10t 共 16 口,日产油 74t,占总井数的 34.8%,总产量的 49.9%;日产油小于 1.0t 共 19 口,日产油 13t,占总井数的 41.3%,总产量的 8.7%。由此可见,裂缝性潜山油藏非均质性之强。

2)溶洞性块状潜山油藏衰竭式开采特征

据胜利桩西油田潜山油藏开发实践,油井见水后含水率上升快,见水后累计产油仅占最终采油量的 10% 左右。因此,延缓油井见水时间,对潜山油藏有效开发至关重要。实践表明,无水采油期和无水采油量主要与避射高度有关,避射高度越大,无水采油期越长,无水采油量越高。如辽河欢喜岭油田变质岩潜山油藏,欢 14-8 井避射高度为 135.8m,无水采油期达 50 个月,无水采油量 20366t;而欢 612C2 井避射高度为 7.26m,无水采油期仅为 5.5 个月,无水采油量 5503t。B16 断块开发试验井也呈现上述特点(表 3-36)。

表 3-36　B16 块状潜山油藏避射高度与无水采油期统计表

| 断块 | 井号 | 射开有效/m | | 无水采油期/d | 无水采油量/t | 避射高度/m | 水锥上升速度/(m/d) |
|---|---|---|---|---|---|---|---|
| | | 一类 | 二类 | | | | |
| 南部 | 德110-216 | 14.6 | | 39 | 1285 | -113.0 | |
| | B16-B2 | 31.0 | 5.0 | 490 | 12212 | 35.0 | 0.07 |
| | 德112-227 | 16.7 | | 1265 | 74054 | 155.0 | |
| | 德110-223 | 24.0 | 10.8 | 788 | 31158 | 189.0 | |
| 北部西 | B16-B5 | 0.0 | 22.0 | 286 | 10308 | 82.0 | 0.66 |
| | B16-B4 | 39.6 | | | | -96.8 | |

3）裂缝性潜山油藏注水开发特征

（1）注入水沿裂缝窜流，油井暴性水淹，含水率上升快。不同于常规砂岩油藏，裂缝性油藏具有导流能力强的特点，注入水容易沿着裂缝快速推进，导致油井含水率上升速度过快，甚至出现暴性水淹。如 B57-68 井，该井注水 5 个月后见到明显的注水效果，产液量、产油量在 4 个月内达到高峰，分别由受效前的 3.6t/d、3.3t/d 增加到 44.0t/d、41.3t/d，与受效前相比，日产液量增加 12.2 倍。但是，该井受效后很快就表现出含水率快速上升的特点，即使在受效初期含水率一有上升趋势的时候就进行了注水井注水量控制，但仍无法控制含水率上升速度，仅 22 个月，油井含水率就达到 95%（图 3-67）。

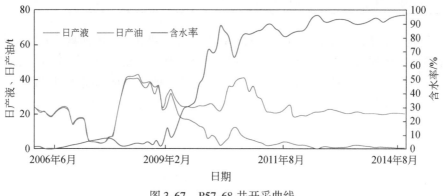

图 3-67　B57-68 井开采曲线

（2）油井注水见效及水淹特征的方向性明显。裂缝性潜山油藏，注水开发后注入水容易沿着裂缝方向窜流，从而导致裂缝发育程度较好方向或井段快速受效，受效幅度大，含水率上升速度快。另外，在裂缝发育程度相当的情况下，受重力影响，注采高差决定了油井的受效速度和幅度。一般来说，注采高差越大，油井受效越慢，受效幅度较低，但含水率上升速度较慢，稳产期长，最终采收率高；相反，注采高差越小，受效越快，受效幅度大，但含水率上升速度快，稳产期短，最终采收率低。正因为如此，国内外裂缝性潜山油藏主要采取边底部注水方式开发，充分发挥注入水的重力作用。由于苏德尔特油田潜山油藏顶面构造倾角较大，为减缓高部位油井产量递减，在注水方式上主要采取边底部注水＋内部底部点状注水。

（3）水井吸水能力主要取决于裂缝发育程度。潜山油藏非均质性极强，不同区块甚至同一区块的不同部位裂缝发育程度差异都很大，因此也直接反映吸水能力的差异。其中，缝洞比较发育的 B16 区块注入压力低，吸水能力较强。该区块共有 4 口井，平均单井注入压力 12.5MPa，日注水量 83m³；而裂缝发育程度较差的 B15、B30 区块共有注水井 4 口，均顶破裂压力不吸水，其中 2 口井压裂后仍无法实现有效注入。而裂缝发育程度相对较好的 B12、B14、B28 区块注水井吸水能力差异也较大，同一区块内，既有吸水能力强的注水井，也有吸水能力差的井，部分位于区块边部裂缝发育程度较差的注水井无法实现有效注入（表 3-37）。

表 3-37　苏德尔特油田注水井吸水能力统计表

| 类型 | 区块 | 注水井数/口 | 油压/MPa | 注水量/(m³/d) | 注水量分级/口 | | | |
|------|------|------------|----------|---------------|----------|------------|----------|--------|
| | | | | | >50m³ | 20～50m³ | 0～20m³ | 不吸水 |
| 缝洞型 | B16 | 7 | 12.5 | 83 | 3 | 2 | 2 | |
| 裂缝性 | B12 | 6 | 16.5 | 31 | 1 | 2 | 3 | |
| | B14 | 17 | 15.8 | 20 | 2 | 1 | 9 | |
| | B28 | 11 | 19.2 | 24 | 1 | 4 | 6 | |
| | B15、B30 | 4 | 20.5 | 3 | | | | 4 |
| | B38 | 12 | 23.0 | 7 | | 1 | 8 | 3 |

（4）裂缝性油藏注水指示曲线存在明显拐点。对于裂缝性潜山油藏，通过注水指示曲线可以比较准确地判断裂缝开启压力或者地层破裂压力。一般来说，注水量与注水压力呈线性关系，当注水量上升速度明显高于压力上升速度，即注水指示曲线明显偏向于水量轴时，则说明地层破裂（图 3-68，图 3-69），而拐点处的压力一般认为是地层的破裂压力。

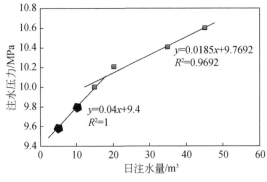

图 3-68　B58-51 井注水指示曲线

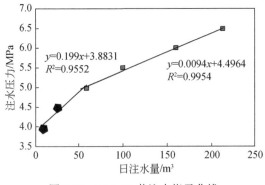

图 3-69　B16-B4 井注水指示曲线

需要说明的是，注水指示曲线出现拐点也可能是原闭合裂缝重新开启，这种情况下，可以借助吸水剖面进行综合判断。如在拐点压力以下注水稳定后和拐点压力以上注水稳定后各测一次吸水剖面,通过对比是否出现新吸水层位来判断拐点是否为破裂压力点。如果拐点压力以上剖面显示吸水层位没有发生变化,而某一个或几个层位吸水量、吸水比例大幅增加,那么则可以初步判断地层发生破裂;如果出现新层位吸水,那么则可能是由于地层压力下降部分原先闭合的裂缝重新开启。

另外,可以通过与压裂投产井压裂时的地层实际破裂压力进行对比,如果拐点压力远低于压裂时破裂压力,拐点处压力则可能是由新层开启导致的。当然,这两种对比方法都不是绝对的,需要根据不同油田、不同区块的地质特点和开发实际进行综合判断。

由于苏德尔特油田潜山油藏部分区块裂缝发育程度较差,部分层段具有启动压力梯度。在实际开发过程中,应尽可能地提高注水压力,最大限度地增加驱动力,保证原来地层中的微小裂缝张开并有较小的延伸,形成新的微小裂缝,提高油层吸水能力;但必须将注水压力控制在破裂压力附近,否则长时间的超破裂压力注水容易导致裂缝持续延长,油水井直接沟通,严重时甚至可能导致油水井套损。

(5)裂缝性油藏注水效果评价。苏德尔特油田裂缝性潜山油藏自2004年投入开发,2006年陆续注水开发,至目前,已开发生产十年,从开发效果来看,B16区块溶洞型块状底水潜山油藏开发效果较好,裂缝性潜山油藏开发效果较差。

溶洞型潜山油藏:布达特群B16区块位于苏德尔特构造带东部,为局部潜山的高点,区块主要发育溶洞,底水面积较大,能量较强,油井产量较高。该区块于2004年陆续投入开发,2005年全部投入开发,动用含油面积2.0km²,地质储量211.00×10⁴t。开发初期采取大井距开发,井距在500~800m,共投产油井7口,投产初期平均单井日产油34t,采油速度2.64%,开采4年,油井产量基本保持稳定,但地层压力下降较快,流压由初期的14.28MPa下降至3.28MPa。

由于水锥速度快,为减缓水锥速度,控制油井含水率上升,2008年通过缩小井距,减缓平面水锥速度不均,同时采取温和注水开发,陆续投产油井10口,投注注水井7口,经过5年注水开发,发现油井非但未见到注水效果,反而加快了水锥速度,因此于2013年注水井全部停注,依靠地层水能量自然开采。截至2014年底,累计产油45.21×10⁴t,采出程度21.4%,综合含水率89.4%。目前,该油田综合含水率已达到92%,已经进入开发中后期。与国内潜山油藏相比,开发效果处于中上水平(图3-70)。

裂缝性潜山油藏:裂缝性潜山油藏主要包括B14、B28、B30、B38等5个区块,构造位置逐渐变低,裂缝发育程度逐渐变差,在区块边部发育一定地层水,没有统一的油水界面,边水能量较弱。在构造高部位或靠近断层附近油井具有一定产量,整体产量较低,多为低产低效井。

该区块于2004年陆续投入开发,2008年全部投入开发,2010年全面注水开发,动用含油面积27.39km²,地质储量2111×10⁴t。采取顶密边疏三角形井网,高部位350m,边部为200~250m。共投产油井176口,由于裂缝发育程度较差,投产初期平均单井日产油仅为3.3t,采油速度仅为0.36%,效果较差。由于投产后,油井产量偏低,且递减较大,大部分井生产3个月产量递减幅度就达70%以上,裂缝发育程度极差的B15、B30区块大部分井生产半年左右即低产关井。

为减缓产量递减幅度,根据先导试验成果,2010年按照边底部同层注水方式全面注水

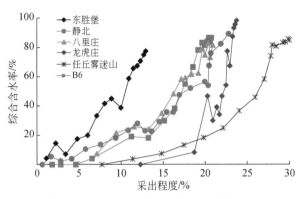

图 3-70　缝洞型性潜山油藏开发效果对比

开发，注水后暴露出含水率上升速度快的矛盾。其中，裂缝发育差井区油井低产，水井注入困难，大部分井无法实现有效注水开发，目前均处于关井状态，无开采利用价值；在裂缝发育程度相对好的井区，油井受效明显，受效幅度在 2 倍以上，但含水率上升速度较快，油井见水后一年左右即高含水率。通过周期注水，初期效果较好，但逐渐变差，目前正在开展异步注采试验，即油井开采阶段，注水井停注，注水井注水阶段，油井关井（表3-38）。

表 3-38　裂缝性潜山油藏周期注水效果统计

| 调整类型 | 调整井组/个 | 调整井次/口 | 油井数/口 | 调整前 | | | 见效后 | | | 差值 | | |
|---|---|---|---|---|---|---|---|---|---|---|---|---|
| | | | | 产液/(t/d) | 产油/(t/d) | 含水率/% | 产液/(t/d) | 产油/(t/d) | 含水率/% | 产液/(t/d) | 产油/(t/d) | 含水率/% |
| 间歇注水 | 9 | 13 | 15 | 38.3 | 10.2 | 73.5 | 34 | 22.7 | 33.1 | -4.3 | 12.5 | -40.4 |
| 异步注采 | 3 | 3 | 6 | 8.6 | 0 | 100 | 试验关井阶段 | | | | | |

　　注水开发过程中，油井表现出来的特征和效果也千差万别。有些井受效后产量有较大的增幅，含水率上升速度不是很快；有些井受效后含水率上升速度特别快，更有一部分井根本就未见到注水效果，直接暴性水淹。统计表明，注水开发效果较好的井共有 12 口，占总井数的 6.8%；注水开发效果较差的井有 64 口，占总井数的 36.4%，剩余井由于裂缝发育程度较差，水井注入困难，低产低效，没有利用价值。

　　由于潜山油藏非均质性极强，方案设计时各种参数设计可能与地下实际情况出入较大。因此，为了比较客观地评价注水开发效果，我们以开发井生产资料为基础，进行反复优选、论证，最终在油田条件相似、裂缝发育程度较好、开发实践较长的 B12 区块优选 6 口可对比井进行效果对比，结果表明：依靠自然能量开采井区的油井产量虽然一直处于递减状态，但累计产油明显要高于注水开发井区。相反，注水开发井区油井在注水受效后，产量有一定上升，但很快水淹，累计产油量明显低于弹性开采井区（表3-39）。

表3-39　类似油井注水开发效果与弹性开采效果对比

| 类型 | 井号 | 压投初期 | | | 2014年12月 | | | 累计产油 /t |
|---|---|---|---|---|---|---|---|---|
| | | 产液 /(t/d) | 产油 /(t/d) | 含水率 /% | 产液 /(t/d) | 产油 /(t/d) | 含水率 /% | |
| 弹性开采 | BXB57-59 | 6.6 | 6.2 | 0.4 | 2.4 | 2.3 | 3.1 | 10581 |
| | BB55-57 | 3.5 | 3.3 | 4.8 | 2.4 | 1.9 | 20.1 | 5085 |
| | BB54-55 | 3.0 | 2.9 | 4.3 | 2.4 | 1.7 | 30.5 | 7806 |
| | 平均 | 4.4 | 4.1 | 5.3 | 2.4 | 2.0 | 18.1 | 7824 |
| 注水开发 | BB51-56 | 4.1 | 4.0 | 3.6 | 3.1 | 0 | 100.0 | 5919 |
| | BB53-58 | 5.1 | 4.4 | 13.0 | 5.1 | 0 | 100.0 | 3222 |
| | BB55-62 | 8.1 | 8.1 | 0.2 | 4.2 | 0 | 100.0 | 7592 |
| | 平均 | 5.5 | 5.5 | 4.6 | 4.1 | 0 | 100.0 | 5578 |
| 弹性区与注水区差值 | | -1.4 | -1.4 | 0.7 | -1.7 | 2 | -82 | 2246 |

海拉尔裂缝性潜山油藏176口油井中78口井低产关井,占总井数的44.3%;日产油小于0.5t的低产井40口,占总井数的22.7%;注入水高含水率井28口,占总井数的15.6%;高部位无注采关系井30口,占总井数的17.0%。目前整个区块日产油量仅为60t左右,与开发初期相比,递减幅度达75%以上,恢复高含水率关井后综合含水率在80%以上,采油速度仅为0.15,采出程度仅为5.13%,油田已经进入开发中后期,同国内其他裂缝性潜山油藏类似,开发效果极差。

综合分析,海拉尔油田潜山油藏注水开发效果较差,主要是由于裂缝发育程度较差,且基质基本不参与产油贡献,注入水进入裂缝后,沿着主要裂缝形成快速通道,从而导致油井含水率快速上升。采取周期注水后,微小缝中部分原油被置换出来,但由于微小缝中原油储量有限,且裂缝连通状况较差,大多以残留油方式存在,难以有效流通,而基质孔渗极差,也难以和裂缝中注入水发生置换,从而不仅导致周期注水效果较差,而且还会将部分有效缝中的原油"锁死",最终表现为注水开发效果甚至不如弹性开采。

# 三、裂缝性油藏开发技术

## 1. 裂缝性油藏的开发方式确定

### 1)能量分析

正确分析和认识油藏天然能量及其相应的驱动方式是油田开发部署决策的重要问题,因为只有这样,才能处理好油田开发的动力条件。

(1)地层压力变化。本区测压点较少,仅有两口井测压,静压采用解释的平均压力值,两口井分别为11.8MPa和10.6MPa。将有限几个测压点整理后看出,地层压力随开采时间的增加快速下降,累计生产不到1年,油藏地层压力由17.3MPa下降到10.6MPa,平均月压降0.84MPa,单位压降产量仅959.7t/MPa,表明地层能量不足。

（2）天然能量评价。根据石油天然气行业标准，油藏的天然驱动能量可以根据采出 1% 地质储量的压降值（$\Delta P/R$）及无因次弹性产量比值（$N_{pr}$）进行分级。通过计算，苏德尔特油田潜山 $\Delta P/R$ 为 23.5，$N_{pr}$ 为 0.1，属天然能量不足油藏。

（3）弹性能量。弹性能量是油藏开发早期的重要天然能量，其大小往往通过弹性采收率来评价。

$$ER = C_t \times (P_i - P_b)$$

式中，ER 为最终采收率，%；$C_t$ 为地层岩石孔隙和流体的综合压缩系数，MPa$^{-1}$；$P_i$ 为原始地层压力，MPa；$P_b$ 为饱和压力，MPa。

经计算，其弹性采收率为 4.9%，表明油藏具有一定弹性能量。

（4）边底水能量

由分析可知，油藏地层压力下降快，天然能量不足，弹性能量是目前的主要驱动能量。

综上所述，要实现高效高水平开采，必须采用早期人工注水补充地层能量的开发方式。

2）注水方式

关于注水方式，国内外潜山油藏的开发实践证明，不论是块状还是厚层状潜山油藏，多采用边底部水注水方式。主要原因：①此类油藏一般裂缝比较发育，主要渗流通道是裂缝；②由于裂缝呈网状，井间层间沟通比较好；③相对于层状砂岩含油高度或油层厚度都要大得多，由于重力作用，水先占据油藏低部位或油层底部。因此，块状潜山油藏，采用边底部注水方式，有利于延长油井无水采油期和高产稳产期，有利于提高采收率。

如华北油田分公司二连盆地哈南油田潜山（凝灰岩），属孔隙-裂缝型厚层状潜山油藏，潜山顶距油水界面高度为 400m，储层主要分布在距潜山顶面 209m 左右的风化壳内，油藏下部为基性凝灰岩，岩性致密，裂缝不发育。初期采用面积井网注水，采油速度快、见水快，油井见水后产量递减快。经群井干扰测试证实，整个油藏无论平面与纵向，油层均有较好的连通性，断层与岩墙均不起阻隔作用，整个油藏为一连通体，因此，确定了该油藏以底部注水为主的注水方式。调整后，根据油井见水时的累计产油量与井底深度关系曲线分析，注入水是自下而上、由里向外较有规则地推进。分析认为，因受储层物性及单井采油强度、采油速度等的影响，不同构造部位的油水界面和单井的水锥高度是不一致的。根据这一认识，同时借鉴任丘雾迷山组油藏的经验，1992 年 11 月在哈南凝灰岩油藏实施了全面的停注降压开采试验。此后，油藏的产量递减速度由停注前 1992 年的 21.7% 逐步下降到 1995 年的 13.3%，含水率上升率也由 1992 年的 8.6% 逐步下降到 1994 年的 1.2%。

阿北油田安山岩油藏为一块状体油藏，闭合高度为 200m，具有非典型的双重介质渗流特征，储层连通性较好，但储层物性较差，平均孔隙度 8.7%，空气渗透率为 $13.2 \times 10^{-3} \mu m^2$，自然条件下有效渗透率为 $1 \times 10^{-3} \sim 5 \times 10^{-3} \mu m^2$，酸压后有效渗透率 $89 \times 10^{-3} \mu m^2$；流体性质差，地层原油黏度为 39.7mPa·s。开发方案确定该油藏以边底部注水为主、配合少量内部注水的注水方式。开发初期，这一注水方式见到了比较好的效果，注水后油井见水一般在 100 天左右，注入水推进速度一般为 5m/d。虽然采取边底部注水方式控制了油藏的含水率上升速度，但油藏内部却因能量不足，采油指数下降，严重影响了油藏的产量。地层能量的保持水平不到30%，生产井因能量不足，产量递减严重，油藏的产量递减达到了21.4%。

针对上述情况，1992年在地质研究基础上，开展了安山岩油藏的数值模拟研究，通过机理研究和开发方式优选后，证实了依靠天然能量的消耗和仅依靠边底部注水对油藏渗流产生的不利影响，并明确了阿北油田安山岩油藏应采用边底部注水结合内部底部注水且应多井少注的温和注水方式，其最佳的注采比为0.5左右。上述研究成果应用到生产实际中后，见到了一定的效果，但仅靠边部及个别内部底部注水井注水，内部井见效慢，产量递减幅度仍较大。为了保证油藏内部具有较高的压力水平，有效缓解地层压力下降与含水率上升的矛盾，从1993年开始，对阿北油田安山岩油藏的注水方式进行了调整，从边底部注水结合内部底部注水，通过注水方式的调整，阿北油田安山岩油藏取得了较好的开发效果，在可采储量采出程度已达60%的情况下，剩余可采储量采油速度仍保持在1.6%，含水率稳定控制在80%左右，地层能量保持水平80%左右。

而雁翎油田1979年底综合含水率高达75%，为了改善开发效果，改变水驱油方向，抑制含水率上升，扩大注入水波及范围，开展了油田内部顶部注水试验。南山头顶部的雁28井于1980年4月转为注水井，日注水量逐步提高，由初期的200m³/d提高到300m³/d、400m³/d、600m³/d、1000m³/d。注水一年后于1981年4月停注，累计注水17.89×10⁴m³，无论是增加注水量或停注对相距350~400m的一线井和相距600m的二线井的产量、含水率、压力都没有明显影响，分析认为注入水进入底水。对于含油高度小、油水黏度比大、垂直裂缝发育的碳酸盐岩块状底水油藏通过内部顶部注水改变驱油方向难以实现。

对于边水层状油藏，如任北油田奥陶系油藏，采用面积注水方式开发，实践表明效果不好，尤其是高部位井注水后，注入水主要沿高渗透层段顺层向下流动。任北奥陶系油藏南部（以813井断层为界），内部注水量占98.8%，注水井周围油井见效快，见水也快，含水率上升快，产量迅速下降。如任810井于1981年5月投注，注水174天后，任815井见水，注入水推进速度为3.3m/d，任815井见水后初期含水率上升13.3%，油量月递减达20%。1986年8月将内部注水井停注，加强目前开采条件下的边部注水井的注水量，据任810井组油井统计，含水率平均月下降3.4%，油量月递减12.1%，油藏开发效果得到改善。说明对层状边水油藏只要连通性好，在注采平衡条件下，采用边部注水结合内部注水效果好。

海拉尔油田潜山油藏分为块状缝洞型和裂缝型，其中溶洞较为发育的B16区块，经井间脉冲干扰试井证实，油藏平面、纵向连通均较好，底水能量较强，为块状底水溶洞裂缝性潜山油藏，参考阿北油田安山岩油藏开发经验，采取边底部注水。

B12、B14等区块为裂缝性潜山油藏，断层、裂缝充填较严重，储层物性差，压后有效渗透率仅$0.5×10^{-3}\mu m^2$，且储层向下物性更差，Ⅲ油组以下基本为致密层，未见底水，生产动态反映能量严重不足。

参考华北潜山油藏的开发经验，考虑到该油藏储层物性差、导压能力差的特点，采用边底部注水结合内部底部注水方式，即边部井和内部井的注水井段均在油藏储层底界或主要生产层下部。为此采取对上下不同的裂缝网络系统分别注水，初期采用边缘底部注水，开发中视注水受效情况，在腰部补充点状注水。

**2. 井网密度的确定**

**1）块状底水潜山油藏**

从华北块状油藏的井网布置情况看，大部分潜山油藏在开发过程中，都进行了缩小井距的调整，目前井距在 250～300m，取得了一些经验和认识。

国内大部分裂缝型潜山油藏初期井距在 500～1000m，以后逐步调整到 300～500m。B16 区块块状底水潜山油藏具有含油面积小的特点，开发初期采取 500～800m，后期逐步调整至 300m 左右（表 3-40）。

表 3-40　国内块状潜山油藏参数及开发井距

| 区块 | 岩性 | 油藏类型 | 埋藏深度/m | 动用地质储量/10⁴t | 孔隙度/% | 有效渗透率/10⁻³μm² | 地层原油黏度/(mPa·s) | 井距 |
|---|---|---|---|---|---|---|---|---|
| 任丘雾迷山 | 碳酸岩 | 块状底水 | 3250 | 37606 | 6 | 1253.4 | 8.2 | 初期 1000m，逐步加密到 500m，目前顶部调整到 300m |
| 莫东 | 碳酸岩 | 块状底水 | 4189 | 1244 | 6 | 288.2 | 3.1 | 初期 500m，顶部逐渐加密到 350～250m |
| 留北潜山 | 碳酸岩 | 块状底水 | 3335 | 2203 | 6 | 158 | 1.9 | 低部位 500m，顶部逐渐加密到 300m |
| 雁翎油田 | 碳酸岩 | 块状底水 | 2989 | 1695 | 6 | 1973.8 | 15.9 | 490m |
| 八里庄潜山 | 碳酸岩 | 块状底水 | 2665 | 463 | 6 | 140 | 7.3 | 低部位 500m，顶部逐渐加密到 300m |
| 阿北安山岩 | 安山岩 | 块状底水 | 720 | 695 | 19 | 120 | 65.7 | 初期 500m，顶部逐渐加密到 300m |
| 杜古潜山 | 变质岩 | 块状底水 | 2500 | 1049 | 3.95 | 13～1300 | 1.0～7.0 | 350m |
| 王庄油田 | 变质岩 | 块状底水 | 1467 | 750 | 5.6 | 388～6580 | 1.35 | 400m |
| 东胜堡 | 变质岩 | 裂缝性块状底水 | 3080 | 1345 | 3.53 | 25.4～397 | 3.64 | 500m |

**2）裂缝性潜山油藏**

目前研究，海拉尔油田潜山油藏中除 B16 区块为块状底水油藏外，其他具有层状油藏特征，目前国内层状潜山油藏井距都在 250～500m 左右（表 3-41）。

表 3-41　国内层状潜山油藏参数及主要开发指标

| 区块 | 开发层系名称 | 油藏类型 | 埋藏深度/m | 动用地质储量/10⁴t | 孔隙度/% | 有效渗透率/10⁻³μm² | 地层原油黏度/(mPa·s) | 井距情况 |
|---|---|---|---|---|---|---|---|---|
| 留 58 潜山 | 碳酸盐 | 层状边水 | 4100 | 364 | 5.0 | 80.0 |  | 500m |
| 任丘府君山 | 碳酸盐 | 厚层状低饱和 | 3227 | 583 | 6.0 | 1401.4 | 6.6 | 250～300m |

续表

| 区块 | 开发层系名称 | 油藏类型 | 埋藏深度/m | 动用地质储量/10⁴t | 孔隙度/% | 有效渗透率/10⁻³μm² | 地层原油黏度/(mPa·s) | 井距情况 |
|---|---|---|---|---|---|---|---|---|
| 任丘奥陶系 | 碳酸盐 | 层状裂缝性高凝油 | 3494 | 2208 | 6.0 | 296.0 | 3.1 | 初期600m，顶部逐步加密到300m |
| 静安堡 | 变质岩 | 层状弱边水 | 2800 | 3292 | 3.8 | | 4.7 | 500m |
| 哈南凝灰岩 | 凝灰岩 | 层状弱边水 | 1737 | 537 | 8.7 | 410.0 | 8.5 | 400~500m |

考虑到，海拉尔油田潜山油藏储层条件远不同于国内其他裂缝性潜山油藏，因此不能照搬其他油田的做法。根据海拉尔油田实际，通过油藏工程法和单井控制储量法对合理的井距进行了计算。

油藏工程法：采用最终采收率法和单井控制储量法两种油藏工程方法进行了研究。

计算方法一：最终采收率法。

$$ER = E_d \times e^{-B/S}$$

式中，ER 为最终采收率，%；$E_d$ 为驱油效率，%；$B$ 为井网指数，常数；$S$ 为井网密度，口/km²。

当流动系数小于0.1时：

$$ER = 0.26 \times e^{-3.129/S}$$

计算结果表明，井距由500m缩小到200m时，油藏采收率明显提高，继续缩小井距，采收率提高幅度越来越小（图3-71，图3-72）。

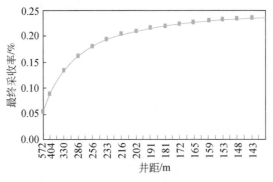

图3-71　最终采收率与井距的关系式

计算方法二：单井控制储量法。

用区块总地质储量，除以用常规方法计算出的单井控制储量，确定出所需的生产井数，从而求得合理的井网密度。

计算公式：

$$NS = \frac{\pi r R_e^2 h \phi S_{oi}}{B_o}$$

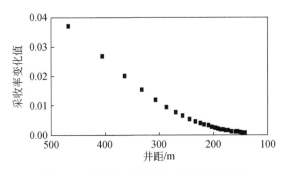

图 3-72　井距与采收率变化幅度关系图

$$S = \frac{N \times A}{N_s}$$

式中，$S$ 为井网密度，口/km$^2$；$N$ 为地质储量，t；$A$ 为含油面积，km$^2$；$R_e$ 为探测半径，m（参考 B10 井布达特群的试井资料）；$h$ 为有效厚度，m；$\phi$ 为有效孔隙度，%；$S_{oi}$ 为原始含油饱和度，%；$B_o$ 为原油体积系数，无量纲。

油藏工程法计算表明，B12 断块潜山油藏的合理井距在 200m 左右。

经济效益评价法，采用俞启泰公式：

$$aS_{最佳} = \ln \frac{N\ (P-O-T_r)\ E_D a}{IA} + 2\ln S_{最佳}$$

式中，$S_{最佳}$ 为经济合理井网密度，口/km$^2$；$a$ 为井网指数；$N$ 为地质储量，$10^4$t；$E_D$ 为驱油效率，f；$I$ 为单井投资，万元；$A$ 为含油面积，km$^2$；$O$ 为成本，元/t；$T_r$ 为税，元/t。

由上式可计算出最佳经济井网密度，不同油区不同油价计算结果（表 3-42）。

表 3-42　裂缝性潜山油藏合理井网密度计算参数及结果

| 油价 /（美元/桶） | 驱油效率 | 生产成本 /（元/t） | 面积 /km$^2$ | 储量 /万 t | 井网指数 | 单井投资 /万元 | 最佳井网密度 /（口/km$^2$） | 注采井距 /m |
|---|---|---|---|---|---|---|---|---|
| 20 | 0.6 | 800 | 1.2 | 155 | −0.49 | 344.7 | 16.3 | 265.6 |
| 25 | 0.6 | 800 | 1.2 | 155 | −0.49 | 344.7 | 21.6 | 233.2 |
| 30 | 0.6 | 800 | 1.2 | 155 | −0.49 | 344.7 | 25.8 | 214.9 |
| 35 | 0.6 | 800 | 1.2 | 155 | −0.49 | 344.7 | 29.5 | 206.4 |
| 40 | 0.6 | 800 | 1.2 | 155 | −0.49 | 344.7 | 32.7 | 193.1 |
| 50 | 0.6 | 800 | 1.2 | 155 | −0.49 | 344.7 | 38.4 | 179.8 |
| 60 | 0.6 | 800 | 1.2 | 155 | −0.49 | 344.7 | 43.4 | 170.4 |

对裂缝性潜山油藏进行了不同井距的数值模拟计算，设计了 150m、200m、250m、300m、400m、500m 六个井距的数值模拟方案，计算结果表明，当井距大于 250m 时，开发效果明显变差（表 3-43）。

裂缝性潜山油藏目前井距在 300～350m，进行加密数值模拟计算结果：相同采油速度

（1%）、相同注采比（1.0）条件下，井距较大时（井距 500~600m），由于单井产量高，开发 8 年后含水率上升速度加快，2015 年采出程度 8.9%，含水率 50%，与目前井距相比，相同采出程度下含水率高 4.2%（表 3-43）。

表 3-43　裂缝性潜山油藏不同井距 15 年末开发指标

| 井距/m | 采出程度/% | 累积采油/$10^4$t | 累积采水/$10^4$m³ | 含水率/% | 井数/口 | |
| --- | --- | --- | --- | --- | --- | --- |
| | | | | | 油井 | 水井 |
| 150 | 16 | 24.07 | 14.5 | 68.5 | 41 | 7 |
| 200 | 15.3 | 22.89 | 11.36 | 62.3 | 33 | 6 |
| 250 | 14.7 | 22.1 | 10.01 | 56.3 | 24 | 6 |
| 300 | 12.8 | 19.3 | 7.2 | 50.7 | 20 | 5 |
| 400 | 11.3 | 16.88 | 5.06 | 37.8 | 12 | 5 |
| 500 | 10.5 | 15.7 | 4.08 | 29.8 | 9 | 5 |

2015 年井距加密一半，采油速度相同，单井产量降低，减缓了含水率上升速度，与目前井距相比，采出程度提高 1%，含水率降低 3%；井距加密一半，单井产量不变，采油速度提高 0.75%，含水率上升速度加快，与目前井距相比，2015 年采出程度提高 2.6%，但含水率高 12.5%（图 3-73）。

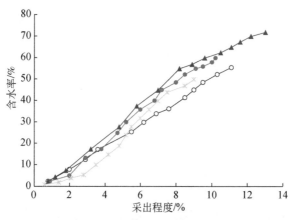

图 3-73　裂缝性潜山油藏不同井距采出程度与含水率变化曲线

裂缝性潜山油藏开发井井网井距 300~350m，但该油藏的储层物性差，虽然裂缝较发育，但充填严重，平均孔隙度 5.74%，压裂后渗透率 0.54×$10^{-3}$μm²，比国内外已开发潜山油藏的差得多，渗透率相差 100 倍到 1000 倍以上。从提高采收率的角度讲，井距应在 250m 以下。综合分析认为，合理井距在 200m 左右。

3. 井网优化

理论与开发实践表明，三角形井网的储量控制程度和注水波及系数均高于其他类型井网，尤其是油藏规模小、断层发育的油藏。潜山油藏一般缝洞比较发育，非均质极强，三角形井网较其他类型井网适应性更强。华北已开发的潜山油藏均采用三角形井网。苏德尔特油田布达特群潜山油藏断层发育，呈狭长形，更适合采用三角形井网。采用沿构造等高线布井，同时相邻井排交叉布井（近三角形井网）的方式，形成了顶密边稀近三角形的不均匀布井方式。这种方式充分、有效地发挥了单井的生产能力，使所有生产井处于高效的生产状态中。

4. 注采压力系统

1）注水井注入压力的确定

由于本区渗透性较差，为保证注水井吸水，井底流压应该保持在破裂压力附近。根据潜山单井压裂结果统计，破裂压力与深度关系式如下（图3-74）：

$$P_p = 0.05H - 57.548$$

式中，$H$ 为压裂深度，m；$P_p$ 为破裂压力，MPa。

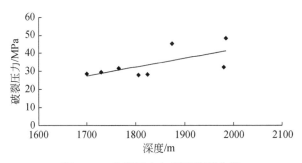

图 3-74　破裂压力与深度关系曲线

设计注水井在2000m左右，按照破裂压力与深度关系式，计算破裂压力为42.5MPa。即该油藏注水井井底流压应该保持在42.5MPa附近。

注水井井口压力根据以下公式计算：

$$P_{井口} = P_{wf} - \rho_水 gH/10^6$$

式中，$P_{井口}$ 为注水井井口压力，MPa；$P_{wf}$ 为注水井井底流压，MPa；$\rho_水$ 为注入水密度，g/m³；$g$ 为重力加速度，N/kg；$H$ 为注水深度，m。

经计算，注水井井口压力为22.9MPa。考虑注水管线的沿程阻力损失及注水井管柱磨损，注水压力约为25.0MPa。

2）单井注水量的确定

从目前研究状况看，裂缝性潜山油藏能量供应状况差，因此水体作用忽略不计，平衡注采比取1.0，则实现注采平衡的初期注水量 $Q_j$ 为

$$Q_j = Q_L \times IPR_o$$

式中，$Q_j$ 为油藏平衡注水量，m³/d；$Q_L$ 为油藏日产液量，m³/d；$IPR_o$ 为平衡注采比。

计算基础：油井单井产油5t，压力保持水平90%，计算求得油藏的初期平衡注水量48m³，平均单井日注水12m³。

5. 裂缝性油藏的开发调整技术

1）控水锥技术

底水锥进是由于井底生产压差大于重力压差而造成的，无水期油井流压变化越小说明底水水体的能量越大，而一旦锥进后控制的难度也会增大。B16 区块布达特群油层水体能量大，含水率上升速度快，采取了多种方式相结合的控水锥技术。

（1）避射一定的高度，有利于延长无水采油期。统计辽河欢喜岭油田 3 口油井产量：欢 14-8 井，避射高度 135.8m，无水采油期 50.0 个月，日产油 75t，累计产油 $10.37 \times 10^4$ t；欢 16-10 井，避射高度 152.0m，无水采油期 25.0 个月，日产油 140t，累计产油 $8.97 \times 10^4$ t；欢 612C2 井避射高度 17.3m，无水采油期 5.5 个月，日产油 30t，累计产油 $0.35 \times 10^4$ t。分析结果显示，单井避射高度越大，无水采油期越长，无水采油期产量越高；单井产量越高，无水采油期越短，无水采油期产量越少。

借鉴这种经验，2013 年加密井 B16-B8 井仅射开了潜山顶部，射孔顶界高于周围邻井 50m，射孔底界高于邻井 70m，投产初期日产液 7.5t，日产油 5.3t，含水率 28.8%，投产 900 天后，日产液 9.6t，日产油 8.4t，含水率 9.6%，优于同期其他无避射高度井，效果较好。

（2）平面增加采出井点，降低区块水锥高度。B16 块状底水潜山，初期采用 800～1200m 灵活布井，开发 4 年后综合含水率上升加快；针对底水上升快的实际，2008～2009 年对 7 口兴安岭油层低效油井进行补孔布达特群油层代用，井距缩小至 200～600m，增加平面采出点，均衡平面压力，降低水锥高度。补孔后五个月，井区含水率上升 5.2%，平均月含水率上升 1.1%；53 个月含水率上升 28.4%，月含水率上升 0.5%，可见平面增加采出点可以有效地控制含水率上升速度，降低水锥高度（图 3-75）。

（3）油井调小生产参数，降低单井水锥高度。对 4 口井进行调小生产参数控制生产压差，调小参数的三十个月内，含水率上升 21.7%，平均月上升 0.7% 个百分点，含水率得到有效控制，调小参数的三十个月后，含水率再次出现快速上升，5 个月内含水率上升 23.4%，平均月上升 4.7%。可见油井调小生产参数可以在一定程度上缓解水锥上升速度，但是并不能从根本上解决问题，并且随时间的延续，控水锥的效果变差，逐渐失效。

（4）内部补充加密调整，寻找平面剩余油。为了进一步降低布达特群单井采油强度，延长高产井的有效开发时间，有效挖潜平面剩余油，在井距较大的区域及断层遮挡和局部小高点地区补钻 4 口采油井，井距进一步缩小至 200～300m，增加平面上的采出点（图 3-76）。

由于地层能量不足，钻井过程中钻井液均漏失严重，提捞生产时 1500～1700m 未碰到液面，投产后平均单井日产液量 8.1t，日产油量 3.9t，流压 3.62MPa，说明平面上仍存在剩余油分布，但因为地层能量低，油井静液面低，机采生产后水锥因生产压差快速形成（表 3-44）。

（5）边底部注水无效，开展内部注水试验初见成效。借鉴国内同类油田边底部注水经验，在 B16 区块开展了边底部注水，这种注水方式的优点一是单井注水量较大，可以降低注采平衡所需的注采井数比，减少注水井点；二是发挥重力作用，提高驱油效率，抑制注入水沿裂缝上窜，能有效地控制注入水向生产井突进，使油水界面均匀上升，使注入水

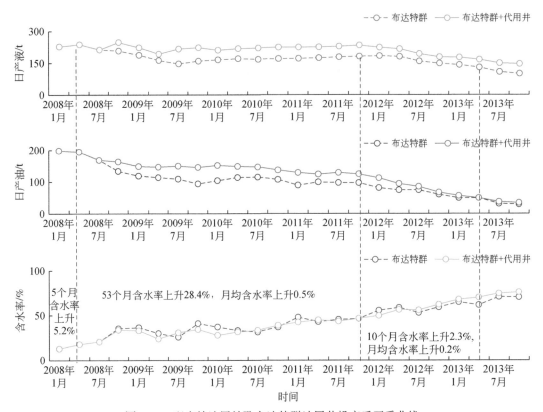

图 3-75 兴安岭油层补孔布达特群油层井投产后开采曲线

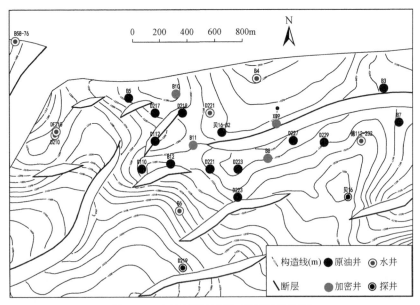

图 3-76 布达特群油层加密调整井位图

表 3-44　B16 区块布达特群油层加密油井生产数据表

| 井号 | 投产时间 | 射孔顶界/m | 射孔底界/m | 砂岩厚度/m | 有效厚度/m | 产液/(t/d) | 产油/(t/d) | 含水率/% |
|---|---|---|---|---|---|---|---|---|
| B16-B8 | 201311 | 1711.4 | 1755.6 | 35.4 | 32.5 | 6.3 | 4.4 | 30.2 |
| B16-XB9 | 201310 | 1920.8 | 1982 | 32.9 | 32.9 | 7.5 | 4.3 | 43.2 |
| B16-B10 | 201312 | 1784.9 | 1825.4 | 27.4 | 11.4 | 7.5 | 4.3 | 43.2 |
| B16-B11 | 201310 | 1805.8 | 1877.3 | 31.7 | 31.7 | 11.3 | 2.7 | 76.0 |
| 单井平均 | | | | 31.9 | 27.1 | 8.2 | 3.9 | 48.2 |

和底水的波及系数提高，从而能延长油井无水采油期，有利于稳产和提高最终采收率；三是利用边底水的部分天然能量，起到补充能量和调节生产过程的作用。对 B16 区块布达特群油层外围共 5 口注水井，2010 年开始大规模注水，平均单井注入压力为 14.8MPa，日注水 80m³，比吸水指数为 0.09m³/(d·m·MPa)。注水五年后油水界面的结果显示，注水后基岩油水界面抬升速度为 15m/a，低于注水前的 24m/a；水锥顶面上升速度 23m/a，高于注水前的 15m/a（表 3-45）。基岩油水界面是由地层压力下降造成的，抬升速度减缓说明注入水对地层压力有一定恢复；水锥顶面的上升是生产压差引起的，水锥面上升速度增加，说明地层压力的恢复速度较慢，小于油井生产造成的地层压力下降速度。

为了改善油藏开发状况，提高注水利用率，2015 年在 B16 区块内部开展了潜山内部注水试验，2014 年 12 月将德 114-221 井转注，日注水量为 20m³，该井累计注水 8316m³ 时，邻近的油井 B16-B10 井沉没度由 19m 逐渐上升至 117m，此时该井累计产液 7250m³，日产液由 7.2t 上升至 10.6t，日产油由 5.2t 上升至 6.3t，见到注水效果后及时将注水井配注调至 80m³/d，B16-B10 井沉没度变大，含水率稳定，开展内部注水初见成效。

B16 区块块状潜山油藏综合含水率上升规律与国内静北潜山油藏和八里庄潜山油藏类似，目前处在含水率快速上升阶段，通过补孔井投产、调小参、补充加密等综合调整的手段，有效控制含水率上升速度（图 3-77，图 3-78）。

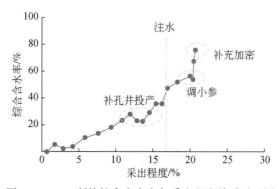

图 3-77　B16 断块综合含水率与采出程度关系对比图

2）周期注水技术

苏德尔特油田布达特群油层裂缝性潜山储集空间为以裂缝为主，溶蚀孔洞和基岩岩块为次，其中高角度裂缝极为发育，属于高角度多裂缝低孔特低渗透储层。该油层采用边底

表3-45　B16区块生产井水锥顶面高度统计表

| 项目 | 水锥顶面深度/m | | | | | | | | | | | | 平均深度/m | 水锥年上升速度/(m/a) | 水锥年均上升速度/(m/a) |
| --- | --- | --- | --- | --- | --- | --- | --- | --- | --- | --- | --- | --- | --- | --- | --- |
| | B16-B2 | B16-B4 | B16-B5 | 德110-216 | 德110-223 | 德112-227 | 德114-217 | 德114-221 | 德110-221 | 德108-223 | 德112-217 | 德112-229 | | | |
| 原始油水界面 | 1930 | 1930 | 1930 | 1930 | 1930 | 1930 | 1930 | 1930 | 1930 | 1930 | 1930 | 1930 | 1930 | | |
| 2008年油水界面 | 1870 | | | | | | 1880 | 1880 | 1880 | 1880 | 1880 | 1880 | | | |
| 2005年 | | | | 1880 | | | — | — | — | — | — | — | 1880 | | |
| 2006年 | | | 1830 | | | | — | — | — | — | — | — | 1830 | | |
| 2007年 | | 1890 | 1820 | 1870 | | | | | | | | | 1863 | | 23 |
| 2008年 | 1850 | | 1815 | | | 1860 | | 1870 | | | | | 1845 | 18 | 21 |
| 2009年 | | | 1810 | | | 1850 | | 1850 | | | 1860 | | 1845 | 0 | 17 |
| 2010年 | | | 1800 | 1840 | 1820 | 1830 | | 1840 | | | 1855 | 1870 | 1843 | 3 | 15 |
| 2011年 | | | 1790 | 1820 | 1810 | 1810 | 1810 | | 1810 | 1810 | 1850 | | 1820 | 23 | 16 |
| 2012年 | | | | 1804 | 1800 | 1800 | 1805 | | 1790 | 1790 | | | 1806 | 14 | 16 |
| 2013年 | | | | | | 1800 | | | | | | | 1799 | 7 | 15 |
| 见水前水锥上升速度/(m/a) | 20 | | 50 | 50 | 16 | 14 | 18 | 20 | 18 | 23 | 20 | | | | 25 |
| 见水后水锥上升速度/(m/a) | 20 | 13 | 8 | 11 | 10 | 15 | 15 | 15 | 20 | 20 | 5 | 5 | | | 14 |
| 水锥年均上升速度/(m/a) | 20 | 13 | 20 | 16 | 14 | 14 | 15 | 15 | 16 | 18 | 11 | 10 | | | 15 |

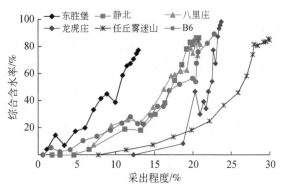

图3-78　B16断块与国内潜山油藏含水率与采出程度关系对比图

部注水结合同层注水的方式开发，注水开发后裂缝发育较好的高断块采油井优先受效，见效时间为3～10个月不等，见效后含水率快速上升，部分井组发生暴性水淹。针对这种情况对注水引起含水率快速上升的井组及时下调配注，从调整后的连续追踪数据来看，下调配注无法控制井组含水率上升（表3-46）。注入水优先灌满裂缝并沿着裂缝运移，致使裂缝的含水饱和度增高，绝大部分保留在基质孔洞中的剩余油被裂缝系统中的水圈闭而无法采出，致使采收率极低，采用常规注水开发难以奏效。

表3-46　布达特群油层常规注水调整效果统计表

| 井号 | 调整前 | | | 3个月 | | | 6个月 | | | 9个月 | | |
|---|---|---|---|---|---|---|---|---|---|---|---|---|
| | 产液/(t/d) | 产油/(t/d) | 含水率/% | 产液/(t/d) | 产油/(t/d) | 含水率/% | 产液/(t/d) | 产油/(t/d) | 含水率/% | 产液/(t/d) | 产油/(t/d) | 含水率/% |
| BB51-56 | 8.1 | 3.4 | 58.2 | 8.2 | 2.8 | 66.3 | 7.9 | 0.4 | 95.0 | 4.0 | 0.3 | 92.8 |
| BB55-62 | 9.8 | 3.6 | 63.2 | 7.4 | 1.9 | 74.3 | 7.3 | 1.5 | 80.0 | 7.2 | 0.6 | 91.2 |
| BB53-58 | 2.7 | 0.6 | 78.6 | 3.0 | 0.5 | 84.5 | 3.3 | 0.0 | 100.0 | 3.3 | 0.0 | 100 |
| B68-52 | 3.2 | 1.8 | 44.4 | 3.0 | 1.4 | 52.5 | 3.0 | 1.1 | 65.7 | 3.0 | 0.3 | 88.9 |
| BB51-52 | 3.0 | 0.0 | 100 | 3.0 | 0.0 | 100.0 | 3.1 | 0.0 | 100.0 | 3.2 | | 100.0 |
| BB55-52 | 1.1 | 0.2 | 82.3 | 1.6 | 0.2 | 89.1 | 1.6 | 0.0 | 100.0 | 1.6 | | 100.0 |
| BB56-53 | 1.2 | 0.0 | 100.0 | 1.3 | 0.0 | 100.0 | 1.4 | 0.0 | 100.0 | 1.4 | | 100.0 |
| BB57-68 | 40.5 | 12.9 | 68.2 | 41.4 | 6.4 | 84.5 | 28.9 | 3.9 | 86.5 | 22.1 | 1.9 | 91.4 |
| BB57-69 | 15.2 | 4.3 | 72.2 | 12.2 | 3.5 | 71.2 | 11.9 | 1.7 | 85.8 | 11.4 | 0.7 | 93.9 |
| BB57-69 | 13.0 | 1.3 | 90.3 | 11.9 | 1.7 | 85.9 | 12.4 | 1.2 | 85.8 | 11.5 | 0.9 | 92.6 |
| BB55-71 | 5.8 | 5.1 | 11.9 | 4.6 | 4.0 | 12.7 | 4.6 | 3.4 | 27.1 | 3.4 | 1.6 | 50.2 |
| 单井平均 | 9.4 | 3.0 | 68.0 | 8.9 | 2.0 | 77.0 | 7.8 | 1.2 | 84.5 | 6.6 | 0.8 | 88.0 |

　　周期注水就是在现有井网基础上有规律地改变油水井工作制度的一种注水开发方式，是指在周期的压力扰动下，基质中的溶蚀孔洞和基质岩块与裂缝之间产生油水交渗效应，裂缝系统中的水在毛管压力作用下进入溶蚀孔洞和岩块系统，从而将孔洞和岩块中的原油驱替出来而进入裂缝系统，排到裂缝通道中的油将被水驱到井底而被采出。周期注水包括

间歇注水、异步注采等多种形式。

在注水井试验关井前，井组处于升压开采阶段，采油井日产液不断上升；在注水井试验关井后，井组处于降压开采阶段。从各井开采曲线来看，各井产液量均表现为"上升—下降—再上升—再下降至平稳"的趋势，这是因为注水井关井前，注入水已经在裂缝中发生突破，形成水线，致使产液量猛增，由于裂缝孔渗与基质和孔洞孔渗相差巨大，注水突破后，注入水沿阻力最小的裂缝通道快速流动，而大大减小与基质的渗透，此时裂缝中的能量最高。注水井关井后，裂缝中的能量优先开始消耗，油井产量下降，当裂缝中的能量低于基质中的能量时，基质中的油开始向裂缝渗透，使得油井产量出现上升，当基质中的能量随着开采不断地被消耗后，油井产量开始出现下降（图3-79）。

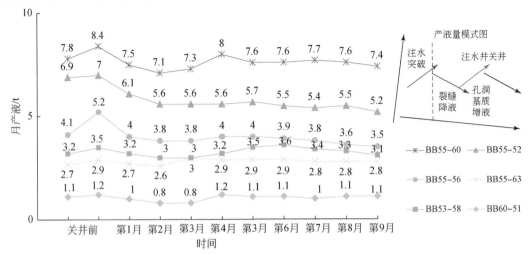

图3-79　B14区块间歇注水试验井组开采曲线

常规试验关井开井是根据油井含水率变化来确定的，不能最大限度地发挥储层能力，完成储层交渗。前人研究表明，随着周期注水次数的增加，岩石骨架会发生变化，致使注入水压裂增大注入量降低，周期注水效果越来越差。因此确定一个有效的停注周期，发挥储层最大供液能力是十分必要的。

根据注水井试验关井后油井各项生产数据变化，借鉴以压力波传导为核心的周期注水公式（张继春，2003），拟合适合本油藏。在地层中完成压力重新分布的时间 $t$（即半个周期的时间长短，单位 d），由下式确定：

$$t = 5.787 L_{\text{推进}}^2 / 2X$$

式中，$L_{\text{推进}}$ 为前缘推进距离，m。

$X$ 为未注水时地层平均导压系数，其表达式为

$$X = K / (\mu_0 \phi C_t)$$

式中，$K$ 为地层渗透率，$10^{-3} \mu m^2$；$\mu_0$ 为原油的黏度，$Pa \cdot s$；$C_t$ 为地层岩石孔隙和流体的综合压缩系数，$MPa^{-1}$；$\phi$ 为油层岩石的平均孔隙度，小数。

3）周期注水效果

从控水前后对比数据来看，10个井组日增油12.6t，综合含水率下降40.4%，取得了

较好的效果（表3-47）。

表 3-47　裂缝见水油井周期注水后生产数据表

| 序号 | 井号 | 调整前 | | | 见效后 | | | 差值 | | |
|---|---|---|---|---|---|---|---|---|---|---|
| | | 产液 /(t/d) | 产油 /(t/d) | 含水率 /% | 产液 /(t/d) | 产油 /(t/d) | 含水率 /% | 产液 /(t/d) | 产油 /(t/d) | 含水率 /% |
| 1 | BB55-62 | 6.8 | 0.6 | 91.2 | 6.4 | 2.1 | 67.2 | −0.4 | 1.5 | −24.0 |
| 2 | B68-52 | 3.0 | 0.9 | 70.0 | 2.7 | 2.4 | 10.7 | −0.3 | 1.5 | −59.3 |
| 3 | BB53-58 | 2.0 | 0.7 | 63.5 | 1.5 | 1.2 | 20.0 | −0.5 | 0.5 | −43.5 |
| 4 | BXB55-51 | 3.1 | 2.3 | 25.2 | 2.8 | 2.6 | 7.1 | −0.3 | 0.3 | −18.0 |
| 5 | BXB54-53 | 5.3 | 1.7 | 67.9 | 4.7 | 4.4 | 6.8 | −0.6 | 2.7 | −61.1 |
| 6 | BB51-56 | 3.9 | 0.0 | 100.0 | 3.8 | 0.8 | 78.9 | −0.1 | 0.8 | −21.1 |
| 7 | BB56-53 | 1.3 | 0.0 | 100.0 | 1.1 | 0.5 | 53.6 | −0.2 | 0.5 | −46.4 |
| 8 | BB55-60 | 8.4 | 1.6 | 80.5 | 7.4 | 5.9 | 20.0 | −1.0 | 4.3 | −60.5 |
| 9 | BB55-53 | 3.5 | 1.7 | 52.0 | 2.8 | 2.1 | 25.0 | −0.7 | 0.4 | −27.0 |
| 10 | BB60-51 | 1.0 | 0.6 | 42.0 | 0.8 | 0.7 | 10.0 | −0.2 | 0.1 | −32.0 |
| 合计 | | 38.3 | 10.1 | 73.6 | 34.0 | 22.7 | 33.2 | −4.3 | 12.6 | −40.4 |

# 第四章　断块油田难采储量有效动用方法探索

## 第一节　B14区块兴安岭油层二氧化碳驱矿场试验

### 一、试验开展目的及意义

从已探明储量构成来看，海塔盆地具有低渗透储量比例高的特点，统计表明，渗透率小于$2×10^{-3}\,\mu m^2$的储量为$1.66×10^8 t$，占总探明储量的29.2%，其中$0.93×10^8 t$储量尚未投入开发，这部分未动用储量主要分布于塔南油田和国内贝尔油田、乌尔逊油田，目前技术条件下，经济有效动用难度比较大。已实施注水开发储量地区，特低渗储量主要是贝尔油田兴安岭含凝灰质强水敏油层，占已动用储量的34.4%。从兴安岭油层开发状况来看，虽然通过前期注水防膨试验，使渗透率较高的强水敏区块实现正常注水开发；但渗透率小于$2×10^{-3}\,\mu m^2$的特低渗透区块仍难以注水开发。兴安岭油层共投产开发井235口，注水井50口、采油井185口，目前日产油量小于0.5t油井达63口，占投产油井比例的34.1%，采油速度仅为0.55%，注水开发效果很差，需加大试验力度，探索有效开发技术（沈平平和杨永智，2006）。

2009年2月初，按照中国石油天然气集团有限公司"开辟开发试验区，尽快形成现实的生产能力"的总体要求，海塔指挥部立即组织落实，选择了国内油田中能够混相、注水开发效果差且有相当储量规模的贝尔油田兴安岭油层B14区块，开展二氧化碳捕集埋存矿场试验，探索特低渗透储层二氧化碳捕集埋存有效方法。该试验成功后，不仅可以扭转贝尔油田兴安岭油层当前被动注水开发局面，也为海塔盆地特低渗透难采储量有效动用储备了技术（Ester et al.，2001；Ambati and Ayyanna，2001；程杰成等，2016）。

### 二、试验方案设计与准备

#### 1. 试验区优选

根据试验目的，结合国内外$CO_2$驱现场经验（程杰成等，2008），确定$CO_2$驱矿场试验区的筛选原则：

（1）区块构造单一、封闭性好、内部断层不发育；

（2）油层连通性好，天然裂缝不发育，层间非均质性不强；

（3）油层空气渗透率小于$2×10^{-3}\,\mu m^2$；

（4）原油达到混相或混相程度较高；

（5）区块具一定储量规模；

（6）试验区块尽可能邻近气源区，便于开展试验。

2008年，测定了各油田（区块）代表井油样最小混相压力，结果表明，贝尔油田贝14区块兴安岭油层和塔南油田塔19区块铜钵庙油层可以达到混相。考虑到B14区块距离气源区相对较近，便于开展试验，且贝尔油田兴安岭油层有$3324 \times 10^4 t$储量，试验成功后有较大的推广空间，决定选择B14主体区块为$CO_2$驱油试验区（图4-1）。

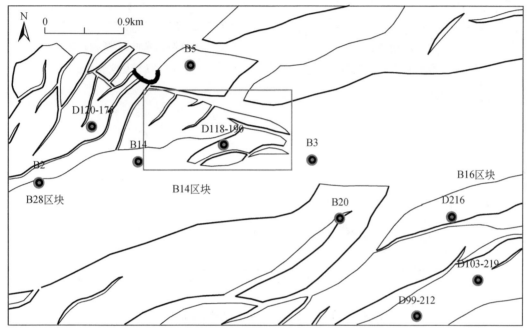

图4-1　贝尔油田兴安岭油层 I 油组顶面构造井位图

2. 方案论证

在最小混相压力测试实验的基础上（沈平平和廖新维，2009），主要开展了$CO_2$溶胀和岩心驱替等室内实验工作（图4-2）。室内试验表明，B14区块最小混相压力为16.59MPa，在原始油藏条件下（17.6MPa）地层油与$CO_2$能够达到混相驱替（Enick et al., 1987；Bryant and Monger，1988；Iqbal and Tiab，1989；Lang and Biglarbigi，1994），原油体积膨胀最大可达1.4倍，黏度下降40%，$CO_2$驱油效率达80%以上（图4-3），非混相驱最终驱油效率50%（图4-4）。

在试验区油藏地质研究和$CO_2$混相驱油藏适应性评价基础上，结合现场实际情况和目前工艺技术，实施油藏方案优化设计及采油、地面工程配套方案。

采取一套层系开发X1-14号层，井距200m，连续注气方式，采出井同步开采，保持采出井井底流压2~3MPa生产，一线井气窜后再实施间注间采的开发方式。

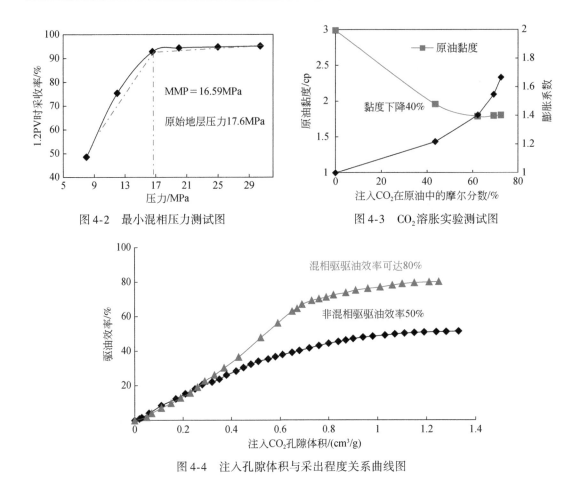

图 4-2　最小混相压力测试图　　　　　　　　图 4-3　CO₂溶胀实验测试图

图 4-4　注入孔隙体积与采出程度关系曲线图

数值模拟预测 CO₂ 驱最终采收率 35.6%，比水驱最终采收率高 17.3 个百分点，对比 2010 年比水驱提高了 11.5 个百分点，对比 2010 年比水驱多生产原油 38.0×10⁴t。

### 3. 气源准备

为实现气源自给自足，开展了苏 6 区块气藏地质研究。一是完成了苏 6 区块气藏地质研究工作，并重新评价了气藏储量，苏 6 区块气藏 CO₂ 探明地质储量为 66.80×10⁸m³，可采地质储量为 40.83×10⁸m³；二是完成了苏 6 区块 CO₂ 气藏初步开发方案，最多可部署 17 口开发井建成最大产能 16.0×10⁴t/a，可满足试验年注入 12.2×10⁴t 的需要；三是完成了 5 口探评井补孔、压裂及开发试采；四是部署实施开发首钻井苏 3-2 和苏 6-2 两口井，目前均已投产。截至 2018 年底 7 口井累计产液态 CO₂ 35.56×10⁴t，实现了阶段气源需求。

### 4. 单井试注试验

为稳步推进注气试验，前期需要落实气源区供气能力和试验区注气能力。开展了 B54-58 井单井试注试验。2009 年 9 月 19 日，B54-58 井开始试注，单卡 1-14 号层，射开有效厚度 33.6m，每天注气一小时，注气量 10t，注入压力 13.0MPa，累计注入 110t。通过跟踪分析得出，B54-58 井吸气能力较强，该井累计注入量 110t，在瞬时注入量较大的情况下，注入压力稳定在 13.0MPa 以下。

## 三、方案实施与效果评价

### 1. 试验初期摸索生产制度

1）温和注气

考虑到 B14 试验区油水井对应压裂，且储层纵向存在一定非均质性，快速注入易形成人工裂缝沟通，为防止气窜，初期采用"温和注入"，注气强度控制在 0.6t/（d·m），注入状况较注水明显改善，一是稳定状态下比吸气指数 0.084t/（m·d·MPa）是比吸水指数的 6.3 倍；二是注入剖面得到改善，气驱动用层数比例和厚度比例为 60.9% 和 79.7%，比水驱提高 26.1 和 27.7 个百分点；三是 2 口注入井连续 4 次微地震水/气驱前缘监测资料显示，注气波及体积扩大明显。

2）阶梯上提注气

为进一步加速油井受效速度，开展了合理注采参数研究（Lee and EI-Saleh，1990），根据不同类型油井开始受效对应注气强度与注入 PV 数关系，确定注气强度达到 0.9t/（d·m），累注达到 0.01PV 时油井受效明显；对比连续注气与间歇注气油井受效状况，加强管理，实现连续注入（Negahban et al.，1990）；通过破裂压力复算，表明具备提压注气潜力，阶梯提注后，效果显著。一是增油效果明显，提注后，油井产量大幅增加，全区日产油实现了翻倍；二是提注后注采两端压力水平逐年上升，油井端目前地层压力 5.9MPa，较注气初期回升 1.5MPa，注入端折算井底注入压力 33.3MPa，较注入初期上升 3.0MPa。

3）注气参数优化

为进一步加快注气受效，应用数值模拟方法跟踪开发状况，优化注入参数。

（1）注入速度优化。数值模拟结果表明：注气速度越快，采油速度越高，预计 2016 年采油速度达到高峰。注气强度 1.0t/（d·m）对应采油速度 1.13%；注气强度 1.5t/（d·m）对应采油速度 1.45%；注气强度 1.75t/（d·m）对应采油速度 1.56%。随着注气速度提高气油比快速上升（图 4-5）。2015 年注气强度 1.0t/（d·m）气油比达 30.2m³/m³，注气强度 1.50t/（d·m）气油比达 98m³/m³，注气强度 1.75t/（d·m）气油比达 120m³/m³。兼顾采油速度、气油比和地层压力，推荐注气强度 1.50t/（d·m），如控制气油比在 100m³/m³ 以下，推荐实施水气交替或降速注入。

（2）注入方式优化。数值模拟 2016 年实施降速注入、水气交替，降速注入、水气交替均能控制气油比上升（图 4-6），在采油速度及保持地层压力方面，水气交替优于降速注入，推荐实施水气交替。

（3）注入时机优化。模拟 3 种注入时机方案，分别在 2015 年、2016 年、2017 年实施水气交替，各方案在采出程度上区别不大，其中 2015 年实施水气交替在控制气油比、保持地层压力上优于其他方案（图 4-7 ~ 图 4-14）。

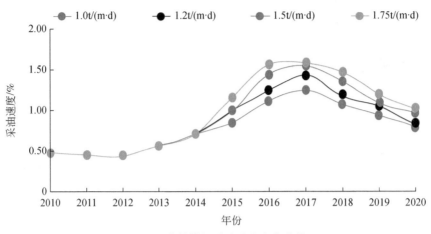

图 4-5　数值模拟采油速度变化曲线

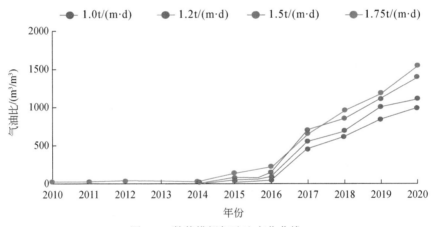

图 4-6　数值模拟气油比变化曲线

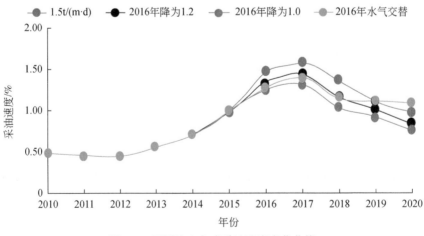

图 4-7　不同注入方式采油速度变化曲线

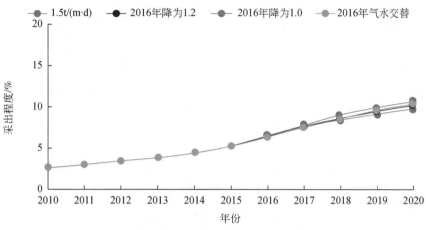

图 4-8　不同注入方式采出程度变化曲线

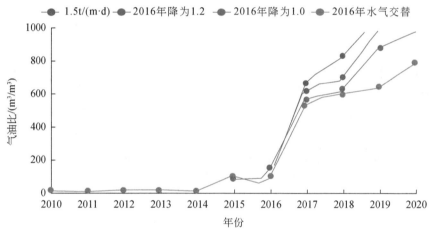

图 4-9　不同注入方式气油比变化曲线

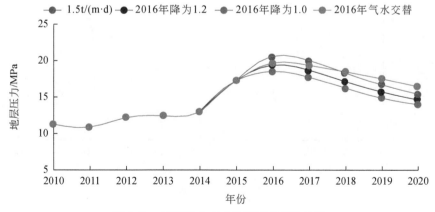

图 4-10　不同注入方式地层压力变化曲线

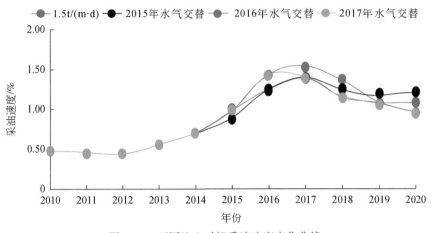

图 4-11　不同注入时机采油速度变化曲线

图 4-12　不同注入时机采出程度变化曲线

图 4-13　不同注入时机气油比变化曲线

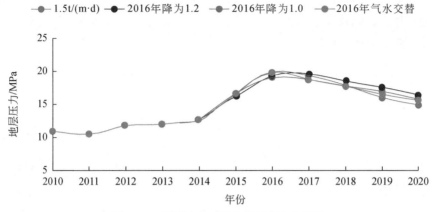

图 4-14　不同注入时机地层压力变化曲线

（4）注入方案优化。模拟 3 种注入时机方案，1 个月注水、3 个月注气（1W3G），1 个月注水、2 个月注气（1W2G），3 个月注水、3 个月注气（3W3G）。随水段塞量增加，气油比控制效果变好（图 4-15），地层压力水平上升（图 4-16），但初期采油速度降低

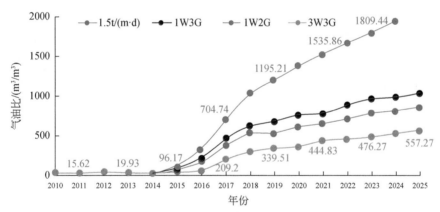

图 4-15　不同注入方案气油比变化曲线

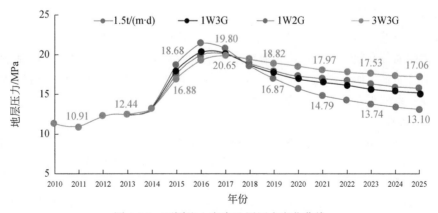

图 4-16　不同注入方案地层压力变化曲线

（图4-17，图4-18）。综合考虑，2015年气油比控制在100以下，同时保持相对较高的采油速度、地层压力，以及摸索水敏油层水气交替注入能力，推荐2015年优选1个月注水、3个月注气方案（Merritt and Groce，1990）。

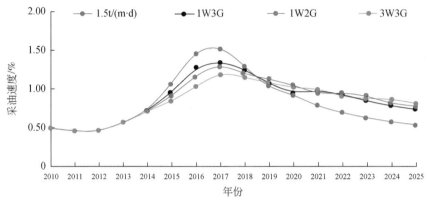

图4-17　不同注入方案采油速度变化曲线

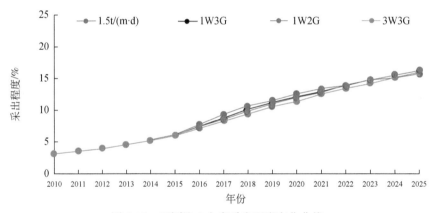

图4-18　不同注入方案采出程度变化曲线

2. 综合调整实施效果

通过分析开发矛盾及受效规律，确定了以"加速受效"和"控制气窜"为核心的综合调整，按照油井受效状况将综合调整分成三个阶段，确定不同阶段不同调整目标及具体做法。目前已实施了压裂增注、提压注入、水气交替注入、控流压生产、压裂引效及$CO_2$吞吐引效等一系列工作，均取得较好调整效果。

1）开发矛盾

平面矛盾：受油层发育、构造高差、断层及裂缝影响，各井组注采不平衡，井组注入PV与采油速度差异较大，或断层切割导致局部注采不完善，地层压力分布不均衡，出现低压区。层间矛盾：统计各小层注采动用状况分成三类，Ⅰ类层注采状况均好，Ⅱ类层存在注差采好和注好采差的矛盾，Ⅲ类层注采状况均差。层内矛盾：各层内顶底产出状况不同，统计见气井采出剖面，压裂层段顶部小层相对产气量大，存在油层顶部 $CO_2$ 突进矛盾。

2）综合调整做法

综合调整第一阶段，针对油井未受效阶段，要提高注入量，补充地层能量，提高采油速度；第二阶段，针对油井部分受效、个别井气窜阶段，未见气井组适当调整配注，见气井组水气交替，未受效井压裂、吞吐引效，受效井控制流压，缓解矛盾，扩大受效规模；第三阶段，针对油井全面受效，部分井气窜阶段，注气井实施水气交替、分层注气，采油井流压控制或转注，控气窜，延长受效期。

对于未受效井实施吞吐引效，放大生产压差生产，连通注气井实施连续稳定注气或上提配注。如 BX58-54 井组，该井位于断层边部，物性差，注入状况差。连通 5 口油井，目前受效 2 口井，其中 X58-56 井 2015 年 1 月实施吞吐引效，该井 2014 年 8 月上提配注，初期日增油 1.3t，6 个月累增油 357t，$CO_2$ 含量无明显上升趋势取得较好效果。

随着注气量的增加，受效井逐渐增多，陆续见气，对于该类井实施控流压生产，连通注气井控制注气强度，同时开展水气交替注入。如 BX58-58 井组：该井连通油井 8 口，受效井 6 口，其中 5 口实施调小参数提流压生产，1 口井实施周期采油，实施后地层压力回升显著。为延长受效期，该井将注入速度控制在 1.0t/（d·m）以下，同时开展了 1 轮次水气交替（3 个月气 1 个月水），控制了受效井 BX60-58 井见气规模，套压和套管气 $CO_2$ 含量均有所降低，并实现了启抽生产。

通过以上综合调整，各项开发指标向好：一是年注采比逐年增加，由注气初期的 0.9 上升至目前的 2.8；二是采油速度逐年攀升，由注气初期的 0.50% 上升至目前的 1.0%；三是地层压力持续上升，油井末点压力由注气初期的 2.8MPa 上升至目前的 5.6MPa。

3）受效规律

受效类型主要为裂缝方位受效和非裂缝方位高部位受效，主要受裂缝分布及规模、构造高差及储层连通性等因素影响。

一是平面上油井大面积受效，主要受裂缝分布、构造因素影响。31 口井中 24 口井受效（图 4-19），受效比例为 77%，对比受效前后日增油 57.8t（图 4-20），增油幅度 129%，累增油 $3.74×10^4$t（表 4-1）。裂缝方位油井受效见气早，注气 0.012PV 时开始受效，初期增油幅度大；构造高部位油井受效快，注气 0.019PV 时开始受效，受效期长，增油量大，平均单井累增油 1508t；构造同部位、低部位受效滞后，受效后增油效果稳定（图 4-21）。

二是纵向上主力小层均受效，主要受沉积相、有效厚度影响。水下分流河道发育为主要受效部位，发育厚度大连通状况好，注入状况好，优先受效，采出程度高（图 4-22）。

三是未受效井集中分布在低部位及储层不发育区域。试验驱 31 口油井中 7 口未受效，主要有两方面原因：一是未受效井储层发育相对较差（图 4-23）；二是未受效井整体构造位置较低（图 4-24）。经过 4 年注入，注入 $CO_2$ 不断向油井端推进，未受效井套管气中 $CO_2$ 含量均有不同程度增加，目前显现出受效趋势。

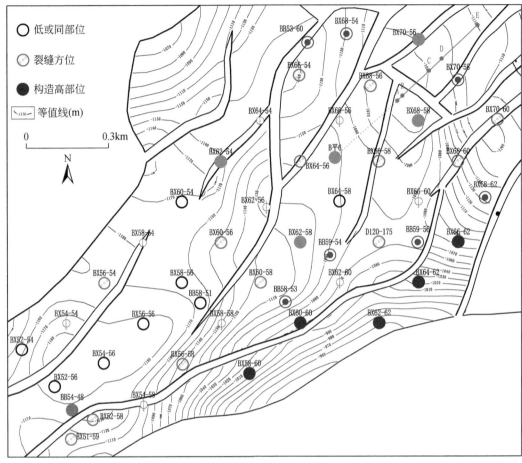

图 4-19　24 口受效井分布图

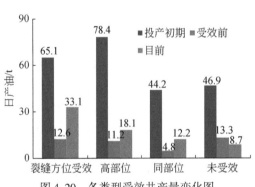

图 4-20　各类型受效井产量变化图

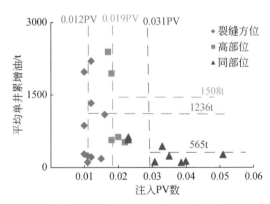

图 4-21　各类型受效井受效时机

表 4-1　不同类型受效井特征

| 类型 | | 受效井数 /口 | 日产油/t | | | 受效注入体积 系数/PV | 阶段增油 /t |
|---|---|---|---|---|---|---|---|
| | | | 受效前 | 受效初期 | 受效后 | | |
| 裂缝方位 | | 10 | 15.6 | 50.0 | 31.9 | 0.012 | 14420 |
| 非裂缝方位 | 高部位 | 10 | 19.2 | 35.0 | 30.2 | 0.019 | 18910 |
| | 同、低部位 | 4 | 1.8 | 7.9 | 4.3 | 0.031 | 4064 |
| 合计（平均） | | 24 | 36.6 | 92.9 | 66.4 | (0.021) | 37394 |

注：括号内为平均值。

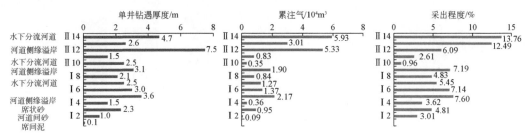

图 4-22　小层发育状况与开发状况对应关系图

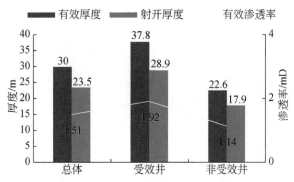

图 4-23　受效井与未受效井发育厚度对比

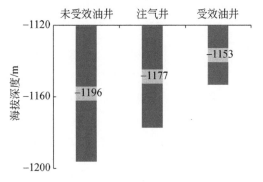

图 4-24　受效井与未受效井海拔深度对比

4）影响受效因素

（1）断层、裂缝影响 $CO_2$ 推进方向及推进速度。断层、裂缝缩短了驱替距离，观察油井平面受效特征，可以看出优先受效油井均处于注气井人工裂缝方位上。

（2）砂体发育和构造影响油井受效程度。主要表现在两方面：一是射开厚度与受效增油呈线性关系，射开厚度越大，增油量越大（图 4-25）；二是重力分异作用，构造高部位油井较低部位油井优先受效（图 4-26）。

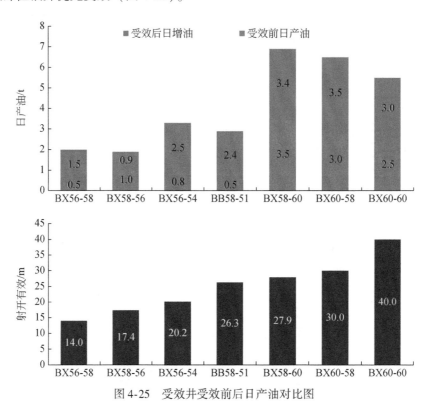

图 4-25  受效井受效前后日产油对比图

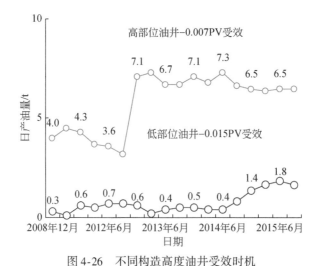

图 4-26  不同构造高度油井受效时机

### 3. 开发状况

截至 2018 年底，累计注入液态二氧化碳 $28.0 \times 10^4 t$（0.102PV）。平均单井日产油由水驱 1.3t 上升到受效后 3.2t，目前为 1.5t，阶段产油 $11.38 \times 10^4 t$。采油速度由注气前 0.3% 上升到受效后 1.14%，目前为 0.72%，采出程度 3.45%。开发形势、注入压力稳定，产油量主要受注入量影响，气油比缓慢上升（图 4-27）。

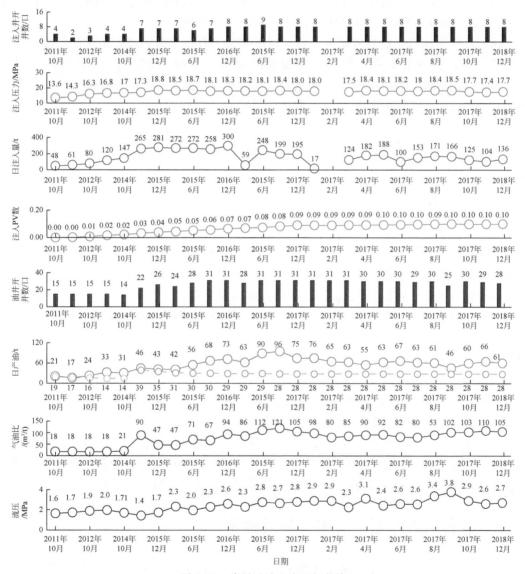

图 4-27　先导试验生产运行曲线

（1）与水驱对比注入能力明显提高。与注水开发时对比，平均单井射开厚度只有原来的 71%，在注入压力基本相当的情况下，日注量和注入强度分别是水驱的 7 倍和 9 倍。

（2）注入剖面得到改善。统计 2 口井注入剖面，目前气驱动用层数比例和动用厚度比例为 52.2% 和 67.0%，比水驱提高了 17.4 和 15.0 个百分点。

（3）波及体积扩大。微地震水/气驱前缘监测注气推进速度比注水推进速度大幅增加。

（4）油井产量大幅增加。试验区稳定注气后，油井产量大幅增加，全区日产油由见效前的 16.8t，上升到目前的 31.3t，日增油 14.5t，增油幅度达 82.0%，对比模拟水驱弹性开采，日增油 16.9t，增油幅度达 111%。

（5）出液层数和厚度比例增加。统计 4 口井产出剖面，射开 88 个层，射开有效厚度 169.1m，其中产液厚度由注气前的 61.9m 上升到注气后的 105.8m，增加 43.9m；产液层数比例由注气前的 39.8% 上升到注气后的 58.0%，增加 18.2 个百分点。

（6）注气后地面原油黏度略有下降，轻质组分上升，萃取明显。稳定注气油井受效后，统计 4 口井化验数据，平均单井原油黏度由水驱时 7.28mPa·s 下降到气驱时 6.22mPa·s，下降了 1.06mPa·s；地层原油 $C_2-C_{10}$ 轻质组分含量比例由 22.0% 上升到 26.9%，提高了 4.9 个百分点，$CO_2$ 萃取作用明显。

# 第二节　二氧化碳吞吐增产技术

## 一、试验目的

$CO_2$ 吞吐采油已发展成为一项成熟的提高采收率技术。在大庆、吉林、辽河、冀东、大港、华北、胜利、中原、江苏、江汉、长庆、四川、吐哈、克拉玛依、塔里木等 15 个较大油田先后开展过 $CO_2$ 吞吐试验，各油田措施效果差别较大。统计 6 个油田措施效果，其中冀东油田单井增油效果最好，达 341t，吉林油田累计增油最多，达 21200t。

目前海拉尔油田开发矛盾突出，主要体现在两个方面：一是弹性开采储量占比高，海拉尔油田提交落实探明储量 $14427×10^4$t，弹性开采储量 $4887×10^4$t，占比 33.9%；二是注水效果差，在弹性开采区块，注水井 202 口，不吸水井 65 口，比例 32.2%，能注进水井平均单井日注水仅 8m³。产油井 680 口，低产关井 280 口，开井 400 口，平均单井日产油 1.2t，累计注采比 0.62，年采油速度 0.28，整体开发效果差。

为解决弹性开采区块无能量补充、单井产量低、递减快的矛盾，计划针对无有效治理措施的低关井、低产井实施 $CO_2$ 吞吐技术，通过有效补充地层能量、溶解气驱和改善油水流度比等作用机理，达到提高单井产量和采油速度，治理低产低关井目的。

## 二、二氧化碳吞吐增产技术实施及效果

自 2012~2014 年，海拉尔油田 $CO_2$ 吞吐单井增产技术经历了试验探索、方案优化和推广应用三个阶段，逐渐将该项技术推广应用到国内 6 个油田，并取得较好效果。

### 1. 试验探索阶段

2012 年，海拉尔油田在 B301、B28 和苏 131 等 3 个油田选取 7 口低产低效井，开展

$CO_2$吞吐现场试验。措施完成7口井，累计注入1018t液态$CO_2$，有效井5口，措施有效率71.4%，对比吞吐前7口井初期日增油达到9.4t，平均有效期216d，累计增油1606t，换油率1.58，单井投入17.7万元（不包含自产液态$CO_2$生产成本），投入产出比1∶3.0，试验取得预期效果。其中B301油田措施效果最好，B28布达特群油田次之，苏131油田最差（表4-2）。

表4-2　2012年$CO_2$吞吐单井增产措施现场试验效果统计

| 区块 | 措施井数/口 | 措施有效率/% | 有效期/d | 累计增油量/t | 平均单井累计增油/(t/口) |
|---|---|---|---|---|---|
| B301 | 4 | 75.0 | 269 | 968 | 323 |
| B28B | 1 | 100.0 | 198 | 524 | 524 |
| 苏131 | 2 | 50.0 | 180 | 114 | 114 |
| 合计（平均） | 7 | (71.4) | (216) | 1606 | (229) |

注：括号内为加权平均值。

2. 方案优化阶段

2013年，在总结现场施工经验基础上，将试验扩大到贝中、乌东等5个油田，选取22口低产井在见效区进行措施增产，兼顾贝中和乌东两个新区块评价吞吐潜力。措施完成22口井，累计注入2392t液态$CO_2$，有效井16口，措施有效率72.7%，对比吞吐前初期日增油达到34t，平均有效期279d，平均单井日增油1.35t，累计增油6813t，换油率2.67，单井投入17.2万元（不包含自产液态$CO_2$生产成本），投入产出比1∶4.2，试验效果显著。其中B301区块措施效果最好，措施有效期320d，平均单井增油475t；B28兴安岭和贝中油田次之，有效期分别为331d和298d，平均单井增油分别为419t和468t；乌东油田最差，为该项技术在海拉尔油田推广奠定了基础（表4-3）。

表4-3　2013年$CO_2$吞吐单井增产措施现场试验效果统计

| 区块 | 措施井数/口 | 措施有效率/% | 有效期/d | 累计增油量/t | 平均单井累计增油/(t/口) |
|---|---|---|---|---|---|
| B301 | 8 | 75.0 | 320 | 2851 | 475 |
| B28X | 4 | 100.0 | 331 | 1675 | 419 |
| 贝中 | 5 | 80.0 | 298 | 1872 | 468 |
| 乌东 | 5 | 20.0 | 241 | 309 | 309 |
| 合计（平均） | 22 | (68.2) | (298) | 6707 | (447) |

注：括号内为加权平均值。

3. 推广应用阶段

2014年，海拉尔油田继续坚持"见效区措施增产，试验区评价潜力"原则，优选20井次进行现场施工。其中，在B301、B28兴安岭和贝中3个见效区块筛选15井次，进行措施增产；在乌东、苏131、B16和B28布达特群四个试验区筛选5井次，进一步评价措施潜力。

措施完成20井次，累计注入2658t液态$CO_2$，截至2015年3月，有效井17口，措施有效率90.0%，对比吞吐前初期日增油达到19.6t，平均有效期165d，平均单井日增油1.2t，累计增油3442t，换油率0.61，单井投入15.9万元（不包含液态$CO_2$生产成本），投入产出比1∶1.2，目前仍有12口井有效，预计累计增油3000t以上，投入产出比1∶2.2以上。其中B301油田措施效果最好，平均有效期162d，单井累计增油169t；贝中油田次之，平均单井累计增油320t；B28油田因为措施选井难度加大，措施效果一般；苏131油田措施效果有变好趋势；乌东油田差；B16油田措施后卡泵，措施效果需进一步研究（表4-4）。

表4-4　2014年$CO_2$吞吐单井增产措施现场试验效果统计

| 区块 | 措施井数/口 | 措施有效率/% | 有效期/d | 累计增油量/t | 平均单井累计增油/(t/口) |
|---|---|---|---|---|---|
| B301 | 6 | 100.0 | 162 | 1012 | 169 |
| 贝中 | 6 | 83.3 | 169 | 1601 | 320 |
| B28 | 5 | 80.0 | 143 | 470 | 117 |
| 苏131 | 1 | 100.0 | 233 | 208 | 208 |
| 乌东 | 1 | 100.0 | 189 | 151 | 151 |
| B16 | 1 | 0.0 | | | |
| 合计（平均） | 20 | （85.0） | （165） | 3442 | （202） |

注：括号内为加权平均值。

2012~2014年这3年时间海拉尔油田共实施$CO_2$吞吐措施49井次，累计注入5990t液态$CO_2$，有效井38口，措施有效率77.6%，对比吞吐前初期日增油达到75.3t，平均有效期187d，平均单井日增油1.2t，累计增油9638t，换油率1.61，投入产出比1∶2.0。对标国内其他油田措施效果位于中等水平（海拉尔油田液态$CO_2$生产成本按照450元/t计算）。

## 三、措施增产技术取得认识

在总结历年现场施工经验基础上，论证了$CO_2$吞吐单井增产技术在不同类型油藏的适应性，明确了$CO_2$吞吐对不同类型油井作用效果，为该项技术在海拉尔油田推广应用提供了依据；优化了地质和工程选井选层原则，保证了措施有效率；同时优化了现场施工参数和现场施工工艺，进一步提高了措施效果。

### 1. $CO_2$吞吐单井增产技术的普遍适应性

通过分析历年措施效果发现（表4-5，图4-28），$CO_2$吞吐适用的油藏类型广泛，包括稠油油藏、低渗低产砂岩油藏、高渗高含水率砂砾岩油藏、裂缝性油藏、具有边底水油藏、强水敏油藏等，不论哪种油藏类型均存在一些地质条件影响吞吐效果。

**表 4-5　海拉尔油田不同类型油藏储层物性参数对比表**

| 油藏类型 | 油田/储层 | 储层物性参数 | | 射开厚度/m | | 措施井数/口 |
|---|---|---|---|---|---|---|
| | | 渗透率/$10^{-3}\mu m^2$ | 孔隙度/% | 砂岩 | 有效 | |
| 砂砾岩 | B301 南屯组二段 | 0.25~328.4 | 17.3~23.8 | 21.1 | 15.7 | 15 |
| 特低渗透 | 贝中南屯组一段、B28 兴安岭、乌东南屯组一段、苏131 南屯组一段 | 0.02~69.1 | 0.3~26.8 | 24.6 | 20.4 | 27 |
| 裂缝性潜山 | B28 布达特群 | 0.01~98.5 | 0.2~22.1 | 33.3 | 25.9 | 3 |

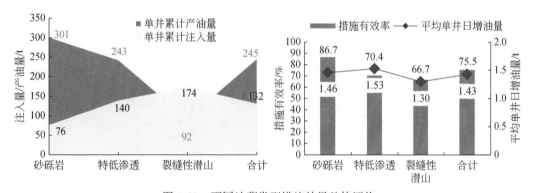

图 4-28　不同油藏类型措施效果整体评价

一是从利于 $CO_2$ 吞吐效果角度选取地质条件，主要包括原油黏度大、构造高部位、井控面积内剩余油较多、层间非均质性小、渗透率差异小、单井射开厚度和单层发育厚度较大、具有顶部剩余油的倾斜油层、水驱油藏的高含水率时期、油藏密封性好等地质条件；二是从低效井治理角度选取地质参数，主要包括零散孤立砂体无注采关系、断块边部破碎带注采关系不完善、油层连通差、注采状况差剩余油富集的井。

海拉尔油田 6 个区块，根据措施效果分为三种油藏类型，分别是砂砾岩油藏、特低渗透油藏和裂缝性潜山油藏。试验表明，三种油藏类型均适用 $CO_2$ 吞吐技术。

**2. 制定选井选层标准**

量化了措施井有效厚度范围。对措施历史数据进行统计分析（图 4-29），根据射开有效厚度与措施效果拟合曲线，确定了不同油藏类型措施井有效厚度选择标准：原油价格 40 美元/桶时，低渗透油藏油层>7.9m；砂砾岩油藏油层>6.3m。

量化了措施井含水率范围。由措施有效期与吞吐前含水值的变化趋势历史拟合（图 4-30），确定了含水率范围在 0~75%，措施有效期长，可大于 100d，措施前含水率高的井措施有效期相对较短。

由措施井增油量随吞吐前含水率的变化趋势历史拟合曲线（图 4-31），确定含水率范围，含水率在 0 ~ 70% ，累计增油高，达到87t（油价40美元经济效益界限）。

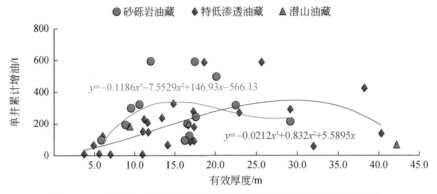

图4-29　不同类型油藏措施井射开有效厚度与措施效果拟合曲线

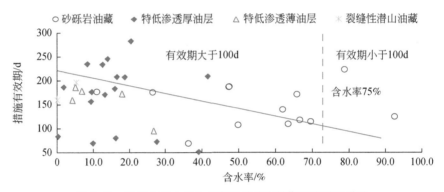

图4-30　措施井吞吐前含水率与单井有效期对应关系曲线

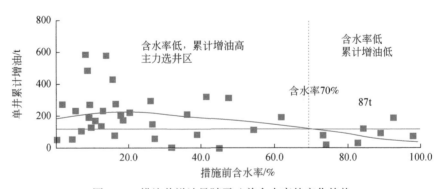

图4-31　措施井增油量随吞吐前含水率的变化趋势

　　综合以上考虑，同时结合历年现场试验，总结归纳了 $CO_2$ 吞吐单井增产技术需具备三个基本条件：①射开一定有效厚度是吞吐增油的物质基础；②剩余油饱和度较大是吞吐增油的决定因素；③合理的油藏工程参数是吞吐增油的必要条件。

　　在此基础上细化了措施选井选层原则见表4-6。

表 4-6　$CO_2$ 吞吐试验选井选层原则优化

| 油藏条件 | 选井选层选择条件优化 | 油藏条件 | 选井选层选择条件优化 |
|---|---|---|---|
| 有效厚度 | 若小层多，则厚度均一，差异小 | 储层密封性 | 储层密封，能够憋压 |
| | 若小层少，则射开厚度大 | 储层非均质性 | 层内非均质性小 |
| 剩余油饱和度 | 初期产量高或措施产量高 | 渗透率 | 渗透率不低于 $1\times10^{-3}\,\mu m^2$ |
| | 总累产高，有效累产高 | 裂缝发育程度 | 断层边部破碎带 |
| | 射开单位有效厚度累产低于区块平均值 | | 人工裂缝，未沟通邻井 |

针对海塔盆地特低渗透储量比例较大，常规注水开发难以有效动用的实际，开展注空气先导性试验，实现能量有效补充，建立有效注采系统。探索特低渗透油藏空气驱配套开发技术，为海塔盆地难采储量有效动用提供技术储备。

# 第三节　贝尔油田 X1172 井区注空气先导性试验

## 一、试验开展目的及意义

针对海塔盆地特低渗透储量比例较大，常规注水开发难以有效动用的实际，开展注空气先导性试验，实现能量有效补充，建立有效注采系统。探索特低渗透油藏空气驱配套开发技术，为海塔盆地难采储量有效动用提供技术储备。

## 二、试验方案设计

### 1. 试验区优选

海拉尔盆地特低渗透储层主要分布在苏仁诺尔、苏德尔特、乌东和贝尔凹陷，目的层主要为南屯组油层，根据国内外空气驱调研情况和适应性，结合已开发区块实际生产情况，选择注空气试验区，开展地质研究和先导性试验。

1）先导试验目的

（1）验证注空气开采的生产机理和技术可行性；

（2）检验注气设备与配套工艺技术的有效性；

（3）形成低渗透油藏注空气开发安全生产规范；

（4）确定特低渗透油藏注空气开发的技术经济效果。

2）试验区块选择原则

（1）地质条件在油藏中具有较好的代表性，具有一定储量规模；

（2）油层发育相对稳定、油藏连通较好；

（3）油层温度大于 70℃；

（4）渗透率在 $2\times10^{-3}\,\mu m^2$ 左右，注水困难；

（5）具有代表性，国内外兼顾。

根据试验目的和区块选择原则，确定在贝中地区 X1172 井区开展注空气先导试验（图 4-32）。试验区由四个井组组成，包括 4 口注入井和 16 口生产井。试验区含油面积 0.89km²，地质储量 75.45×10⁴t，试验层位地质储量 31.2×10⁴t。

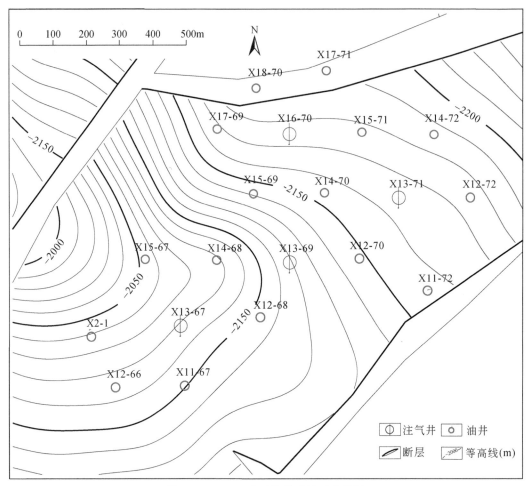

图 4-32　X1172 井区先导试验区井位图

### 2. 油藏方案优化及设计

在室内物理实验研究、试验区地质建模的基础上，应用注空气数值模拟软件，进行了注空气油藏工程优化设计，包括不同驱替介质生产效果对比、注气速度优化、注入压力计算、井网井距研究等。

1）试验层系

贝尔油田在 X1172 井区主要发育南屯组二段，该段主要油层有Ⅲ6、Ⅲ7 和Ⅳ1 三个小层，有效厚度为 2.2~23.7m，平均为 9.7m（图 4-33，图 4-34），将Ⅲ6、Ⅲ7 和Ⅳ1 小层组合为一套层系，作为空气驱先导试验的目的层。Ⅲ6、Ⅲ7 和Ⅳ1 小层地质储量为 31.2×

$10^4$t，占试验区南屯组二段储量的41.35%。

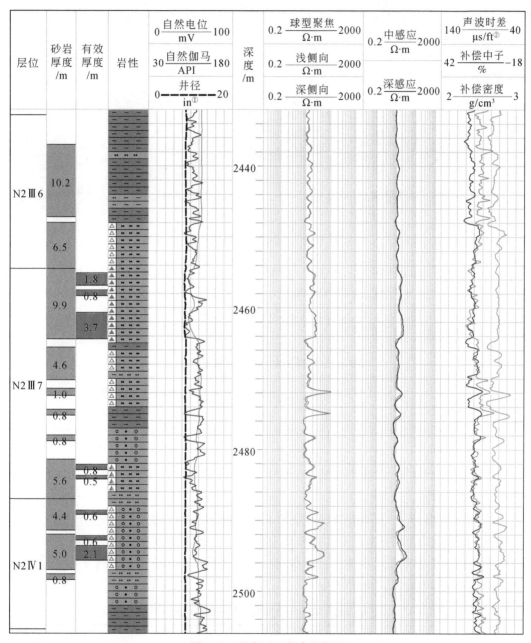

图 4-33　贝尔油田综合柱状图

①1in=2.54cm；②1ft=30.48cm

2）开发方式对比

模拟对比水驱与空气驱不同驱替介质的生产效果（O'Brien et al.，2004）。不同开发方式的开发效果表明，由于油层水敏严重，注水困难，难以建立有效驱替系统，水驱效果差；空气驱由于能够很好地建立压力驱替系统，加上温度效应与 $CO_2$ 气体作用，开采效果

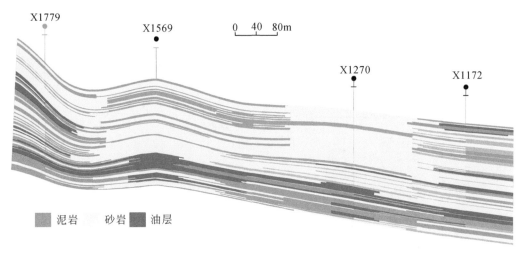

图 4-34　试验区油藏剖面图

最好。20 年空气驱采出程度为 22.3%，水驱为 9.31%。平均采油速度分别为 1.12% 和 0.47%。注空气比注水开发采油速度和采收率提高了 1 倍以上。预测当含水率为 98% 时，水驱最终采收率为 13.2%，空气驱最终采收率为 29.3%（空气油比 6000），比水驱提高 16.1 个百分点（表 4-7）。

表 4-7　不同开发方式生产效果对比

| 开发方式 | 生产时间 /a | 注入速度 /(m³/d) | 产油量 /10⁴t | 初始单井日产油/(t/d) | 期末平均单井日产油/(t/d) | 采出程度 /% |
|---|---|---|---|---|---|---|
| 空气驱 | 20 | 12500 | 4.84 | 2.73 | 1.83 | 22.3 |
| 水驱 | 20 | 15 | 2.02 | 2.70 | 0.77 | 9.31 |

3）井网井距

（1）井网模拟对比。模拟研究了反九点井网、反七点井网和五点井网的空气驱生产效果（表 4-8），模拟结果表明：反九点和反七点井网两者采出程度相近，都在 22% 以上。对比三种井网的平均单井日产油，反五点井网的单井日产油量较高但最终采出程度较低。因此综合考虑应选择反七点井网的布井方式。

表 4-8　不同井网空气驱生产效果对比

| 布井方式 | 生产时间 /d | 注气速度 /(Nm³/d) | 产油量/10⁴t | 注气量 /10⁴Nm³① | 空气油比 | 采出程度/% | 平均单井日产油/(t/d) |
|---|---|---|---|---|---|---|---|
| 反九点井网 | 6600 | 12500 | 5.16 | 8250 | 1599 | 23.8 | 1.3 |
| 反七点井网 | 6600 | 12500 | 4.84 | 8250 | 1705 | 22.3 | 1.83 |
| 五点井网 | 6600 | 12500 | 3.31 | 8250 | 2492 | 15.3 | 2.52 |

① Nm³ 为标准立方米（0℃，101.325kPa）。

（2）井距模拟对比。在采用反七点井网、单井注空气速度12500Nm³/d条件下，模拟研究了井距分别为400m、300m、200m与150m的4种方案（图4-35，图4-36）。随着井距的增大，单井产量逐渐增加，但采收率逐渐降低。小井距有利于早日见效，但易形成突破，大井距见效时间晚。综合考虑，在200～300m井距条件下井组日产油和采收率均较高，因此目前的井距比较适合空气驱，但从少钻井，降低投资成本考虑，今后扩大试验应采用300m井距。

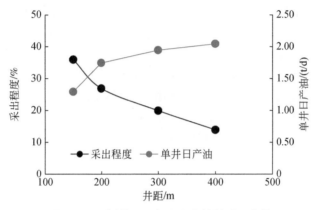

图4-35 不同井距空气驱生产效果对比曲线

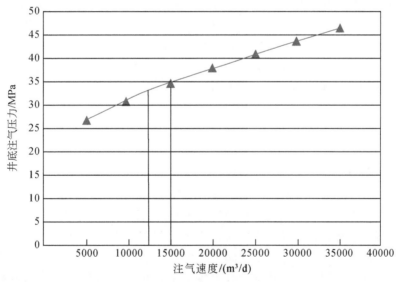

图4-36 注气速度与压力关系曲线

4）注气参数优化

利用注采平衡法、类比法、解析公式法与数值模拟等4种不同方法计算了注气速度对空气驱开发效果的影响（表4-9）。不同计算方法表明，试验区注气速度为12500～20000Nm³/d，考虑到该试验区平面与纵向非均质性比较严重，且井距较小，为了避免注气过早突破，选择注气速度12500Nm³/d较合适。

表 4-9 空气驱注气速度优化

| 计算方法 | 注采平衡法 | 类比法-1 | 类比法-2 | 解析公式法 | 数值模拟 |
|---|---|---|---|---|---|
| 注气速度/(Nm³/d) | 14500 | 16947 | 16790 | 15482 | 12500 |

设计首先以注入压力 35MPa、注气速度 12500Nm³/d 注入，观察注入压力与气体运动情况，包括气窜情况，如果气体没有出现明显的气窜，而且注气压力合适，然后将速度升高，以 20000Nm³/d 的速度注入。

当注气速度为 12500Nm³/d 时，注入压力为 32.8MPa；当注气速度为 15000Nm³/d 时，注入压力为 34.6MPa。

数值模拟预测结果如下：当注气速度为 12500Nm³/d 时，注入压力为 35.0MPa；当注气速度为 15000Nm³/d 时，注入压力为 38.5MPa。总体来说，井底注气压力小于 40MPa。

室内物理驱替实验表明，在不超过破裂压力的前提下，最大注气压差可达到 18MPa，即注气压力 34.7MPa。根据计算，试验区南屯组二段油层底的破裂压力为 43MPa。因此，在数值模拟计算中，取注入压力上限为 40MPa。

5）生产效果预测

通过油藏工程优化研究，试验区空气驱井底注气压力低于 40MPa，单井注气速度为 12500Nm³/d，采用反七点井网，注采井距 200m 进行空气驱试验。初始注气速度为 5000Nm³/d，每半年递增 2000Nm³/d，逐渐递增到 12500Nm³/d 注入。在油藏工程优化与生产动态预测的基础上，进行了先导试验区水驱和空气驱生产 10 年的产能安排。先导试验方案注水开采 10 年，累计注水 12.0×10⁴m³，累计产油 1.698×10⁴t、阶段采出程度 5.44%。先导试验方案注空气开采 10 年，累计注气 15312×10⁴m³，累计产油 5.208×10⁴t，累计空气油比（AOR）为 2940，采出程度 16.69%，比水驱提高 11.25%。

## 三、方案实施与效果评价

2009 年试验整体方案通过论证，2011 年完成一期工程（1 注 6 采）顺利投产，2012 年 10 月试验区 4 注 16 采全部投产，同步开展了各项配套技术研究。

在油藏工程方面，开展了空气驱室内实验研究、试验区精细地质研究、泡沫抑制气窜技术研究及现场试验等；在采油工程方面，开展了管柱防腐技术研究，逐步完善了注气井配套工艺；在地面工程方面，完善了地面工艺技术，开展了注空气压缩机组优选、减氧工艺技术研究；在现场管理方面，建立健全了各项规章制度，制定了详尽的安全措施。

1. 主要开展工作

1）注空气开发室内实验

（1）空气驱室内岩心驱油效率实验研究。实验的目的是确定空气驱的驱替效果，并与水驱进行对比，为开采方式选择提供依据。利用试验区内的岩心与井口原油样品，根据高压物性资料配制成地层原油样品，进行了水驱与空气驱不同驱替介质驱油效率实验（图 4-37）。

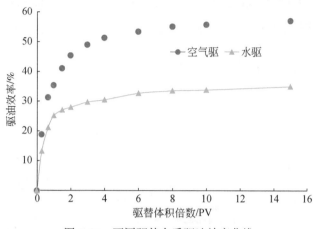

图4-37　不同驱替介质驱油效率曲线

注气实验是在恒温、恒压、恒速条件下进行的，水驱实验共驱替了15个PV，当含水率达97%时停止。不同驱替介质驱油实验结果表明，贝尔油田X1172井区特低渗透油藏水驱驱油效率低，通过注空气能够提高驱油效率。当注入15个PV时，空气驱油效率为57.14%，而水驱只有34.95%。空气驱比水驱驱油效率高22.19%（表4-10）。

表4-10　不同驱替介质驱油效率与注入PV数的关系

| 注入PV数 | 0.28 | 0.66 | 1 | 1.5 | 2 | 3 | 4 | 6 | 8 | 10 | 15 |
|---|---|---|---|---|---|---|---|---|---|---|---|
| 空气驱/% | 18.92 | 31.34 | 35.40 | 41.21 | 45.51 | 49.10 | 51.40 | 53.5 | 55.20 | 55.84 | 57.14 |
| 水驱/% | 13.27 | 21.20 | 25.18 | 27.07 | 28.02 | 29.72 | 30.51 | 32.7 | 33.52 | 33.78 | 34.95 |

注空气驱油效率高的原因是空气驱除了具有氮气驱的驱油机理外，还具有低温氧化的机理。空气中的氧可与原油中的烃类发生氧化反应，可形成羧酸、醛、酮、醇等化合物，同时会产生热量和$CO_2$气体。这些热量和气体可以进一步改善驱油效果。

实验还发现，该块岩心水敏性很强，注水后岩心渗透率大幅下降，岩心注入水的压力从1.02MPa升至9.8MPa。这一点也反映出贝尔油田特低渗透油藏不适合注水，如要注水开发，注入水需精细处理。

（2）细长管空气驱低温氧化实验研究。细长管实验目的是确定原油经过空气低温氧化后产出气体的组分与含量，确定注空气过程中氧气的消耗量以及安全性。并通过与数值模拟相结合，确定试验区原油低温氧化的温度范围，分析温度升高以及$CO_2$对采收率的影响。

通过分析实验前后产出气样品的组成与含量，可以分析原油与空气的低温氧化特征。

从产出氧气和氮气的百分含量随时间的变化可以看出（图4-38），空气在驱替进行到1PV左右的时候开始突破，空气突破后，产出气体中的氮气含量上升较快，氧气含量一直很低，即使突破，氧气含量也小于3%，整个实验过程中没有发现CO产生。$CO_2$的百分含量在空气突破后略有降低的趋势，这主要是由于空气突破后造成的稀释作用。空气突破后氧气的含量也相对较低，这主要是由于产出气中含有大量的原油溶解气，对氧气也同样产生了稀释作用。所以要确定实验中氧气是否被消耗，是否发生了低温氧化反应，应该根据氮气和氧气之间的含量关系。

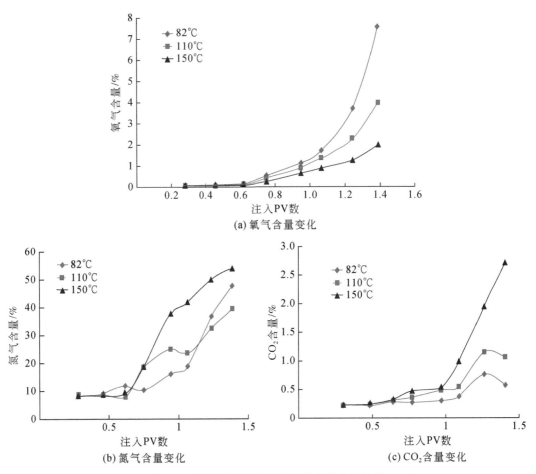

(a) 氧气含量变化

(b) 氮气含量变化　　　(c) CO₂含量变化

图 4-38　空气驱过程中产出气体含量变化曲线

　　空气突破前 $N_2$ 与 $O_2$ 的比值维持在一个相对稳定的范围内。空气突破后，$N_2$ 与 $O_2$ 的比值随驱替过程的进行明显地高于空气突破前 $N_2$ 与 $O_2$ 的比值和注入气中 $N_2$ 与 $O_2$ 的比值。由于注入整个驱替过程氮气的摩尔量不会增加，比值的增大只能归结为氧气在驱替的过程中被消耗掉一部分，即驱替过程中发生了氧化反应。

　　从气体组成看，驱替过程中氧气被大量消耗，发生了低温氧化，温度越高耗氧量越多，氧化反应程度越高（表 4-11）。

　　当油藏温度为 82℃时，$CO_2$ 生成量很少；当温度达到 150℃以上时，$CO_2$ 生成量与氧气消耗量明显增多，产出气体中氧气的含量始终小于 3%。

　　（3）气体溶胀实验研究。空气在油层中与原油发生氧化后，消耗氧气，同时生成 $N_2$、$CO_2$，这些气体将在原油中溶解，降低原油黏度并使原油地层体积系数增加。本实验的目的是确定单纯 $N_2$ 与混合气体（$N_2$ 与 $CO_2$）在原油中的溶解能力，以及由此导致的地层原油膨胀与原油黏度降低程度。

表 4-11　空气驱后产出气成分与含量

| 温度/℃ | 成分 | 时间/h | | | | | | | | |
|---|---|---|---|---|---|---|---|---|---|---|
| | | 28 | 46 | 62 | 74 | 94 | 106 | 124 | 138 | 149 |
| 82 | $N_2$ | 8.02 | 9.19 | 11.88 | 10.42 | 16.07 | 18.92 | 36.83 | 47.88 | |
| | $O_2$ | 0.07 | 0.09 | 0.17 | 0.54 | 1.14 | 1.72 | 3.72 | 7.60 | |
| | $CO_2$ | 0.15 | 0.17 | 0.22 | 0.22 | 0.24 | 0.31 | 0.71 | 0.52 | |
| 110 | $N_2$ | 8.90 | 8.68 | 8.06 | 18.61 | 24.92 | 23.74 | 32.43 | 39.60 | 61.17 |
| | $O_2$ | 0.08 | 0.08 | 0.08 | 0.42 | 0.89 | 1.38 | 2.30 | 4.00 | 9.71 |
| | $CO_2$ | 0.17 | 0.17 | 0.24 | 0.29 | 0.42 | 0.49 | 1.07 | 1.00 | 0.41 |
| 150 | $N_2$ | 8.60 | 8.34 | 9.15 | 19.01 | 37.88 | 41.77 | 50.13 | 54.20 | 75.36 |
| | $O_2$ | 0.08 | 0.08 | 0.09 | 0.27 | 0.66 | 0.91 | 1.26 | 2.00 | 4.80 |
| | $CO_2$ | 0.17 | 0.17 | 0.27 | 0.41 | 0.47 | 0.56 | 1.40 | 1.50 | 0.96 |

实验是在高温高压 PVT 实验装置中测试的，实验用油为 X1172 井的含气原油样品。实验中分别测试了不同温度与压力下 $N_2$ 与混合气体（90% $N_2$ 与 10% $CO_2$）在原油中的溶解度、溶气后原油黏度与密度的变化以及原油地层体积系数的变化。表 4-12 是测试实验结果。可以看出，当氮气体中含有 10% 的 $CO_2$ 时，气体在原油中的溶解能力将提高。

表 4-12　不同温度和压力下氮气和混合气对原油 PVT 物性的影响

| 温度/℃ | 压力/MPa | 地层原油 | | 饱和氮气原油 | | | | 饱和混合气原油 | | | |
|---|---|---|---|---|---|---|---|---|---|---|---|
| | | 黏度/(mPa·s) | 密度/(g/cm³) | 黏度/(mPa·s) | 溶解度 | 密度/(g/cm³) | 体积系数 | 黏度/(mPa·s) | 溶解度 | 密度/(g/cm³) | 体积系数 |
| 82 | 14 | 5.44 | 0.819 | 3.57 | 14.52 | 0.810 | 1.092 | 3.25 | 24.34 | 0.788 | 1.1207 |
| | 22.5 | 5.88 | 0.827 | 4.09 | 23.57 | 0.806 | 1.096 | 3.64 | 35.75 | 0.785 | 1.1249 |
| | 30 | 6.19 | 0.833 | 4.34 | 33.68 | 0.781 | 1.131 | 3.81 | 45.71 | 0.783 | 1.1285 |
| 120 | 14 | 2.61 | 0.808 | 2.30 | 14.18 | 0.769 | 1.148 | 1.85 | 22.03 | 0.774 | 1.1415 |
| | 22.5 | 2.84 | 0.816 | 2.46 | 21.7 | 0.758 | 1.165 | 1.86 | 28.93 | 0.760 | 1.1621 |
| | 30 | 3.07 | 0.824 | 2.53 | 33.97 | 0.742 | 1.190 | 2.15 | 36.16 | 0.757 | 1.1672 |
| 140 | 14 | 1.80 | 0.793 | 1.57 | 13.98 | 0.754 | 1.172 | 1.31 | 20.9 | 0.754 | 1.1708 |
| | 22.5 | 2.14 | 0.804 | 1.89 | 19.78 | 0.750 | 1.178 | 1.57 | 24.38 | 0.751 | 1.1765 |
| | 30 | 2.37 | 0.813 | 1.97 | 27.83 | 0.713 | 1.238 | 1.75 | 29.43 | 0.748 | 1.1808 |

同时，由于混合气体在原油中的溶解度增大，引起原油黏度和密度降低幅度增大（图 4-39 ~ 图 4-41），原油的膨胀程度也增加，体积系数增大。这说明，在低渗透油藏注空气开发过程中，原油发生低温氧化生成氮气与 $CO_2$，比单纯注氮气对提高原油采收率更有利。

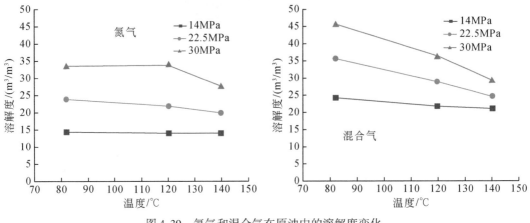

图 4-39　氮气和混合气在原油中的溶解度变化

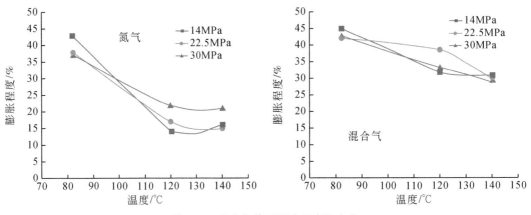

图 4-40　饱和气体后膨胀程度的变化

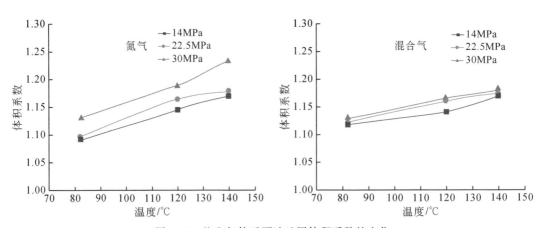

图 4-41　饱和气体后原油地层体积系数的变化

2）试验区精细地质研究

注空气试验区处于海塔盆地贝尔油田，是特低孔特低渗复杂断块油田，地质条件非常复杂，试验区需要进行精细地质研究，包括精细构造描述研究、沉积模型及沉积相研究、储层特征分析、测井二次解释、精细三维地质建模、油藏数值模拟等。

在岩心观察基础上，结合区域沉积背景、沉积相标志，建立单井微相图，完成对全区62 口井单井沉积相划分，以及南屯组二段 16 个小层、8 个单砂体的平面微相图编制。南屯组沉积属于扇三角洲沉积。其亚相类型包括扇三角洲平原、扇三角洲前缘和前扇三角洲；微相类型包括水下分流河道、水下分流河道侧翼、分流河道间湾、前缘水下分流河道、前缘水下分流河道侧翼、前缘河口坝、前缘席状砂和前扇三角洲泥等。试验目的层主要发育水下分流河道间湾、前缘水下分流河道、前缘水下分流河道侧翼、前缘席状砂等微相。

完成了试验区构造模型、岩相模型、沉积相模型、属性模型、流体模型的建立（图 4-42，图 4-43）。利用孔隙度模型、净毛比模型、流体模型，估算试验区目的层石油地质储量，计算石油地质储量 $34.4 \times 10^4$t，与地质计算一致。

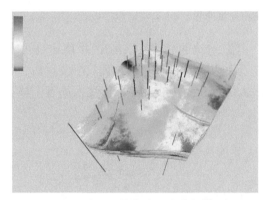 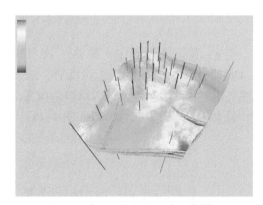

图 4-42 希 2 区块实验区孔隙度模型图　　　图 4-43 希 2 区块实验区渗透率模型图

3）泡沫抑制气窜技术室内研究及防窜方案设计

选择了表面活性剂 AE 作为发泡剂。表面活性剂 AE 的泡沫生成速度大于其他几种表面活性剂（图 4-44），说明与其他几种表面活性剂相比，AE 最容易生成泡沫；热稳定性影响起泡剂在油藏条件下的有效期。采用试验区块注入水配制 0.4% 的 AE 溶液，长期放置于温度 82℃ 条件下，定期测定发泡剂的起泡性能和泡沫的稳定性。发泡剂 AE 经过 45 天的老化实验，生成泡沫的量没有发生变化，经过一个月的时间后泡沫的稳定时间稍有下降，但降幅不大，说明在油藏条件下起泡剂具有较好的热稳定性；阴离子型的表面活性剂及其复配体系与发泡剂复配后，产生明显的沉淀。而表面活性剂 AE 与防膨剂具有较好的配伍性。综合考虑，选择表面活性剂 AE 作为发泡剂。

设计空气泡沫抑制气窜采用小段塞，周期性注入，采用地下发泡方式，泡沫注入量按照由小到大，注入强度由弱到强，结合泡沫现场实施情况逐步调整。注入方式采用 30m³ 泡沫液+5m³ 清水＋10000Nm³ 空气，设计泡沫剂注入速度为>2.0m³/d，空气注入速度为 5000Nm³/d，发泡剂注入浓度为 1.33%。

2011 年 5 月 13 日开展 X1670 井注泡沫抑制气窜现场试验。截至 6 月底，共完成 5 个泡沫段塞注入，累计注入泡沫液 169m³，最高注入压力 32.0MPa。

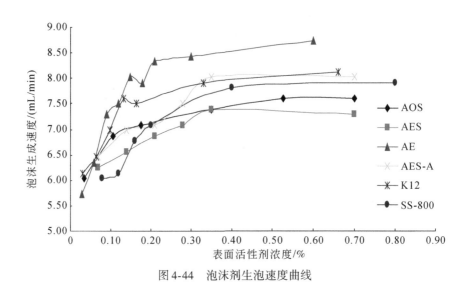

图 4-44　泡沫剂生泡速度曲线

空气–泡沫段塞的注入提高了注气压力。实施泡沫封窜前，X1670 井稳定注气压 25.4MPa，注入第一、第二个段塞后，最大注气压力为 28.2MPa，注入第三个段塞后，最大注气压力为 28.6MPa，注入第四个段塞后，最大注气压力为 29.1MPa，注入第五个段塞后，最大注入压力为 32.0MPa（图 4-45）。

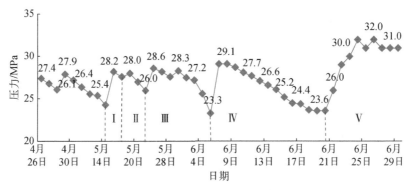

图 4-45　空气–泡沫段塞注入压力及注气量变化曲线

随空气–泡沫段塞数量增加，注气压力下降趋势减缓。注入第一、第二个段塞后，注气压力下降速度为 1MPa/d；注入第三个段塞后，注气压力下降速度为 0.5MPa/d；注入第四个段塞后，注气压力下降速度为 0.4MPa/d。

4）防腐技术研究

2011 年 4 月 25 日，X1670 井开始注气，2011 年 6 月测试光缆腐蚀严重，9 月作业起出堵塞管柱，堵塞物主要为测试光纤及其腐蚀物。同时注气管柱也出现腐蚀现象（图 4-46）。

为了评价海拉尔注空气过程中泡沫溶液对注气过程中腐蚀速率的影响，分别采用水，泡沫溶液研究了在高温、高压空气存在条件下对金属腐蚀的影响。对比研究发泡剂 AE 对

图 4-46　X1670 井管柱腐蚀情况

注气过程中腐蚀的影响。实验采用了两种类型的标准试验挂片（20#钢、N80 钢）。并对两种类型的缓蚀剂在不同浓度时对空气的缓蚀效果进行了评价。

实验的结果表明，在高温、高压条件下，空气对金属存在严重的腐蚀；发泡剂溶液对腐蚀具有明显的抑制作用；评价的两种缓蚀剂中 IMC 缓蚀剂对腐蚀具有一定的抑制作用（表 4-13）。

表 4-13　缓蚀剂 IMC 采用 N80 钢腐蚀试验结果

| 样品 | 编号 | 实验前/g | 实验后/g | 失重/g | 平均失重/g | 腐蚀速率/ $[g/(m^2 \cdot h)]$ | 缓蚀率/% |
|---|---|---|---|---|---|---|---|
| 水 | 93 | 10.779 | 9.984 | 0.795 | 0.874 | 4.017 | |
| | 33 | 10.628 | 9.7 | 0.928 | | | |
| | 80 | 10.705 | 9.806 | 0.899 | | | |
| 泡沫剂 | 74 | 10.833 | 10.496 | 0.337 | 0.336 | 1.544 | 61.6 |
| | 92 | 10.9 | 10.6 | 0.34 | | | |
| 泡沫剂+缓蚀剂 /(100mg/L) | 62 | 10.801 | 10.522 | 0.279 | 0.315 | 1.448 | 64.0 |
| | 44 | 10.862 | 10.511 | 0.351 | | | |
| 泡沫剂+缓蚀剂 /(200mg/L) | 27 | 10.567 | 10.218 | 0.349 | 0.356 | 1.636 | 59.3 |
| | 86 | 10.764 | 10.4 | 0.364 | | | |
| 泡沫剂+缓蚀剂 /(500mg/L) | 25 | 10.866 | 10.582 | 0.284 | 0.274 | 1.259 | 68.7 |
| | 28 | 10.703 | 10.438 | 0.265 | | | |
| 泡沫剂+缓蚀剂 /(600mg/L) | 57 | 10.904 | 10.825 | 0.079 | 0.125 | 0.574 | 85.7 |
| | 97 | 11.006 | 10.835 | 0.171 | | | |
| 泡沫剂+缓蚀剂 /(1500mg/L) | 13 | 10.76 | 10.543 | 0.217 | 0.273 | 1.255 | 68.8 |
| | 20 | 10.67 | 10.341 | 0.329 | | | |

国内外在防止空气腐蚀方面进行了较多研究，采用了多种方法相结合来预防和控制腐蚀带来的不利影响。

使用耐腐蚀材料的管柱：North Dakota 油田的注空气项目使用了无表面涂层的碳钢，这种钢材在项目实施过程中没有产生腐蚀问题，也未堵塞注气井。美国大多数注气井使用140mm K-55 和 N-80 级套管，73mm 涂料油管。

充填缓蚀剂：用永久型注入封隔器隔离环空，并充填缓蚀剂。

对管柱表面进行处理：钝化是一种化学处理方法，它使钢的表面变得不活泼（或不易发生化学反应）。

阴极保护：通过对注气管柱加入阴极保护来抑制空气腐蚀。

目前海拉尔注气井已采用涂层防腐油管，下一步将增加腐蚀防护措施，开展缓蚀剂优选，采用涂层与缓蚀剂结合进行防腐。

2. 取得认识

2012 年 10 月试验区全面投产后，通过室内实验研究、现场跟踪分析，在室内实验研究方面，明确了海拉尔空气驱以低温氧化为主，在动态分析及跟踪调整方面，分析了采油井受效特征，探索了空气驱抑制气窜技术。

1）空气驱室内实验研究

（1）原油组分变化。根据采油井受效状况分为四类（图 4-47）：未受效、受效初期、受效、气窜，进行原油组分化验分析。随气驱阶段推进，产出油轻质组分含量上升，重质组分含量下降。

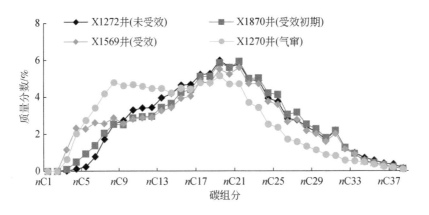

图 4-47　不同气驱阶段采油井原油组分变化曲线图

（2）产出气变化情况。根据室内实验建立空气驱温度与气体含量关系曲线。试验区受效井产出碳类氧化气体含量 3.5%~14.1%，平均为 10.3%（图 4-48，表 4-14）。

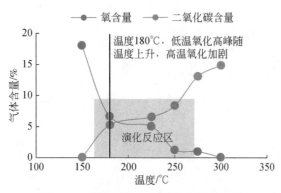

图 4-48　气驱温度与气体含量关系曲线

**表 4-14　试验区受效井产出气含量统计表**　　　　　　　　（单位:%）

| 序号 | 井号 | 受效后碳类氧化气体含量 | | |
|---|---|---|---|---|
| | | CO$_2$ 含量 | CO 含量 | 合计 |
| 1 | X1172 | | 7 | 7 |
| 2 | X1468 | 0.3 | 8.4 | 8.7 |
| 3 | X1270 | 1.1 | 10 | 11.1 |
| 4 | X1569 | 0.6 | 10 | 10.6 |
| 5 | X1668 | 2.3 | 14.1 | 16.4 |
| 6 | X1769 | 3.1 | 11 | 14.1 |
| 7 | X21 | 1.0 | 3.5 | 4.5 |
| 平均 | | 1.2 | 9.1 | 10.3 |

综合分析,海拉尔空气驱以低温氧化为主,伴随裂解反应。

2)初步明确了采油井受效特征

目前试验区受效 8 口井,平均单井累计增油 188t。在纵向上:构造高部位油井易受效。在平面上:裂缝或地层主应力方位易受效。

受效类型主要分为三类:①高部位受效,注气井注入量达 0.023PV 后受效,单井累计增油 295t;②主应力方位受效,注气井注入量达 0.019PV 后受效,单井累计增油 162t;③裂缝沟通受效,注气井注入量达 0.015PV 后受效,单井累计增油 115t,其中 3 口井气窜(图 4-49,表 4-15)。

分析认为,裂缝沟通最先受效,主应力方位油井次之,高部位受效最慢,增油效果最好。

3)初步形成了空气驱抑制气窜调整技术

2011 年 4 月,试验一期工程 1 注 6 采投产,注气井投注 7 天后,采油井 X17-69 井气窜。随后针对注气井实施了空气-泡沫段塞、水气交替注入等方式抑制气窜,注入井注入压力上升,气窜井氧气含量下降,取得了一定效果。2012 年 10 月试验二期投产,4 注 16 采。为保证试验效果,投产前制定了预防气窜措施,根据注入、采出动态,逐步调整注入

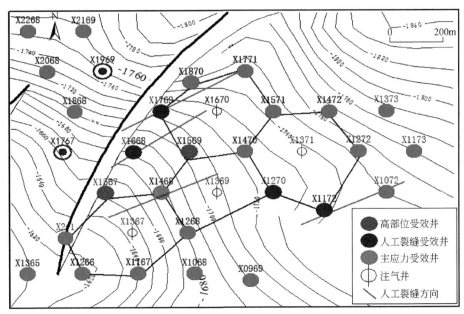

图 4-49　受效井及人工裂缝分布图

方式，成功抑制了 2 口井气窜，初步形成了空气驱抑制气窜调整技术。

表 4-15　试验区受效井注采状况分析表

| 受效类型 | 井号 | 射开厚度/m | | 受效日期（年/月） | 日产油/(t/d) | | | 累计产油/t | 累计增油/t | 对应注气井 | 注入 PV | |
|---|---|---|---|---|---|---|---|---|---|---|---|---|
| | | 砂岩 | 有效 | | 受效前 | 受效初期 | 目前 | | | | 受效初期 | 累计 |
| 构造高部位 | X1569 | 36.4 | 13.2 | 2013/6 | 0 | 2.8 | 0 | 446 | 337 | X1670 | 0.027 | 0.033 |
| | X1870 | 50.8 | 21.8 | 2013/7 | 0.3 | 1.6 | 0.3 | 1867 | 237 | X1670 | 0.029 | 0.033 |
| | X21 | 44.7 | 29.3 | 2013/6 | 0.9 | 2.2 | 0.4 | 5757 | 363 | X1367 | 0.014 | 0.022 |
| 平均 | | 44.0 | 21.4 | | 0.4 | 2.2 | 0.2 | 2690 | 312 | | 0.023 | 0.030 |
| 地层主应力方位 | X1468 | 10.0 | 8.0 | 2014/3 | 0.2 | 1.1 | 0.5 | 234 | 186 | X1367 | 0.019 | 0.022 |
| 平均 | | 10.0 | 8.0 | | 0.2 | 1.1 | 0.5 | 234 | 186 | | 0.019 | 0.022 |
| 裂缝受效 | X1172 | 19.0 | 3.2 | 2013/6 | 0.1 | 1.1 | 0 | 491 | 212 | X1369 | 0.025 | 0.025 |
| | X1270 | 18.3 | 10.0 | 2013/6 | 0 | 1.5 | 0 | 60 | 50 | X1369 | 0.025 | 0.025 |
| | X1668 | 18.9 | 18.4 | 2012/10 | 0 | 0 | 0 | 152 | 0 | X1670 | 0.006 | 0.033 |
| | X1769 | 29.5 | 10.7 | 2011/4 | 0 | 2.1 | 0 | 497 | 202 | X1670 | 0.003 | 0.033 |
| 平均 | | 21.4 | 10.6 | | 0 | 1.2 | 0 | 300 | 116 | | 0.015 | 0.029 |

调整思路：注气开发前，根据断层或裂缝分布状况，超前制定调整措施，预防气窜；注气过程中，根据注采状况、采油井受效程度制定调整措施。

（1）断层或裂缝分布井实施周期注气+水段塞，预防气窜。

连续注气量设计：根据一期工程注入经验，X1670 井按 5000Nm³/d 注气，连续注入量达 38904Nm³ 后采油井发生气窜。因此压裂井组连续注入量不宜超过 30000Nm³。

水段塞量设计：初步设计水段塞量为半径 2m 的近井地带有效孔隙体积（表 4-16）。

综合考虑，针对断层/裂缝发育井组，按照 12000Nm³/d 连续注入 48h+20m³ 清水，停注 72h 观察压力情况，周期运行。

**表4-16 试验区注气井近井地带半径 2m 所需水段塞注入量统计表**

| 井号 | 射开厚度/m | | 孔隙度 | 半径/m | 泡沫液注入量/m³ |
|---|---|---|---|---|---|
| | 砂岩 | 有效 | | | |
| X1670 | 40 | 13.6 | 0.1 | 2 | 17.08 |
| X1367 | 20.6 | 15.8 | 0.1 | 2 | 19.84 |
| X1369 | 26.6 | 7.3 | 0.1 | 2 | 9.17 |
| X1371 | 30.7 | 10.7 | 0.1 | 2 | 13.44 |

周期注入效果：注气井 X1367 井距离断层较近，且井组采油井 X2-1 井为探井，压裂投产，综合分析该井实施周期注气。X1367 井投注初期共实施 4 个周期注入（图 4-50），注入压力从 27.6MPa 上升至 31.0MPa，后续考虑注入压力稳步上升，实施连续注气。目前该井组受效井 2 口，无气窜井。

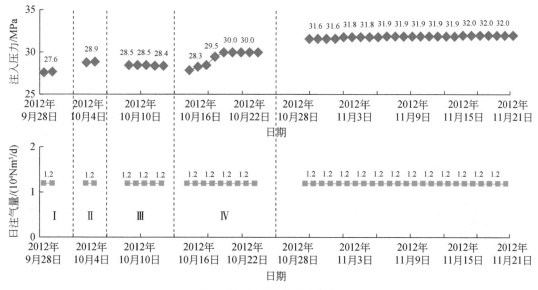

图 4-50 X1367 井注入曲线

（2）气窜井组实施水–气/泡沫–空气交替注入，抑制气窜。

注气井 X1369 井、X1670 井投注初期，井组出现气窜井，分析认为井组发育小断层或裂缝。根据试验一期经验，小段塞短周期调整方式效果较慢，同时为对比水–气交替、泡沫–空气交替两种方式，计划对 X1670 井实施水–气交替，X1369 井实施泡沫–空气交替注入。

调整方案原则：一是根据区块内注水井吸水强度确定配注量，注入过程中根据地层吸水能力调整配注量；二是初步设计水段塞处理半径为 30m，泡沫段塞处理半径为 20m，同时根据变化情况调整段塞量；三是注入压力应低于破裂压力 2~3MPa，预留恢复注气压力空间。

调整方案设计：X1670 井实施水段塞调整，X1369 井实施泡沫段塞调整（表 4-17）。

表 4-17　气窜井组注入调整方案设计表

| 井号 | 射开厚度/m | | 孔隙度/% | 配注量 | | 注入压力 | | 段塞量 | | 备注 |
|---|---|---|---|---|---|---|---|---|---|---|
| | 砂岩 | 有效 | | 日配注/(m³/d) | 注入强度/(m³/d·m) | 井口破裂压力/MPa | 停注压力/MPa | 处理半径/m | 注入量/m³ | |
| X1670 | 40.0 | 13.6 | 10.1 | 25 | 1.8 | 18.5 | 16.5 | 30 | 4000 | 水段塞 |
| X1369 | 26.6 | 7.3 | 10.1 | 15 | 2.1 | 18.4 | 16.4 | 20 | 900 | 泡沫段塞 |

调整效果：X1670 井，2012 年 11 月~2013 年 6 月实施水段塞，阶段注水 4842.5m³，完成设计注入量。调整效果明显（图 4-51），一是注气压力明显上升，由调整前的 27.5MPa 上升至 34.9MPa；二是成功抑制 X1668 井气窜，气窜初期套压 5.6MPa，产出气氧含量 10.1%，调整后套压 0MPa，氧含量 0。

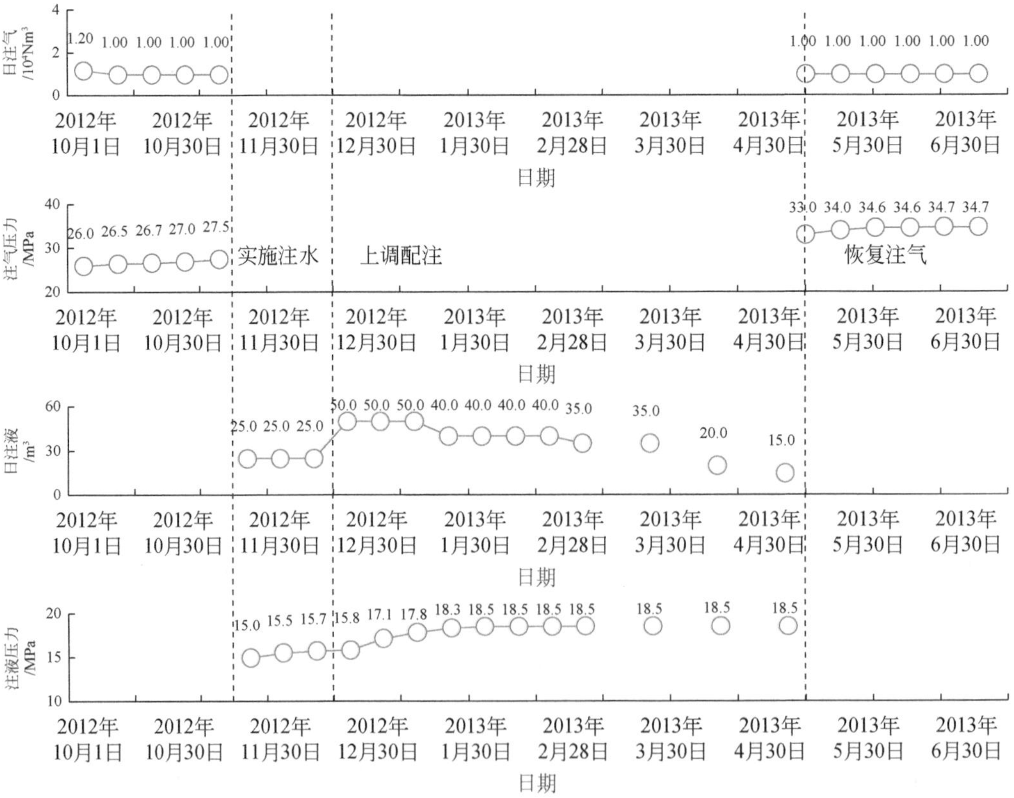

图 4-51　X1670 井注入曲线

X1369 井 2012 年 11 月～2013 年 6 月实施泡沫段塞，阶段注泡沫 948m³，完成设计注入量。调整效果明显（图 4-52），一是注气压力明显上升，由调整前的 29.5MPa 上升至31.3MPa；二是成功抑制 X1270 井气窜，气窜初期套压 7.7MPa，产出气氧含量 13.5%，调整后套压 0MPa，氧含量 0。

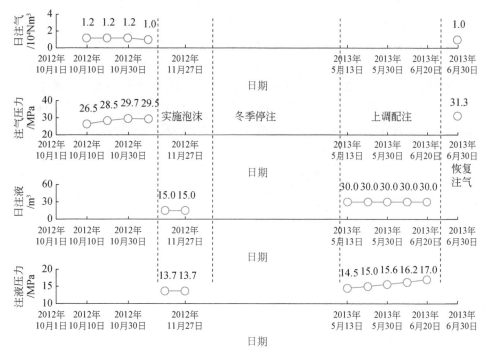

图 4-52　X1369 井注入曲线

对比水段塞、泡沫段塞调整效果，均能起到抑制气窜作用，考虑泡沫成本较高，后续调整方案中推荐实施水段塞注入方式。

至此，空气驱试验取得了一系列阶段成果，但由于经济效益不达标，投入产出比低，后期投入高，未能大面积推广。但该试验技术方法的成功是宝贵的，对类似其他注气油田具有启发意义。

# 第四节　大规模压裂现场试验

## 一、大规模压裂技术引进及应用现状

### 1. 大规模压裂技术引进及机理

近年来针对特低渗透难采储量油层，压裂改造增产理念不断推进，直井多层、水平井多段是压裂技术的发展方向，高排量、高砂量、高压力的大规模改造成为压裂工艺发展的趋势。这种压裂方式指水力压裂过程中，通过大液量、大排量施工，利用储层两个水平主应力差值与裂缝延伸净压力的关系，当裂缝延伸净压力大于储层天然裂缝或胶结弱面张开所需的临界压力时，产生分支缝或净压力达到某一数值能直接在岩石本体形成分支缝，形成初步的"缝网"系统；以主裂缝为"缝网"系统的主干，分支缝可能在距离主裂缝延伸一定长度后又恢复到原来的裂缝方位，或者张开一些与主裂缝成一定角度的分支缝，最终都可形成以主裂缝为主干的纵横交错的"缝网状"系统，可以形象地比喻为由常规单一主缝"高速公路"式，向"高速公路+乡村小路"式"复杂缝网体积改造"转变（图4-53），通过扩大裂缝波及体积和缩短驱替距离，实现单井产量突破，提高开发效果。具体工艺上分为缝网压裂及分支缝压裂，缝网压裂主要做法是应用不同液性交替施工，形成裂缝网络，扩大裂缝波及范围，改善注采关系；分支缝压裂主要做法是应用暂堵剂，迫使裂缝转向，形成分支裂缝体系，提高单井产量（窦让林，2002；雷群等，2009）。

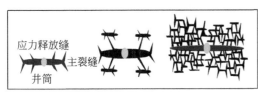
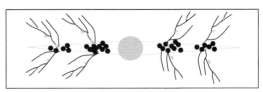

　　(a) 缝网压裂工艺示意图　　　　　　　　　　(b) 分支缝压裂工艺示意图

图4-53　缝网压裂和分支缝压裂示意图

### 2. 大规模压裂技术应用现状

#### 1）吉林油田大规模压裂技术应用

自"十一五"以来，吉林油田待动用资源对象主要为特低渗透油藏和超低渗透油藏。在开发大规模压裂之前，吉林油田基本以低排量（2.0~3.5m³/min）、低砂量（<30m³）、低加砂强度（1.0~5.0m³/m）压裂为主。为了加强储层动用，提高单井产能和长期稳产水平，吉林油田不断开展大规模压裂技术攻关。技术发展历程主要包括四个阶段。

第一阶段以提高压裂施工成功率为目标的大规模压裂技术：长深1-3井是吉林油田第一口超3000m深压裂井，加入支撑剂50m³，采用低砂比（砂比17.5%）技术路线，压后试气获4.4×10⁴m³工业气流，揭示了致密砂岩气藏开发潜力。

第二阶段以提高横向改造程度为目标的大规模压裂技术：对长深103井压裂，加入支撑剂90m³，施工砂比20.5，压后试气获得9×10⁴m³工业气流，高产气流后坚定了大规模压裂能够提高产能的思路。

第三阶段以提高纵向改造程度为目标的大规模压裂技术：长深D1-1井是吉林油田第一口机械分层压裂深井，加砂规模175m³，裂缝纵向支撑111m，改造程度83.5%。采用6.35mm油嘴试气，油压23.6MPa，日产气量11.6×10⁴m³。

第四阶段以实现"体积改造"为目标的大规模压裂技术：对长深D平2井837m水平段采取了10级压裂，累计加入支撑剂1260t，入井液4870m³，单段最大加砂174t，压裂后水平井日产气17.0×10⁴m³。

2）大庆油田大规模压裂技术应用

长垣外围油田萨葡和扶杨油层三类区块地质储量 $3.66\times10^8t$，占总储量的 43.71%，平均渗透率为 $18.3\times10^{-3}\mu m^2$，平均单井日产油 0.8t，采油速度 0.61%，采出程度 7.1%，开发效果较差。特别是扶杨油层三类区块平均渗透率为 $1.44\times10^{-3}\mu m^2$，平均单井日产油只有 0.4t，采油速度 0.31%，采出程度 4.2%（表 4-18）。这类油层由于储层致密难以建立有效驱动体系，整体开发效果较差。

表 4-18 长垣外围三类油层开发指标

| 类别 | 区块/个 | 动用地质储量/10⁴t | 渗透率/10⁻³μm² | 开井数/口 | 平均单井日产油/t | 采出程度/% | 采油速度/% |
|---|---|---|---|---|---|---|---|
| 萨葡三类 | 54 | 18114.0 | 31.96 | 5180 | 1.1 | 10.0 | 0.91 |
| 扶杨三类 | 44 | 18467.6 | 1.44 | 2889 | 0.4 | 4.2 | 0.31 |
| 合计（平均） | 98 | 36581.6 | (18.3) | 8069 | (0.8) | (7.1) | (0.61) |

注：括号内为加权平均值。

为改善已开发低效区块开发效果，2011~2014 年在大庆长垣外围开展直井缝网压裂现场试验。2011~2012 年在扶余油层葡 333 区块优选 5 口井开展先导试验；2013 年优选扶杨油层的葡 333、州 6、源 121-3、树 2、茂 503、葡萄花油层茂 733 和高台子油层龙虎泡单采高台子 7 个区块 43 口井实施缝网压裂；2014 年进一步扩大试验规模，在葡 463、朝 89、州 182、古 72、树 322、东 16、台 1 等 9 个区块实施 40 口井。

2011~2014 年共实施 88 口井，初期平均单井日增油 5.4t。其中，2011~2013 年在 7 个区块实施了 48 口井，平均单井初期日增油 4.8t，阶段累增油 $4.19\times10^4t$，2014 年实施缝网压裂 40 口井，压裂后初期单井日增油 5.9t，目前日增油 3.7t，已累计增油 7462t。连续四年的试验取得了较好的效果（表 4-19）。目前，大规模压裂技术已经在国内得到广泛应用，如冀东油田南堡 5-82 井、胜利油田桩 165-斜 2 井和高 892 区块，青海油田红柳泉油田经 40-6 井，准噶尔盆地下子街下 72 井区等均开展大规模压裂。大庆油田针对外围低渗透油田储量动用难、开采效益低等难题，结合不同类型油藏特点，配套了系列工具，不断降低措施成本。经过几年攻关，工艺技术指标、适应性和效果都稳步提升。

表 4-19 长垣外围油田缝网压裂效果统计表

| 压裂时间 | 压裂井数/口 | 压裂段数/个 | 压裂有效厚度/m | 施工规模/(m³/m) | | 措施前 | | | 措施后初期 | | | 2014 年12月 | | | 日增油/t | 单井累计增油/t |
|---|---|---|---|---|---|---|---|---|---|---|---|---|---|---|---|---|
| | | | | 加砂强度 | 加液强度 | 产液/(t/d) | 产油/(t/d) | 含水率/% | 产液/(t/d) | 产油/(t/d) | 含水率/% | 产液/(t/d) | 产油/(t/d) | 含水率/% | | |
| 2011 年 | 2 | 7.0 | 20.2 | 6.5 | 101.7 | 0.6 | 0.6 | 0.0 | 11.9 | 11.9 | 0.0 | 3.1 | 3.1 | 0.0 | 2.5 | 3501 |
| 2012 年 | 3 | 6.3 | 18.6 | 6.8 | 198.7 | 2.4 | 0.6 | 73.2 | 16.9 | 5.0 | 70.2 | 5.1 | 1.0 | 79.7 | 0.4 | 1899 |
| 2013 年 | 43 | 3.9 | 11.3 | 8.6 | 499.3 | 0.9 | 0.5 | 49.0 | 17.3 | 5.2 | 70.1 | 5.1 | 2.1 | 58.5 | 1.7 | 680 |
| 2014 年 | 40 | 2.7 | 10.8 | 7.1 | 307.4 | 1.2 | 0.8 | 34.5 | 15.9 | 6.7 | 58.0 | 9.3 | 4.5 | 52.3 | 3.7 | 187 |
| 合计（平均） | 88 | (3.5) | (11.5) | (7.8) | (385.2) | (1.1) | (0.6) | (42.5) | (16.5) | (6.0) | (63.6) | (7.0) | (3.2) | (54.3) | (2.6) | (562) |

注：括号内为加权平均值。

## 二、大规模压裂技术应用实践及取得认识

海塔特低渗透油田主要有苏德尔特兴安岭、苏仁诺尔、贝尔、乌尔逊和塔19等，动用含油面积为68.5km²，动用地质储量为11478.31×10⁴t，占海塔油田整体动用面积的49.7%，占动用地质储量的62.4%，在上产中占比较大。这些断块具有"小、碎、贫、散、窄"的特点，储层物性差，大多数为低孔特低渗透储层，注水井常规压裂后仍难以有效注入，导致地层压力水平低，油井常规压裂后有效期较短（约200d），平均单井累计增油量小（累计增油量小于400t），随着开采时间延续，井间压力主要消耗在注采井附近，压降以外驱动压力小，流体流动差，井间难以建立有效驱动体系，油井产量递减大。由于这类储层储量丰度相对较低，小井距开发虽然可以建立井间驱动体系，却往往无法实现经济有效的开发（姜洪福等，2016）。

针对上述问题，近几年虽然开展了多项补充能量开发现场试验，但目前仍未取得有效突破。因此需要借鉴国内外及大庆外围油田大规模压裂成功经验，探索海拉尔油田低渗透难采储量大规模压裂补充能量开发有效动用技术途径。

2014年以来，海拉尔油田通过引进大规模压裂，针对不同类型储层分先导试验、推广应用、完善配套三个阶段开展相关试验。累计实施油井大规模压裂78口，大幅度提高了单井产量，同时加大注水补充能量力度，多措并举加强注水，累计注水见效36口井，占大规模压裂井比例46.2%。大规模压裂井年平均增油1.6×10⁴t，年平均下拉全区油田递减2.5个百分点，实现了低注低产井区有效注水动用，为海拉尔油田难采储量有效动用开辟了途径。

### （一）先导性试验阶段

#### 1. 先导试验区优选

优选地质特征及井网部署在全油田具有较强的代表性，在现井网条件下，油水井间无法建立有效驱动体系，初期油井产量高，但受水井注水差影响递减快，目前产量水平低。区块开发有一定的规模，具备评价大规模压裂的条件，便于推广实施，同时区块单井厚度发育大，砂体展布、裂缝发育及油水关系较为清楚，具备整体动用及增产的基础。基于如上考虑，选取苏德尔特油田兴安岭油层B28区块作为试验区块。

苏德尔特油田B28区块油层中部深度1749.3m，断块总体东北倾，倾角10°~25°，顶面微幅度构造及断层较发育，规模相对较大，数量多；平均单井钻遇断点2个，最大断距286m，最小断距17m。

根据B28井兴安岭油层Ⅰ油组、Ⅱ油组及Ⅴ油组203块岩心样品物性分析，储层以低孔、超低渗为主。有效孔隙度在6.0%~21.7%，孔隙度大于15%样品比例极小，孔隙度小于10%占大多数，平均为10.7%；渗透率为0.1×10⁻³~21.3×10⁻³ μm²，小于1×10⁻³ μm²频率较高，平均为1.1×10⁻³ μm²。

B28兴安岭砂体平面上分布受物源方向和沉积环境的控制，砂体的展布方向以北东及

南西方向为主；纵向上以Ⅰ、Ⅱ油组较为发育，其中Ⅰ油组平均单井钻遇有效厚度为7.1m，主力小层为Ⅺ6~10，平均单井钻遇厚度5.6m，Ⅱ油组平均单井钻遇有效厚度为9.2m，主力小层为Ⅻ11~14，平均单井钻遇厚度4.4m，Ⅲ、Ⅳ油组发育较差，平均单井钻遇有效厚度仅为0.7m。

兴安岭群地面原油密度为0.8302~0.8517t/m³，平均为0.8366t/m³，黏度为4.4~12.5mPa·s，平均为7.2mPa·s，凝固点为19~29℃，平均为25.5℃，含胶量为12.7%~17.7%，平均为14.16%，含蜡量为14.5%~20.1%，平均为17.7%。

本区薄片中所见到的天然裂缝较少，人工裂缝方位在北东55°~80°，兴安岭储层水平应力差异系数小于0.2（表4-20），水平应力差异系数越小裂缝越容易转向，具备转向形成分支缝条件。区块属构造油藏，高部位为油层，低部位为水层，水体较小，能量较弱（图4-54）。

表4-20　BX69-65井岩石力学参数

| 深度<br>/m | 砂岩厚度/m | 有效厚度/m | 弹性模量<br>/GPa | 泊松比 | 水平最大<br>主应力/MPa | 水平最小<br>主应力/MPa | $K_h$ | 脆性指数<br>/% |
|---|---|---|---|---|---|---|---|---|
| 1630~1610 | 20.0 | 8.0 | 18.7 | 0.23 | 30.7 | 28.0 | 0.096 | 47.3 |

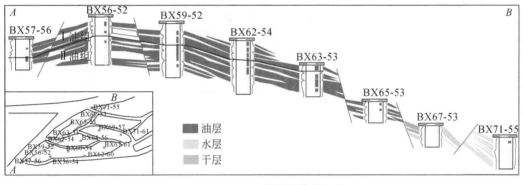

图4-54　B28兴安岭油藏剖面图

## 2. 先导实验区开发简况

B28兴安岭含油面积为3.25km²，动用地质储量为402.4×10⁴t，储量丰度为123.8×10⁴t/km²，渗透率为1.1×10⁻³μm²，原始地层压力为16.65MPa，采用反九点面积井网开发，井距为200m，共投产油水井39口，其中油井35口，水井4口，初期单井日产油3.7t。开发七年后，单井日产油0.2t，累计产油5.4×10⁴t，采油速度为0.06%，采出程度为1.49%，初期单井日注水2m³，经压裂和提压后，目前单井日注水9m³，累计注水6.5×10⁴m³，累计注采比为0.79。

## 3. 开发存在的主要问题

由于区块储层物性差，难以实现有效注入，油井整体低产，加密调整经济效益差，难以实现有效动用。

一是水井注入困难，压裂后仍难以实现有效注入。B28 区块共有 4 口注水井，均实施过压裂改造，除 BX60-58 井措施后提压注水，吸水状况较好外，其他井效果均较差（表4-21）。

表4-21　B28 区块 4 口注水井吸水状况统计表

| 井号 | 射开厚度/m | | 投注初期 | | 措施前 | | 措施初期 | | 2015 年12 月 | | 累计注入/m³ |
|---|---|---|---|---|---|---|---|---|---|---|---|
| | 砂岩 | 有效 | 油压/MPa | 注水/(m³/d) | 油压/MPa | 注水/(m³/d) | 油压/MPa | 注水/(m³/d) | 油压/MPa | 注水/(m³/d) | |
| BX56-52 | 43.4 | 10.9 | 12.8 | 3 | 12.8 | 0 | 12.5 | 9 | 14.1 | 3 | 11408 |
| BX56-54 | 53.6 | 35.4 | 12.3 | 1 | 12.3 | 0 | 10 | 17 | 14.1 | 6 | 11889 |
| BX60-58 | 37.6 | 20.6 | 13.1 | 2 | 12.6 | 1 | 2.5 | 30 | 14.1 | 22 | 32214 |
| BX64-60 | 50.6 | 35.5 | 11.5 | 2 | 13.5 | 1 | 10.5 | 20 | 14.9 | 4 | 15688 |

二是油井产量递减幅度大，区块整体低效。B28 区块共有油井 35 口，初期单井日产油 3.7t，由于区块注水状况差，目前91.4%的油井低效，其中日产油大于1t 的油井 3 口，关井 15 口。与投产初期相比，产量递减幅度达到 94.6%（表4-22）。

表4-22　B28 开发数据对比表

| 射开/m | | 投产初期单井 | | 目前单井产量分级/口 | | | | | 累计 | |
|---|---|---|---|---|---|---|---|---|---|---|
| 砂岩 | 有效 | 产油/(t/d) | 含水率/% | 关井 | 0~0.5t | 0.5~1t | >1t | 小计 | 产油/10⁴t | 产水/10⁴t |
| 25.2 | 24.2 | 3.7 | 6.0 | 15 | 15 | 2 | 3 | 35 | 5.51 | 1.05 |

## （二）选取原则

### 1. 选层标准

根据大规模压裂技术要求和区块整体改造需要，结合以往压裂效果分析，确定区块总体选井原则：优选主力层发育、厚度大、储量控制程度高、油水关系清楚的区域，按照"压裂缝长大于300m"的要求选井。

（1）根据同类油藏常规压裂增油强度为 0.08t/m，预计大规模压裂增油强度为常规压裂增油强度的 3~5 倍，同时考虑压裂井段工艺施工条件约束，优选有效厚度大于 20.0m，物质基础好，压裂后泄油面积大的油井作为试验对象。

（2）优选层段相对集中、单层厚度较大，且有 3 个以上单层有效厚度大于 2.0m、地层系数大于 $20×10^{-3}\,\mu m^2 \cdot m$，且含油饱和度较高的油层。

（3）优选与周围水井连通关系较好，便于后期能量补充的油井。

（4）优选压裂井组之间距离相对较近，能形成压裂规模，实现整体动用的井区。

（5）优选固井质量好、压裂层段之间具有稳定隔层的油井。

2. 施工要求

根据本区储层物性特征和开发特征，结合以往压裂施工经验，以实现大规模压裂设计规模为目标，优化压裂施工参数降本增效，具体要求如下：

（1）根据最大主应力方向设计压裂主缝方向，根据水平压力差异系数确定次生裂缝形成条件，根据井网井距设计压裂规模和压裂缝长。

（2）根据储层水敏特点和原油物性，结合常规压裂经验，采用乳化压裂液提高压裂效果。

（3）区块为低孔特低渗透储层，压裂优选 0.425～0.85mm/52MPa 陶粒和覆膜砂组合支撑剂，单层 52MPa 陶粒上限 130m³，超过砂量部分采用覆膜砂，压裂设计以提高导流能力为主（温庆志等，2005）。

（4）适当调整胍胶质量浓度和施工排量，达到不用降滤剂降低滤失目的，以满足储层对导流能力的要求。

（5）优化的压裂液体系需具有携砂性能好、摩阻低等特点，以满足大陶粒、大排量施工要求。同时，压裂液还需具有低残渣的特点，以尽量减小对裂缝和地层的伤害；加强压裂后返排，尽可能减小压裂液对地层的伤害。

3. 压裂方案设计

特低渗透储层压裂要求采用矩形井网，目的是适当放大井距、缩小排距，并使井排与裂缝走向平行。放大井距可通过压裂制造长缝而提高油井产量并延缓见水时间；缩小排距易在压裂缝的侧向建立有效压力驱替系统。由于该区块为 200m×200m 反九点正方形井网，常规压裂穿透比为 0.35，大规模压裂旨在提高穿透比，因此设计采用"邻井错层、隔井同层"的方式来等效放大井距（姜洪福，2018）。在前人研究基础上，优选 B28 区块兴安岭油层储层有效厚度大、单井储量控制大、投产初期产量较高但递减快的 6 口井（表 4-23），采取油井排错层压裂（图 4-55，图 4-56）。

表 4-23　压裂设计规模与初次压裂规模对比

| 井号 | 改造层位 | | 压裂砂岩厚/m | | 加液量/m³ | | 加砂量/m³ | | 支撑缝长/m | |
|---|---|---|---|---|---|---|---|---|---|---|
| | 初次压裂 | 大规模 | 初次压裂 | 大规模 | 初次压裂 | 大规模 | 初次压裂 | 大规模 | 初次压裂 | 大规模 |
| BX62-54 | Ⅰ6～12 | Ⅰ6-12 | 23.4 | 23.4 | 250 | 1600 | 48 | 120+60 | 150 | 400 |
| BX63-53 | Ⅱ19～23 | Ⅱ19-23 | 9.9 | 9.9 | 120 | 1500 | 12 | 150 | 150 | 440 |
| BX58-54 | Ⅰ3～Ⅱ19 | Ⅰ3-14 | 19.7 | 19.7 | 220 | 1550 | 40 | 130+30 | 170 | 420 |
| BX58-56 | Ⅰ3～Ⅱ24 | Ⅱ11-24 | 17.5 | 36.1 | 130 | 1550 | 16 | 130+30 | 140 | 350 |
| BX62-58 | Ⅰ5～Ⅱ24 | Ⅱ12-16 | 45.8 | 16.9 | 550 | 1550 | 92 | 130+35 | 170 | 400 |
| BX62-60 | Ⅰ5～Ⅱ22 | Ⅰ3-9 | 35.1 | 15.9 | 230 | 1500 | 32 | 150 | 160 | 370 |
| 平均 | | | 25.2 | 20.3 | 250 | 1542 | 40 | 161 | 157 | 397 |

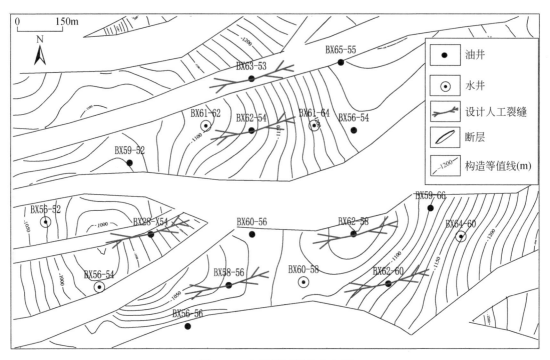

图 4-55　大规模压裂井分布图

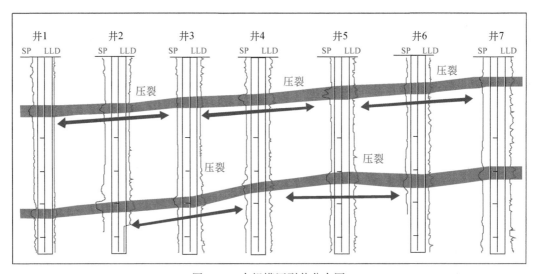

图 4-56　大规模压裂井分布图

　　根据地应力方向和注水有效驱动井距，在借鉴相邻区块加密压裂调整经验的基础上，设计压裂主缝为北东向，设计缝网规模为 400m×200m，穿透比为 1，大于常规压裂穿透比 0.3~0.5，压裂规模加大至常规压裂规模的 3.0~5.0 倍，方案设计平均单井液量为 1542m³，设计平均单井砂量为 161m³，加砂强度为 10.9m³/m。

## 4. 效果分析

在前期工作完备的情况下，该区块开始大规模压裂试验。压裂施工中，对 2 口井进行井下微地震监测，对井区 11 口井进行井下压力监测。监测结果表明，6 口大规模压裂井均按设计要求完成施工。施工后，及时对井区 4 口注水井进行跟踪调整，确保压裂井高产稳产。方案实施后，主要取得以下几方面效果。

1）大规模压裂技术有效改善储层渗流，具有较好的增产增注效果

以 B62-54 井压裂施工曲线和大地电位综合解释平面监测为例，人工裂缝以北东东、北东向为主，形成 3 ~ 4 条支缝，近井地带有微裂缝产生，主裂缝为南东东 98.3° 方向（图 4-57）。大规模压裂油井平均单井加液量为 1631m³，是常规压裂加液量的 7.5 倍；平均单井加砂量为 161m³，是常规压裂加砂量的 4.3 倍；平均单井加砂强度为 10.9m³/m，实现了对裂缝的有效支撑（表 4-24）。

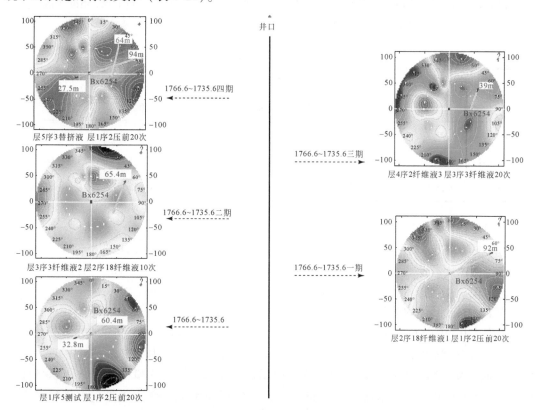

图 4-57　BX62-54 井大地电位综合解释平面图

**表 4-24　B28 兴安岭 6 口压裂井施工参数表**

| 井号 | 措施层段 | | | 方案设计 | | 实际 | | 加砂强度 /(m³/m) |
| --- | --- | --- | --- | --- | --- | --- | --- | --- |
| | 层号 | 砂岩/m | 有效/m | 液量/m³ | 砂量/m³ | 液量/m³ | 砂量/m³ | |
| BX58-54 | I | 12.9 | 12.7 | 1550 | 160 | 1548 | 160 | 12.6 |
| BX62-60 | I | 15.9 | 14.7 | 1500 | 150 | 1501 | 150 | 10.2 |

| 井号 | 措施层段 | | | 方案设计 | | 实际 | | 加砂强度 |
| | 层号 | 砂岩/m | 有效/m | 液量/m³ | 砂量/m³ | 液量/m³ | 砂量/m³ | /(m³/m) |
|---|---|---|---|---|---|---|---|---|
| BX62-54 | I | 23.4 | 22.6 | 1600 | 180 | 1854 | 180 | 8.0 |
| BX62-58 | II | 16.9 | 15.2 | 1550 | 165 | 1712 | 165 | 10.9 |
| BX63-53 | II | 9.9 | 9.6 | 1500 | 150 | 1542 | 150 | 15.6 |
| BX58-56 | II | 14.4 | 14.1 | 1550 | 160 | 1630 | 160 | 11.3 |
| 平均 | | 15.6 | 14.8 | 1542 | 161 | 1631 | 161 | (10.9) |

注：括号内为加权平均值。

井下微地震裂缝监测表明，大规模压裂有效增大了改造体积，实现了储层的有效动用。如 BX62-58 井，压裂后形成缝网的规模为 399m（长）×87m（宽）×155m（高），波及地质体体积为 $332×10^4m^3$，是常规压裂井 B41-53 井的 3~5 倍（表4-25）。

**表4-25　井下微地震监测数据表**

| 井号 | 措施厚度/m | | 液量 | 砂量 | 波及范围 | | | | 备注 |
| | 砂岩 | 有效 | /m³ | /m³ | 长/m | 宽/m | 高/m | 体积/10⁴m³ | |
|---|---|---|---|---|---|---|---|---|---|
| B41-53 | 23.7 | 22.9 | 250 | 42 | 163 | 87 | 27 | 66 | 常规压裂井 |
| BX62-54 | 23.4 | 22.6 | 1854 | 180 | 271 | 101 | 96 | 231 | 大规模压裂井 |
| BX62-58 | 16.9 | 15.2 | 1712 | 165 | 399 | 87 | 155 | 332 | 大规模压裂井 |

大规模压裂初期平均单井日产油 6.7t，采油强度 0.5t/(d·m)，平均单井日增油 5.9t，日增油量为常规压裂井的 3.5 倍（表4-26）。统计 3 口大规模压裂井产液剖面，产出厚度比例由压裂前的 47.8% 提高到压裂后的 86.2%，各小层动用状况均有较大幅度的提高，实现单井高产。开展大规模压裂后，井区水井吸水能力增强，压裂前平均单井注入压力为 14.3MPa，平均单井注入量为 9m³/d，平均视吸水指数为 0.63m³/(d·MPa)，平均注水强度为 0.19m³/(d·m)；压裂后为保障大规模压裂井供液能力上调注水量，平均单井注入压力为 16.8MPa，平均单井注入量为 60m³/d，视吸水指数为 3.57m³/(d·MPa)，平均注水强度为 1.30m³/(d·m)，能够持续稳压稳量注入。统计 3 口注水井的吸水剖面资料，地层吸水较均匀，吸水比例由压裂前的 32.7% 提高至 71.4%。可见，大规模压裂有效改善了地层渗流条件，具有较好的增产增注效果。

2）地层能量是大规模压裂油井高产稳产的关键

从投产后连续生产数据分析，注水对大规模压裂井具有举足轻重的作用。根据水驱能量是否充足，可以分为两个方面：大规模压裂前累计注采比高的井组，压裂初期油井产量高；大规模压裂后及时有效补充地层能量，可以使大规模压裂井高产稳产。

表 4-26　大规模压裂井有效压裂前后生产数据对比表

| 井号 | 压裂层位 | 压裂有效厚度/m | 压裂前 | | | | | 压裂初期 | | | | 压裂后 400d | | | |
|---|---|---|---|---|---|---|---|---|---|---|---|---|---|---|---|
| | | | 产液/(t/d) | 产油/(t/d) | 含水率/% | 沉没度/m | 累计注采比 | 产液/(t/d) | 产油/(t/d) | 含水率/% | 沉没度/m | 产液/(t/d) | 产油/(t/d) | 含水率/% | 沉没度/m |
| BX58-54 | I 3-14 | 12.7 | 0.2 | 0.2 | 5.4 | 0 | 1.24 | 9.0 | 7.4 | 23.3 | 215 | 2.5 | 2.5 | 0 | — |
| BX62-60 | I 3-9 | 14.7 | 0.7 | 0.6 | 30.6 | 12 | 2.31 | 10.5 | 10.0 | 4.9 | 1049 | 6.6 | 4.8 | 26.7 | 217 |
| BX62-54 | I 6- II 12 | 22.6 | 1.7 | 1.7 | 1.9 | 18 | 0 | 4.8 | 4.7 | 2.6 | 417 | 9.0 | 8.2 | 8.8 | 405 |
| BX62-58 | II 12-16 | 15.2 | 0.3 | 0.3 | 1.5 | 5 | 1.84 | 8.5 | 8.5 | 0.1 | 988 | 5.5 | 5.1 | 7.3 | 345 |
| BX63-53 | II 19-23 | 9.6 | 未投产 | | | | | 4.3 | 2.2 | 48.8 | 378 | 1.8 | 1.8 | 2.2 | 15 |
| BX58-56 | II 11-24 | 14.1 | 2.7 | 1.2 | 56.1 | 28 | 1.97 | 8.5 | 7.9 | 7.1 | 1041 | 3.0 | 2.4 | 20.0 | 143 |
| 平均 | | 14.8 | 1.1 | 0.8 | 27.3 | 13 | 1.23 | 7.6 | 6.7 | 10.5 | 681 | 4.7 | 4.1 | 12.8 | 225 |

（1）累计注采比高的井组，大规模压裂初期油井产量高。压裂初期油井供液能力与压裂前累计注采比具有较好的相关性，累计注采比越高，压裂后投产初期产量越高，沉没度越大。4 口大规模压裂井压裂前累计注采比均大于 1，压裂后平均单井日产液 9.1t，平均单井日产油 8.5t；2 口大规模压裂井压裂前无注水能量补充，压裂后平均单井日产液 4.6t，平均单井日产油 3.5t。对比压裂前有注水能量补充和无注水能量补充的两口井压裂施工情况，BX62-54 井采出程度为 13.6%，无注水能量补充，压裂前地层压力为 1.9MPa，压裂层段砂岩厚度为 23.4m，有效厚度为 22.6m，实际压裂加液量为 1854m³，实际压裂加砂量为 180m³，从该井裂缝监测结果来看，BX62-54 井加入 900m³ 液后，裂缝扩展放缓，放缓时主缝长度为 230m（图 4-58）。BX62-60 井采出程度为 5.6%，累计注采比为 1.84，压裂前地层压力为 5.2MPa，压裂层段砂岩厚度为 15.9m，有效厚度为 14.7m，实际压裂加液量为 1712m³，实际压裂加砂量为 165m³。从该井的裂缝监测结果来看，BX62-58 井加入 500m³ 液后，裂缝扩展放缓，放缓时主缝长度为 270m（图 4-59）。分析认为，BX62-54 井因地层亏空严重，大量压裂液用于弥补地下亏空，使得用于形成分支缝的液量大大降低，

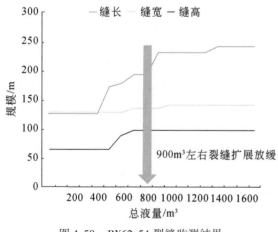

图 4-58　BX62-54 裂缝监测结果

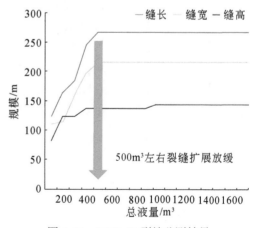

图 4-59　BX62-58 裂缝监测结果

最终导致波及体积降低。由于波及体积不同，两口油井压裂后初期产量差别较大，BX62-54 井压裂初期产量为 4.7t，BX62-58 井压裂初期产量为 8.5t（表4-27）。

**表4-27　　B28 兴安岭油层大规模压裂井生产情况表**

| 井号 | 措施层位 | 措施厚度/m | | 平均单井累计产油/t | 累计产水/m³ | 累计注水/m³ | 井组平均累计注采比 | 初期日增油/t | 增油强度/(t/m) | 沉没度/m | 压后生产天数/d | 平均单井累计增油/t |
|---|---|---|---|---|---|---|---|---|---|---|---|---|
| | | 砂岩 | 有效 | | | | | | | | | |
| BX62-60 | Ⅰ | 15.9 | 14.7 | 2623 | 613 | | | 10.0 | 0.50 | 1049 | 70 | 642 |
| BX62-58 | Ⅱ | 16.9 | 15.2 | 3178 | 403 | 23222 | 1.91 | 8.5 | 0.51 | 988 | 140 | 1046 |
| BX58-56 | Ⅱ | 14.4 | 14.1 | 2716 | 430 | | | 7.9 | 0.40 | 1041 | 85 | 615 |
| BX58-54 | Ⅰ | 12.9 | 12.7 | 1822 | 229 | 3005 | 1.24 | 7.4 | 0.30 | 215 | 82 | 495 |
| BX62-54 | Ⅰ | 23.4 | 22.6 | 5412 | 281 | | | 4.7 | 0.13 | 885 | 86 | 346 |
| BX63-53 | Ⅱ | 9.9 | 9.6 | 661 | | | | 2.2 | 0.21 | 378 | 100 | 196 |
| 平均（合计） | | 15.6 | 14.8 | 2735 | 391 | （26227） | 1.74 | 6.8 | 0.46 | 759 | 93.8 | 557 |

注：括号内为合计值。

（2）及时补充能量是大规模压裂井稳产的关键。大规模压裂井压裂初期能够实现层层产液，但随着开发时间的延长，最终从层层产液向主力层产液转化，使得供液能力下降。为了提高油井供液能力，保证压裂效果长期有效，对压裂后是否及时得到注水能量补充的井进行比较，可分为两种类型。类型一：压裂后及时补充地层能量，压裂井产量保持较高水平，递减小。BX62-58 井压裂前累计注采比高，压裂初期 8.5t，压裂后对应注水井开展橇装提压注水，日注水量从压裂前 27m³ 上升至 114m³，油井产量、沉没度维持稳定（压裂后 200d）；BX62-54 井压裂前无注水能量补充，压裂初期产量 4.7t，压裂后及时选取代用井补孔提压注水补充地层能量，日注水 60m³，油井产量、沉没度逐步上升。类型二：压裂后未能及时补充地层能量，压裂井产量保持水平差，递减大。BX58-54 井由于对应水井受作业影响，未能及时得到地层能量补充，单井产量从压裂初期日产油 7.4t 下降至目前日产油 3.2t（压裂后 200d），沉没度大幅度下降。

（3）试验区油井注水见效后含水率保持稳定。分析认为，这与设计压裂井网的形式有关，根据地层倾角测井、岩心差应变–古地磁以及现场压裂裂缝动态监测等资料测定，井排方向与人工裂缝方向一致，油水井连线方向与天然裂缝及人工裂缝方向具有一定的注采高差或具有一定的夹角，未能直接与油井沟通。同时注水井没有同期改造，注入水仅能通过微裂缝或高渗带推进，未能与油井直接沟通。

**（三）推广应用阶段**

为了验证大规模压裂试验对不同类型油层的适应性，验证不同井距大规模压裂试验的有效性，开展了第二批大规模压裂试验。试验共分为三种类型，类型一为兴安岭油层Ⅰ、Ⅱ油组小井距条件下及兴安岭油层Ⅲ、Ⅳ油组大规模压裂试验的适应性；类型二为南屯组油层大规模压裂试验的适应性；类型三为潜山油藏大规模压裂试验的适应性。本次试验选井选层原则和压裂施工要求同先导性试验。

1. D190 试验井区

1）井区基本概况

D190 井区位于 B14 区块东南部，为断层夹持的断背斜构造，构造上东北高西南低，地层南厚北薄，共发育零、Ⅰ、Ⅱ、Ⅲ、Ⅳ、Ⅴ六个油组，其中主力油层为兴安岭油层Ⅰ、Ⅱ油组，东南部地层受边界断层影响主要发育兴安岭Ⅲ、Ⅳ油组，全区未见明显地层水。储层以细砂岩、粉砂岩、粗砂岩、含砾砂岩为主，粉砂岩和砂砾岩一般含泥、凝灰质成分高；岩屑主要为火山灰、沉积岩岩屑，颗粒分选磨圆较差。B14 断块兴安岭油层Ⅰ~Ⅳ油组 931 块岩心样品物性分析，储层以低孔、超低渗为主。孔隙度为 15%~20% 样品比例高；渗透率为 $0.1×10^{-3}$~$1×10^{-3}$ $\mu m^2$ 出现频率较高。兴安岭油层原油具有密度低、黏度低、凝固点低的特点，密度平均为 $0.8362g/cm^3$，原油黏度平均为 $7.2mPa·s$，凝固点平均为 25℃，含胶量平均为 12.96%，含蜡量平均为 15.8%。2005 年投入开发时，井区采用 200m×200m 反九点井网，随着开发认识的深入，2014 年对其进行加密后形成 80m×80m 反五点法井区。D118-190 井区开发特征与 B28 区块相似，油井自然投产无产能或产能较低，需压裂投产才能获得较高产能，水井注入困难，压裂后仍难以实现有效注入，致使油井产量大幅度下降，井区油井整体低产，8 口油井中，日产油小于 2.0t 的井占总井数的 87.5%。

2）实施效果

借鉴第一批大规模压裂选井选层方法和压裂施工设计和要求，开展了验证小井距邻井错层大规模压裂和验证Ⅲ、Ⅳ油组薄差层大规模压裂试验。选取 BX74-73 井、BX77-75 井和 BX77-79 井作为大规模压裂试验井（图 4-60），仍然采用邻井错层的方式进行压裂设计，三口井均顺利完成了现场施工。三口井压前平均单井日产油 1.5t，含水率 13.5%，措施初期平均单井日产油 4.9t，含水率 41.7%，压裂后 450d 平均单井日产油 2.4t，含水率 36.8%，累计增油 600t，井区平均单井日注水由压前的 $0m^3$ 上升至 $76m^3$，平均单井累计注水 $22963m^3$（表 4-28）。并取得如下认识。

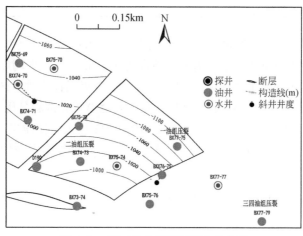

图 4-60 第二批大规模压裂井分布图

表 4-28　D190 井区大规模压裂井生产情况统计表

| 井号 | 压裂有效厚度 /m | 压前 | | 措施初期 | | | 压裂后 450d | | | | 累计增油 /t | 日注水 /m³ | 累计注水 /m³ |
|---|---|---|---|---|---|---|---|---|---|---|---|---|---|
| | | 产油 /(t/d) | 含水率 /% | 产液 /(t/d) | 产油 /(t/d) | 含水率 /% | 产液 /(t/d) | 产油 /(t/d) | 含水率 /% | 沉没度 /m | | | |
| BX74-73 | 19.4 | 1.5 | 14.3 | 5.6 | 4.4 | 20.6 | 3.1 | 2.2 | 28.9 | 33 | 573 | 80 | 19324 |
| BX77-75 | 13.1 | 2.0 | 3.1 | 12.8 | 7.0 | 45.0 | 4.4 | 3.4 | 22.9 | 20 | 843 | 80 | 19236 |
| BX77-79 | 12.3 | 1.0 | 29.1 | 6.9 | 3.4 | 50.7 | 3.8 | 1.5 | 60.0 | 36 | 383 | 68 | 30330 |
| 平均 | 14.9 | 1.5 | 13.5 | 8.4 | 4.9 | 41.7 | 3.8 | 2.4 | 36.8 | 29.7 | 600 | 76 | 22963 |

（1）小井距条件下大规模压裂后邻井发生争液现象。大规模压裂井 BX74-73 井与新井 BX76-73 井常规压裂同期进行，BX76-73 井位于 BX74-73 井东北部，两井间的距离为 150m，根据人工裂缝方位为北东向，两口井在人工裂缝方位串联起来。新井 BX76-73 井位于井区构造的低部位，距离水井 BX75-74 井 80m，BX74-73 井位于井区构造高部位，距离水井 BX75-74 井 130m。压裂后，大规模压裂井 BX74-73 井日产液 13.0t，日产油 6.9t，含水率 47.2%，BX76-73 井在 BX74-73 井大规模压裂 30d 后压裂投产，该井投产后，BX74-73 井产量大幅度下降，日产液 3.8t，日产油 2.9t，含水率 24.3%（表 4-29），功图显示供液不足，低部位新井 BX76-73 井功图饱满，二者出现争液情况，受季节影响压裂后四个月对水井 BX75-74 井开展撬装注水（总计 144d），BX76-73 井注水受效，撬装停注前 BX76-73 井功图饱满，而 BX74-73 井功图仍然显示供液不足，该井组对应注水井撬装注水因受构造高差影响仍然不能改变供液能力状况，因此合理设计井距是压裂的关键因素。

表 4-29　BX74-73 井和 BX76-73 井生产数据对比表

| 井号 | 措施层位 | 措施厚度/m | | 措施前 | | | | 初期 | | | | 压后 500d | | | | 累计增油/t | 累计注水 /m³ |
|---|---|---|---|---|---|---|---|---|---|---|---|---|---|---|---|---|---|
| | | 砂岩 | 有效 | 产液 /(t/d) | 产油 /(t/d) | 含水率 /% | 沉没度/m | 产液 /(t/d) | 产油 /(t/d) | 含水率 /% | 沉没度/m | 产液 /(t/d) | 产油 /(t/d) | 含水率 /% | 沉没度/m | | |
| BX74-73 | XⅡ12-16 | 21.1 | 19.4 | 1.7 | 1.5 | 14.3 | 123 | 5.6 | 4.4 | 20.6 | 91 | 3.0 | 2.1 | 31.8 | 13 | 867 | 19324 |
| BX76-73 | XⅠ3-Ⅳ20 | 83.1 | 67.4 | | | | | 7.9 | 6.7 | 14.9 | 57 | 6.1 | 4.9 | 20.4 | 74 | 2396 | 19324 |

（2）储层含油性差、厚度小的井压裂增油效果差。BX77-79 井开采层位为兴安岭油层Ⅲ、Ⅳ油组，射开砂岩厚度 12.3m，射开有效厚度 12.3m，小层平均厚度 0.8m，以油迹、荧光为主，2007 年 4 月普压投产，初期日产油 4.2t，7 年累计产油 6238t，采出程度 3%，大规模压前日产油 1.0t，2014 年 11 月对其开展了大规模压裂试验，压后初期日产油 3.4t，含水率 50.7%，压后 500d，日产油 1.4t，累计增油 302t，大规模压裂后对对应水井 BX56-70 井进行补压注水，日注水 68m³，累计注水 41077m³，油井注水受效，产液稳定，含水率上升，但由于油层发育差，压裂增油效果差（表 4-30）。

2. 潜山油藏大规模清水缝网压裂试验

1）基本概况

苏德尔特油田布达特群油层为裂缝性潜山油层，主要分布在 B12、B14、B16、B28、

B30、B38 区块,储集空间以裂缝和孔洞为主,平均孔隙度为 7.8%,平均渗透率为 $0.15 \times 10^{-3} \mu m^2$,其中 B12、B14、B16 区块为孔隙(洞)-裂缝型,裂缝发育好,油井产能较高;B28、B30、B38 区块为微裂缝-孔隙型,裂缝发育较差,油井产能较低。开发实践表明裂缝发育较差的区块油井低产井比例高,122 口井日产油低于 1.0t,占所有井比例的 70%,水井吸水能力较差,89.5% 的水井完不成配注。

表 4-30 BX77-79 井生产数据表

| 措施层位 | 措施厚度/m | | 措施前 | | | | 压后初期 | | | | 压后 500d | | | | 累计增油/t | 累计注水/m³ |
| | 砂岩 | 有效 | 产液/(t/d) | 产油/(t/d) | 含水率/% | 沉没度/m | 产液/(t/d) | 产油/(t/d) | 含水率/% | 沉没度/m | 产液/(t/d) | 产油/(t/d) | 含水率/% | 沉没度/m | | |
| --- | --- | --- | --- | --- | --- | --- | --- | --- | --- | --- | --- | --- | --- | --- | --- | --- |
| ⅩⅢ27-Ⅳ20 | 12.3 | 12.3 | 1.3 | 1.0 | 29.1 | 123 | 6.9 | 3.4 | 50.7 | 40 | 3.7 | 1.4 | 61.3 | 13 | 302 | 41077 |

2) 前期应用经验

为了改善裂缝性潜山低产低效的开发情况,2010 年起开展了大规模清水压裂试验,其工艺思路为应用清水压裂工艺,尽可能沟通储层天然裂缝并形成分支缝,实现网络裂缝。施工工艺采用 20~40 目陶粒支撑主缝,40~70 目陶粒支撑支缝,通过 7~8m³/min 大排量增加裂缝开启机会,1600~2600m³ 大液量增加裂缝沟通体积,采用清水、滑溜水造缝降低摩阻,冻胶携砂。共实施 4 口井,措施后初期平均单井日产油由 0.2t 上升到 2.0t,日增油 1.8t,目前日增油 1.5t,平均单井累计增油 1060t,截至 2016 年 1 月全部有效,累计增油量是普通规模压裂的 3.5 倍,有效期是普通压裂的 4.9 倍,试验取得了较好的效果(表 4-31)。

表 4-31 2011~2012 年海拉尔油田清水缝网压裂效果统计表

| 井号 | 措施厚度/m | | 压前产量 | | 压后初期 | | 2016 年 1 月 | | 压后天数/d | 累计增油/t |
| | 砂岩 | 有效 | 产液/(t/d) | 产油/(t/d) | 产液/(t/d) | 产油/(t/d) | 产液/(t/d) | 产油/(t/d) | | |
| --- | --- | --- | --- | --- | --- | --- | --- | --- | --- | --- |
| B38B61-41 | 16.4 | 16.4 | 0.5 | 0.4 | 2.2 | 1.5 | 1.6 | 0.81 | 1051 | 981 |
| B40B62-65 | 32.6 | 27.6 | 0.2 | 0.2 | 2.7 | 2.6 | 2.1 | 1.99 | 1049 | 1830 |
| BB59-68 | 12.6 | 11.6 | 0.0 | 0.0 | 11.5 | 2.2 | 4.0 | 0.74 | 734 | 957 |
| B38B60-35 | 30.0 | 26.0 | 0.2 | 0.0 | 6.5 | 1.7 | 3.3 | 1.60 | 712 | 470 |
| 平均 | 22.9 | 20.4 | 0.3 | 0.2 | 5.7 | 2.0 | 2.8 | 1.29 | 887 | 1060 |

3) B66-35 井清水缝网压裂

根据前期大规模清水压裂的开发经验,选取裂缝发育程度好,含油性好,无套损,采出程度低的单井作为试验对象。最终优选出 B66-35 井作为试验对象,B66-35 井区邻井 B42 井自然电位偏移幅度较大,裂缝发育程度非常好,压裂试油时日产油 31.3t,因该井套损后无有效治理措施暂无法压裂,因此选取井区邻近裂缝发育较好的 B66-35 井作为试验对象(图 4-61)。该井射开砂岩厚度 23.8m,射开有效厚度 23.8m,压裂投产初期日产液 8.3t,日产油 8.2t,含水率 1.5%,大规模清水压裂前(已累计生产 8 年)日产液 1.1t,日产油 1.1t,含水率 1.0%,累计产油 5523t。大规模清水压裂后初期日产液 3.8t,日产油

3.6t，含水率 5.1%，压后 442d，日产液 2.6t，日产油 2.4t，含水率 8.9%，沉没度 75m，累计增油 650t，仍有效。

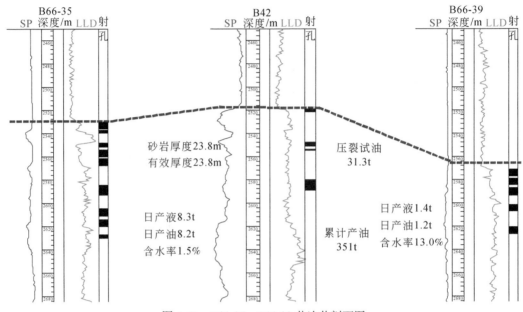

图 4-61　B66-35—B66-39 井连井剖面图

4）效果分析

布达特群储层应用清水压裂工艺可形成复杂缝网系统。从裂缝监测系统数据显示来看，4 口井裂缝平均波及长度为 296m，最大为 374m，可以形成多条分支缝，其中 B59-68 井裂缝方位为北东 130.8°主缝 1 条、分支缝 3~4 条；B60-35 井形成北东 116°主缝 1 条、分支缝 3~5 条，可见应用清水压裂工艺可形成复杂缝网系统（表 4-32）。

表 4-32　清水缝网压裂裂缝监测统计表

| 年份 | 井号 | 裂缝 | 描述 |
|---|---|---|---|
| 2011 | B61-41 | 主缝 | 总长度 374m，北东 58.8°，西翼缝长 192.37m、东翼缝长 181.55m、缝高 15.14m |
| | | 支缝 6 条 | 北东 60°、北东 60°、北东 48°、北东 80°、北西 30°、北西 85° |
| | B62-65 | 主缝 | 总长度 358m，北东 68.1°，西翼缝长 188.10m、东翼缝长 169.6m、缝高 39.42m |
| | | 支缝 6 条 | 北东 55°、北东 70°、北东 22°、北东 65°、北西 30°、东西向 |
| 2012 | B59-68 | 主缝 | 总长度 218m，北东 130.8°，西翼缝长 114.9m、东翼缝长 103.2m、缝高 17.8m |
| | B60-35 | 主缝 | 总长度 235m，北东 116°，西翼缝长 119.5m、东翼缝长 115.2m、缝高 36.6m |

清水压裂裂缝可形成长期有效导流能力，递减率低，具有较长的稳产期。统计 4 口井普通压裂和清水缝网压裂压后 25 个月效果，普通压裂后油井 3 个月达到产油高点，11 个月后产能趋于稳定，投产后 11 个月，产液平均月递减率为 13.8%，投产 11 个月后，月递减率为 0.5%（图 4-62）；清水缝网压裂压后 3 个月达到产油高点，11 个月后产能趋于稳定。投产后 11 个月，产液能力平均月递减率为 13.8%，投产 11 个月后，月递减率为

0.1%，可见清水压裂后裂缝可以形成长期的导流能力，措施后递减率较小，具有较长的稳产期，增油效果较好。

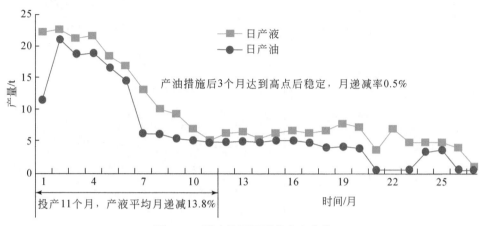

图 4-62　清水缝网压裂井生产曲线

### 3. 贝尔油田南屯组油层大规模压裂试验

#### 1）基本概况

X43-43 断块为多条北东向断层形成的封闭窄条状断块，断块中部低，向南逐渐抬升，断块内无统一的油水界面。X43-43 井区位于断块南部单斜构造上，发育近东西方向的鼻状构造。以砂岩、沉凝灰岩和凝灰质砂岩沉积为主，主要开采层位为南屯组一段，平均有效厚度为 10.5m，N1Ⅰ平均有效厚度为 6.2m，N1Ⅰ2～4 层单层有效厚度较大，N1Ⅱ平均有效厚度为 4.3m，N1Ⅱ1～4 层单层有效厚度较大，以低孔低渗储层为主，统计 39 口井南屯组一段储层孔、渗解释结果，孔隙度小于 15% 储层占总厚度的 97.4%，渗透率小于 $1×10^{-3}\mu m^2$ 储层占总厚度的 88.2%。地面原油密度平均为 $0.862t/m^3$，黏度为 17.06mPa·s，凝固点为 29.7℃，含蜡量平均 18.81%。断块内 16 注 41 采，日产油 17t，日注水 $32m^3$，综合含水率 52.2%，采油速度 0.14%，采出程度 0.96%，区块整体低效。在借鉴前期试验选井的基础上，优选该井区射开有效厚度大，初期产量高，产量递减快，采出程度低，有注水能量补充的 X35-59 和 X41-49 井作为试验对象（图 4-63）。

#### 2）效果分析

两口井均顺利完成施工，其设计的压裂液量和加砂量与 2014 年第一批兴安岭油层大规模压裂设计规模基本一致。X35-59 井，措施层位为 N1Ⅰ2-N1Ⅱ4，措施砂岩厚度为 24.9m，有效厚度为 22.6m，压裂投产初期日产液 1.9t，日产油 1.9t，含水率 35.5%，大规模清水压裂后初期日产液 8.2t，日产油 4.7t，含水率 43.1%，压后 500d，日产液 8.6t，日产油 6.2t，含水率 27.4%，沉没度 192m，累计增油 1600t，仍有效。X41-49 井，措施层位为 N1Ⅰ1～4，措施砂岩厚度 19.4m，有效厚度 17.2m，压裂投产初期日产液 2.4t，日产油 1.9t，含水率 23.0%，大规模清水压裂后初期日产液 9.5t，日产油 0.1t，含水率 99.0%，压后 500d 仍有效，日产液 8.9t，日产油 4.2t，含水率 53.1%，累计增油 906t（表 4-33）。

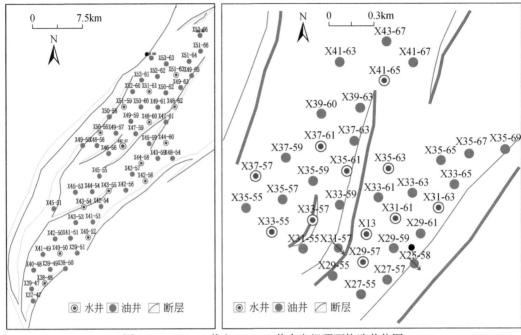

图 4-63　X41-49 井和 X35-59 井南屯组顶面构造井位图

表 4-33　希区大规模压裂井生产数据统计表

| 井号 | 措施层位 | 措施厚度/m | | 措施前 | | | | 初期 | | | | 压后 500d | | | | 累计增油/t | 累计注水/m³ |
|---|---|---|---|---|---|---|---|---|---|---|---|---|---|---|---|---|---|
| | | 砂岩 | 有效 | 产液/(t/d) | 产油/(t/d) | 含水率/% | 沉没度/m | 产液/(t/d) | 产油/(t/d) | 含水率/% | 沉没度/m | 产液/(t/d) | 产油/(t/d) | 含水率/% | 沉没度/m | | |
| X35-59 | N1Ⅰ2~Ⅱ4 | 24.9 | 22.6 | 1.9 | 1.9 | 35.5 | | 8.2 | 4.7 | 43.1 | | 8.6 | 6.2 | 27.4 | 192 | 1600 | 24255 |
| X41-49 | NⅠ1~4 | 19.4 | 17.2 | 2.4 | 1.9 | 23.0 | | 9.5 | 0.1 | 99.0 | | 8.9 | 4.2 | 53.1 | | 906 | 28900 |

（1）注水方向应与大规模压裂人工裂缝方位具有一定的夹角。X35-59 井有两口水井 X37-61 井和 X35-61 井，其中 X35-61 井为 2014 年 11 月与大规模压裂同期的转注井。大规模压裂前，因 X37-61 井与 X37-63 井水窜，一直周期注水，累计注水 $1.29 \times 10^4 \mathrm{m}^3$。X35-59 井开展大规模压裂后，初期日产油 8.0t，含水率 42.3%，两口水井 X37-61 井与 X35-61 井同期相继注水，注水三个月后，X35-59 井发生暴性水淹，日产油 0.2t，含水率 97.2%，流压达到 14.54MPa，及时将两口水井关停，停注四个月后，对高流压 X35-59 井进行调参，日产油 11.6t，含水率降至 35.4%。对该井组进行分析，一方面注水井 X35-61 井位于 X35-59 井构造高部位，构造高差 30m，注水井 X37-61 位于 X35-59 井构造低部位构造高差 60m，注入水易于从高部位流向低部位；另一方面 X37-61 井与 X37-63 井为水窜方向，与 X35-59 井与 X35-61 井方向近似平行，为河道主要发育方向及人工裂缝方位，易于水窜。分析后对 X35-61 井进行停注，X37-61 井恢复注水，X35-59 井能够保持较高产能。大规模压裂井人工裂缝波及体积大，人工裂缝方位易于与同向水井沟通，因此注水方向与人工裂缝方位具有一定的夹角才能延缓大规模压裂井见水，且水井位于构造高部位，重力驱作用明显，会加速措施井水淹（图 4-64）。

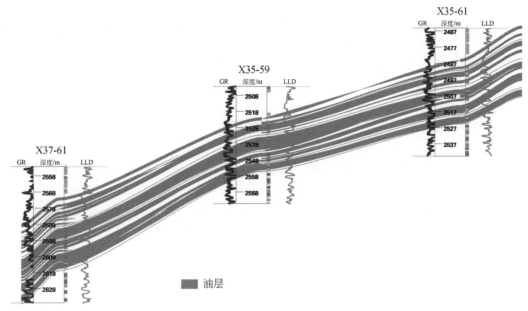

图 4-64　X37-61 井—X35-61 井油藏剖面

（2）地层水发育井区应优化措施层段设计。X41-49 井区南屯组油层为一上油下水油层，地层水较为发育。井区共有注水井两口，分别为 X40-50 井和 X38-48 井，累计注水 $1.14\times10^4 m^3$ 和 $1.73\times10^4 m^3$。大规模压裂前两口注水井均不吸水。X41-49 井压前日产油 1.9t，含水率 23.0%，压后初期日产液 9.5t，日产油 0.1t，含水率 99.0%，对该井进行水样矿化度检测，为地层水，X41-49 井压裂层位与下部地层水层位跨度为 30m，可见大规模压裂后产生的纵向裂缝将地层下部的地层水沟通起来，由于地层水能量较弱，下一步沟通的层位又无地层能量补充，沟通的纵向裂缝会随着时间推进开始闭合，该井压后一年一直高含水率，但流压逐渐下降，两口注水井因与人工裂缝方位错开角度，油水井井距又较大，吸水情况没有改变。根据第一批大规模压裂井 B28-X63-53 井弹性开采试井井下裂缝监测，第一年裂缝的闭合程度为 25%。一年后，该井底部裂缝逐渐闭合，开始产油，日产液 8.9t，日产油 4.2t，含水率 53.1%（图 4-65）。因此，在地层水发育井区，应充分评估地层水能量，设计层段应避开地层水发育层段一定的距离，避开的实际距离与压裂设计规模相关，本区现有设计规模下应避开距离为 50m。

**（四）完善配套阶段**

通过先导及推广阶段的实践认为，大规模压裂无非是解决两个问题：第一个是初期选好井、压好裂；第二个是压裂后注好水。初期选井选层需保证一定厚度，保证一定储量，进而可以保证一定增油强度，保证一定累计增油；压裂过程优化压裂方式，优化压裂参数，进而可以实现油层匹配，实现改造最优。压裂后期需强化增加注水方向，强化注水连续性，进而控制产量递减，延长有效期；同时需控制单向注水突进，控制含水率上升速度，进而控制二次低效，保证经济效益。

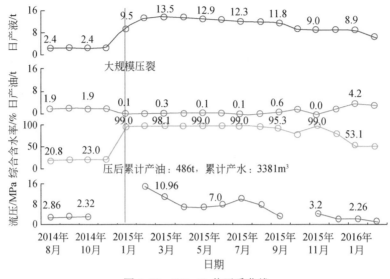

图 4-65　X41-49 井开采曲线

## 1. 选井选层上

### 1) 明确了初期增油效果影响因素

（1）地质因素选取具有确切物理意义，能够反映储层质量差异，能够实现定量化表征，优选确定两项评价参数。地层系数反映油层含油性及储层渗透性，单井控制储量反映可采资源量。依据图版（图 4-66，图 4-67），大规模压裂效果与地层系数及单井控制储量呈正相关关系，地层系数大于 ≥5.0×10⁻³μm²·m，单井控制储量大于 ≥5.0×10⁴t，措施效果好。

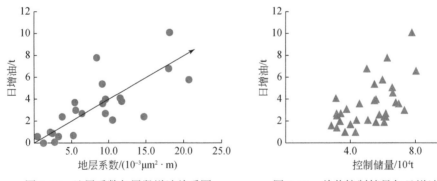

图 4-66　地层系数与层段增油关系图　　　图 4-67　单井控制储量与日增油关系图

（2）开发因素对于最终压裂效果具有一定影响，选取能够反映储层含油性及地层能量的压前日产油、井组累计注采比两个主要参数，从相关图可以看出：压前日产油与一年增油量呈反相关关系，压前井组累计注采比与初期增油强度呈正相关关系（图 4-68，图 4-69）。

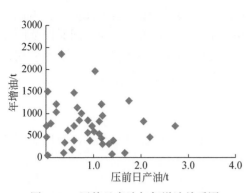

图 4-68　压前日产油与年增油关系图

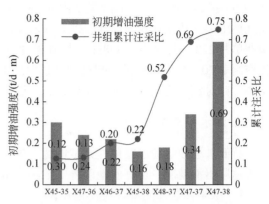

图 4-69　井组累计注采比与初期增油强度关系图

（3）工艺因素对压裂效果也有至关重要的影响，加砂强度与年增油呈正相关关系，加液量与年增油关系不明显（图 4-70，图 4-71）。

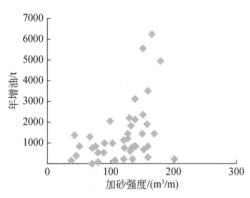

图 4-70　加砂强度与年增油关系图

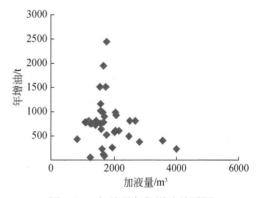

图 4-71　加液量与年增油关系图

因此确定大规模压裂选井选层标准为储层地层系数 $\geq 5.0 \times 10^{-3} \, \mu m^2 \cdot m$；压裂井控制储量 $\geq 5.0 \times 10^4 t$；初期日产油 $\geq 3.0 t$，优选油层厚度集中，有效厚度 $\geq 15 m$；累计采出程度小于 10%；砂体展布、裂缝发育清楚，无明显地层水；井区注采关系完善，井区累计注采比在 0.2～0.5，压后可及时补充能量；同时压裂应尽量保持一定加砂强度。

2）明确了选井选层方向

通过选井选层标准的确定及相关影响因素分析，明确选井选层方向，优先选择"五类油井"：能量充足井区井层、剩余储量丰富井层、工艺成熟匹配井层、储量规模小难动用井层和加密经济效益差井层；尽量避开"五类油井"：发育特差油井、异常低压油井、采出程度高井、近注水井油井和固井质量差井。

3）工艺配套及油藏适应性进一步增强

根据储层发育特点选择压裂工艺：低渗透砂岩储层水平应力差异系数小厚度发育、储量落实，工艺重点在造多条分支缝，达到增大导流能力的目的；裂缝性储层基质低渗透，天然裂缝发育，脆性指数高，工艺重点在造缝网，达到沟通天然裂缝、增大波及体积的目的。

根据储层类型和工艺特点优化规模：低渗透砂岩储层增大加砂量，砂量由试验初期单井 112m³ 提高到 144m³，加砂强度由 9.8m³/m 提高到 10.7m³/m，同时以邻井错层条件下大规模压裂穿透比 0.6 为标准，提高砂岩储层加砂强度。裂缝性储层增大加液量，由试验初期单井 2235m³ 提高到 2838m³，加砂强度由 11.9m³/m 提高到 28.4m³/m，同时以缝网面积控制率 70% 以上为标准，提高裂缝性储层的加砂强度。在压裂方式优选上延续试验初期做法，针对储层适应性，优选压裂方式，逐步实现了工艺与储层的良好匹配。

### 2. 注水补充能量方面

特低渗透油藏地层能量补充是保持大规模压裂效果的一个重要因素，大规模压裂有效改善地层出液情况，也有效地改善了地层注水情况。

#### 1）探索多途径能量有效补充方式

大规模压裂后通过多种方式开展注水补充能量，从而实现压裂井区有效注水开发，注水见效后自然递减得到明显减缓。

（1）压后及时完善注采关系，可进一步提高单井效果。针对兴安岭油层部分井区压裂后，原井网无注水井，及时进行井网综合调整，补开周围布达特群油层水井，对大规模压裂油井进行注水，补充地层能量，延长有效期，共实施补孔 3 口井，目前平均单井日注水 45m³。BX62-54 井于 2014 年 7 月实施大规模压裂，压裂初期日产液 4.6t，日产油 4.6t，含水率 1.0%。2014 年 9 月对井组周围布达特群水井 BB61-62 井兴安岭层实施补孔，井组日注水由 9m³ 上升到 56m³，2015 年 1 月该井注水见效，沉没度由见效前 195m 上升到 433m，日产油由 4.3t 上升到 5.8t。2015 年 4 月对该井实施换大泵生产，日产油由 5.0t 上升到 9.3t，含水率由 19.6% 下降到 4.7%，沉没度保存稳定，目前累计增油 3937t。

（2）弹性开采井区补钻水井，补充地层能量。B14 兴安岭 BX46-50 井区压裂前一直处于弹性开采，油井开发效果差，为改善开发效果，2014 年优选 4 口油井进行大规模压裂，由于压裂前地层能量亏空较大，压裂后油井递减较大，为及时补充地层能量，井区补钻 3 口水井，布达特群水井补孔 1 口，投注后效果好，平均单井日注水达 60m³，目前已有 3 口压裂油井受效（表 4-34）。

表 4-34　BX46-50 井区水井注水状况统计表

| 井号 | 投注时间 | 射开厚度/m | | 投注初期 | | 2018 年 12 月 | | 累计注水 /10⁴m³ |
|---|---|---|---|---|---|---|---|---|
| | | 砂岩 | 有效 | 油压 /MPa | 日注水 /m³ | 油压 /MPa | 日注水 /m³ | |
| BX46-50 | 2016 年 6 月 | 44.7 | 33.0 | 13.7 | 60 | 14.7 | 63 | 6451 |
| B28-B61-76 | 2015 年 10 月 | 28.0 | 16.6 | 16.0 | 50 | 18.6 | 55 | 15565 |
| B49-50 | 2016 年 6 月 | 34.4 | 28.3 | 18.4 | 60 | 18.4 | 80 | 7832 |
| 14B14-XX42-47 | 2016 年 6 月 | 43.3 | 37.6 | 7.0 | 70 | 19.1 | 102 | 7126 |
| 平均 | | 37.6 | 28.9 | 13.8 | 60 | 17.7 | 75 | 9244 |

（3）压后通过撬装提压注水，可实现有效注入。针对部分低注井区无法满足能量补充需要，对水井进行灵活撬装注水，撬装提压后注水量明显上升，周围油井明显见效，取得了较好注入效果。2017 年，分别在 B28 兴安岭、XX1 井区、W33 井区等大规模压裂井区

实施撬装注水 17 口井,日注水由 5m³ 上升到 28m³,注水压力由 18.6MPa 上升到 23.4MPa,累计增注 11.15×10⁴m³(表 4-35)。

**表 4-35 海拉尔油田 2017 年撬装注水效果统计表**

| 类型 | 区块 | 投注井数/口 | 撬装前 | | | 配注/(m³/d) | 撬装初期 | | 2018 年 12 月 | | 撬装累计注水/m³ |
| | | | 压力/MPa | 配注/(m³/d) | 实注/(m³/d) | | 压力/MPa | 实注/(m³/d) | 压力/MPa | 实注/(m³/d) | |
|---|---|---|---|---|---|---|---|---|---|---|---|
| 集成撬装 | XX1 区块 | 8 | 24.6 | 280 | 34 | 530 | 27.9 | 306 | 28.3 | 187 | 49890 |
| | B14 区块 | 5 | 15.6 | 185 | 26 | 295 | 17.4 | 295 | 19.1 | 120 | 45475 |
| 小计 | | 13 | 21.1 | 465 | 60 | 825 | 23.9 | 601 | 24.8 | 307 | 95365 |
| 单井撬装 | B301 | 2 | 10.8 | 25.0 | 0 | 90 | 14.6 | 115 | 15.7 | 73 | 4083 |
| | W108-96 | 1 | 25.0 | 30 | 0 | 80 | 26 | 40 | 27.0 | 48 | 5142 |
| | X3 | 1 | 16.5 | 25 | 8 | 40 | 12 | 40 | 18.2 | 44 | 6899 |
| 小计 | | 4 | 20.8 | 80 | 8 | 210 | 17.5 | 195 | 20.3 | 165 | 16124 |
| 合计 | | 17 | (18.6) | 520 | 68 | 1035 | (22.2) | 796 | (23.4) | 472 | 111489 |

注:括号内为平均值。

(4)压后及时进行注水调整。贝尔油田 X59 井于 2014 年 11 月实施大规模压裂,压裂前日产液 2.0t,日产油 1.4t,周围水井日注水 8m³,压裂后周围水井日注水 112m³,初期日产液 8.0t,日产油 4.6t,日增油 3.2t,含水率 42.3%,3 个月后含水率突升到 99.9%,连续水质化验资料监测结果表明为注入水,先对周围水井 X37 井实施停注,效果不明显,然后对 X61 井实施停注,同时加强 X37-51 方向注水,X59 井含水率由 96.8% 下降到 26.6%,日产油由 0.2t 恢复到 8.4t,注水明显见效。分析产液和吸水剖面,X59 井的主力产液层与 X61 井主力吸水层对应,周期注水见到明显效果。

2)注水受效规律及产量递减规律分析

通过对大规模压裂井区开展对应补孔、撬装注水、补钻及转注、提压注水等多种方式,注水补充压裂井区能量,井区年注水量由 2013 年 4.1×10⁴m³ 提高至 34.5×10⁴m³,注水量提高了近 8 倍(表 4-36,图 4-72)。

**表 4-36 大规模井区注水补充能量工作** (单位:口)

| 区块 | 对应补孔 | 撬装注水 | 新投水井 | 复算压力 | 合计 |
|---|---|---|---|---|---|
| B28X、B14X | 2 | 4 | 5 | 5 | 16 |
| 希 3、希 X1、希 13 | | 8 | | 14 | 22 |
| 乌 33、乌 27 | | 6 | | 5 | 11 |
| B301 | | 2 | 1 | | 3 |
| 合计 | 2 | 20 | 6 | 24 | 52 |

注水明显受效,已注水见效 36 口井(占比 46.2%),其中明显见效井 7 口,弱受效 29 口,受效后单井日产油增加至 3.0t,沉没度明显上升(表 4-37)。统计措施时间长、注水明显见效 12 口油井递减明显减缓,由压后第一年月递减幅度 3.3% 降至 -1.2%,压后三

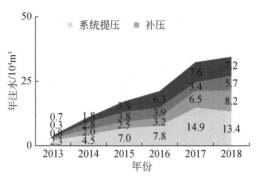

图 4-72　大规模压裂井区历年注水构成

年平均单井累计增油 1908t（图 4-73）。

表 4-37　大规模压裂井注水见效情况统计表

| 分类 | 井数/口 | 压裂有效厚度/m | 压前产油/(t/d) | 措施初期产油/(t/d) | 受效前 | | | 受效后 | | | 目前 | | | 单井累计增油/t |
|---|---|---|---|---|---|---|---|---|---|---|---|---|---|---|
| | | | | | 产液/(t/d) | 产油/(t/d) | 沉没度/m | 产液/(t/d) | 产油/(t/d) | 沉没度/m | 产液/(t/d) | 产油/(t/d) | 沉没度/m | |
| 明显受效 | 7 | 17.1 | 1.2 | 4.4 | 5.0 | 2.8 | 55 | 6.0 | 4.2 | 76 | 5.6 | 2.8 | 156 | 2011 |
| 弱受效 | 29 | 15.9 | 1.0 | 5.4 | 3.5 | 2.4 | 90 | 3.6 | 2.7 | 111 | 2.8 | 1.9 | 75 | 1597 |
| 加权平均（合计） | (36) | 16.1 | 1.0 | 5.2 | 3.8 | 2.5 | 83 | 4.1 | 3.0 | 104 | 3.3 | 2.1 | 91 | 1678 |

注：括号内为合计值。

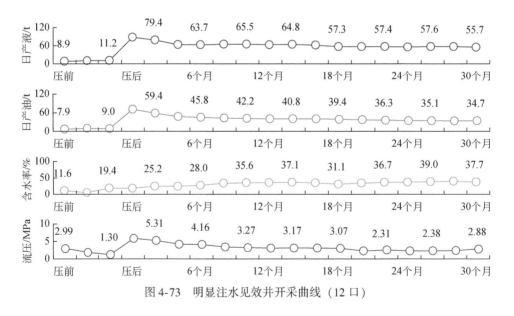

图 4-73　明显注水见效井开采曲线（12 口）

大规模压裂井区注水开发特征如下（图 4-74）：

（1）大规模压裂井与注水井之间为注水井点和改造体之间注水驱替；

（2）以单向注水为主，多为撬装及提压注水，注水前缘推进不均匀；

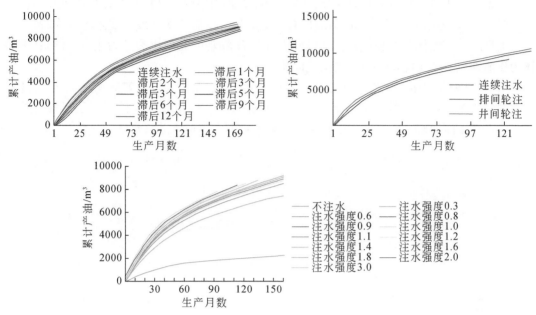

图4-74　不同注水方式井、不同时间注水及不同注水强度累计产油与生产月数关系曲线

（3）人工裂缝方位方向注水受效后易造成含水率突升；

（4）非人工裂缝方位方向注水受效程度较弱。

对20口受效压裂井进行分阶段产量递减拟合，总结大规模压裂井区产量递减规律的主要特征如下（图4-75）。

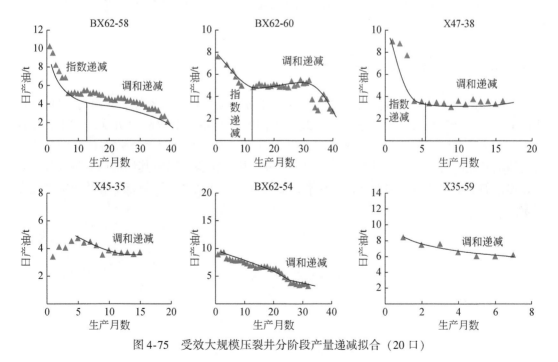

图4-75　受效大规模压裂井分阶段产量递减拟合（20口）

类型一：①第一阶段为指数递减，第二阶段为调和递减；②以集中厚层类型压裂井为主（5口），均为明显受效；③压前地层有一定能量，压后二次受效，整体增油效果好。

类型二：①整体为调和递减；②以砂泥互层及薄差层类型压裂井为主（8口）；③整体为压前地层有一定能量，压后注水缓慢受效。

对15口未受效压裂井进行分阶段产量递减拟合，总结主要特征如下（图4-76）：①未受效井均为第一阶段指数递减，第二阶段调和递减；②以薄差层及砂泥互层压裂井为主（8口）；③压前地层亏空严重，压后井区注采关系不完善或水井吸水能力差。

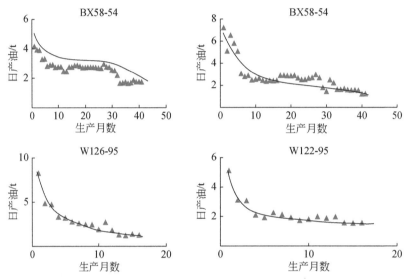

图4-76　未受效大规模压裂井分阶段产量递减拟合（15口）

## 三、大规模压裂技术应用前景

海塔油田大规模压裂试验已经取得了阶段性的成功，有效地改善了低渗透、低丰度、低产量的"三低"油藏开发水平，有效改善了因断层复杂所形成的"分房间注水，骑墙采油"或者"骑墙注水，分房间采油"的开发现状，对无法通过经济效益评价的加密调整的油藏又提出新的出路。目前，海塔油田大规模压裂试验与国内其他油田大规模压裂试验相比，加液量和加砂量均处于较低水平，如何合理设计裂缝参数与施工参数仍需要不断探索。

# 结　束　语

　　海塔油田"小、碎、散、贫、窄"的地质特点，给油田开发带来了许多特殊性和复杂性。无论是在储层描述，还是在有效开发方面难度都极大，可以说是集中了目前开发领域多种难题于一体，没有成功的经验可以借鉴，每一步前进都意味着科技上的创新。在这种情况下，科技人员在海塔盆地勘探开发过程中，坚持解放思想与实事求是，不唯上、不唯书、只唯实，发扬攻坚啃硬精神，不断冲破传统技术束缚，不断向未知领域挑战，取得了一个又一个的重大突破，经受住了复杂地质条件的挑战与考验，形成了一套适合海塔盆地复杂断块油田勘探开发的新思路、新方法。尤其是在湖相滩坝沉积和小型席状砂沉积类型的发现、特低渗透增压注水补充能量技术的形成、薄层水平井体积压裂的尝试以及$CO_2$混相驱技术和空气驱的有效探索方面均取得显著成果。不仅颠覆了国际上主流关于湖相沉积形成的观点，开创了断陷湖盆沉积研究的一个新阶段，而且使大量以往认为无法动用的难采无效益储量实现了有效且高效动用，近两年在油田看不到希望的背景下，出现了大批高产井，百吨井也接二连三地涌现，充分证明理论和认识贴近了客观实际，试验探索得到了回报。

　　油田经过多年的滚动开发实践，不仅储备了一些适应油田开发的创新技术，更重要的是培养和锤炼了一支政治素养高、专业技能过硬、能打硬仗的年轻技术队伍。扬帆起航正当时，砥砺前行铸辉煌，面对油田未来上产发展的新形势，海塔石油人将迈着更加自信的步伐，唱响我为祖国献石油的主旋律。

# 参 考 文 献

柏松章，唐飞，1997. 裂缝性潜山基岩油藏开发模式 [M]. 北京：石油工业出版社.

曹瑞成，陈章明，1992. 早期勘探区断层封闭性评价方法 [J]. 石油学报，13 (1)：13-22.

陈果，彭军，2005. 中国非构造油气藏研究现状 [J]. 大庆石油地质与开发，24 (3)：1-4.

陈守田，刘招君，崔凤林，等，2002. 海拉尔盆地含油气系统 [J]. 吉林大学学报（地球科学版），
32 (2)：151-154.

陈铁龙，蒲万芬，2001. 油田稳油控水技术论文集 [M]. 北京：石油工业出版社.

程杰成，朱维耀，姜洪福，2008. 特低渗透油藏 $CO_2$ 驱油多相渗流理论模型研究及应用 [J]. 石油学报，
29 (2)：246-251.

程杰成，姜洪福，雷友忠，等，2016. 苏德尔特油田强水敏储集层 $CO_2$ 混相驱试验 [J]. 新疆石油地质，
37 (6)：694-696.

崔鑫，李江海，姜洪福，等，2016. 断陷盆地内构造带对油气聚集的控制作用——以海拉尔盆地霍多莫
尔构造带为例 [J]. 石油实验地质，38 (1)：41-47.

崔鑫，姜洪福，王运增，等，2018. 海拉尔盆地贝尔凹陷中部隆起带控藏因素及成藏模式 [J]. 断块油
气田，25 (5)：555-558.

崔鑫，姜洪福，李艳磊，2019. 贝尔凹陷扇三角洲河道砂体刻画及油气勘探开发意义 [J]. 科学技术与
工程，19 (17)：146-155.

邸世祥，祝总祺，等，1991. 碎屑岩储集层的孔隙结构及其成因与对油气运移的控制作用. 西安：西北
大学出版社.

窦让林，2002. 大型水利压裂在文东低渗透油田老井重复改造中的应用 [C]. 石油工程协会 2001 年度技
术文集. 北京：石油工业出版社.

范柱国，李峰，谭树成，2002. 丽江–大理地区新构造运动及环境效应 [J]. 大地构造与成矿学，6 (1)：
6-9.

冯志强，张晓东，任延广，等，2004a. 海拉尔盆地油气成藏特征及分布规律 [J]. 大庆石油地质与开
发，1 (5)：9-12.

冯志强，任延广，张晓东，等，2004b. 海拉尔盆地油气分布规律及下步勘探方向 [J]. 中国石油勘探，
1 (4)：9-12.

付红军，姜洪福，王运增，等，2019. 断–砂配置侧向输导油气能力研究方法的改进及应用 [J]. 石油与
天然气地质，40 (5)：1-8.

高慧梅，何应付，周锡生，2009. 注二氧化碳提高原油采收率技术研究进展 [J]. 特种油气藏，16 (1)：
7-9.

高名修，1988. 东北晚新生代地裂运动与浅震深震及火山活动 [J]. 东北地震研究，4 (3)：5-7.

高瑞祺，赵政璋，2001. 中国油气新区勘探 [M]. 北京：石油工业出版社.

龚再生，杨甲明，1999. 油气成藏动力学及油气运移模型 [J]. 中国海上油气（地质），13 (4)：
235-239.

胡文瑞，2009. 中国低渗透油气的现状与未来 [J]. 中国工程科学，11 (8)：29-35.

黄福堂，冯子辉，1998. 储层有机地球化学及油气运移特征 [J]. 大庆石油地质与开发，17 (1)：4-7.

贾东，陈竹新，张惬，等，2005. 东营凹陷伸展断弯褶皱的构造几何学分析 [J]. 大地构造与成矿学，
29 (3)：295-302.

姜洪福，2018. 特低渗透油藏注空气开发的机理认识及应用效果 [C] //西安石油大学，陕西省石油学
会. 2018 油气田勘探与开发国际会议（IFEDC 2018）论文集：5.

姜洪福, 张世广, 2014. 复杂断块油田高分辨率层序地层学及砂体几何学特征——以海塔盆地贝尔凹陷呼和诺仁油田贝301区块南屯组二段为例 [J]. 吉林大学学报 (地球科学版), 44 (5): 1419-1431.

姜洪福, 王梓媛, 师永民, 等, 2015. 东河塘滨岸砂体蒸发泵吸作用与钙质隔夹层形成 [J]. 北京大学学报 (自然科学版), 51 (5): 857-862.

姜洪福, 王运增, 刘秋宏, 等, 2016. 大规模压裂技术在特低渗透油藏开发中的应用 [J]. 大庆石油地质与开发, 35 (2): 70-74.

焦养泉, 周海民, 1996. 断陷盆地多层次幕式裂陷作用与沉积充填响应 [J]. 地球科学, 21 (6): 635.

揭克常, 1997. 东胜堡变质岩油藏 [M]. 北京: 石油工业出版社.

劳斌斌, 刘月田, 屈亚光, 等, 2010. 水力压裂影响因素的分析与优化 [J]. 断块油气田, 17 (2): 225-228.

雷茂盛, 林铁峰, 1999. 松辽盆地断裂纵向导流性浅析 [J]. 石油勘探与开发, 26 (1): 32-35.

雷群, 赵振峰, 2000. 长庆低渗透油田压裂工艺技术 [J]. 低渗透油气田, 5 (3): 70-78.

雷群, 胥云, 蒋廷学, 等, 2009. 用于提高低-特低渗透油气藏改造效果的缝网压裂技术 [J]. 石油学报, 30 (2): 237-241.

李道品, 1997. 低渗透油田开发概论 [J]. 大庆石油地质与开发, 16 (3): 33-37.

李道品, 2003. 低渗透油田高效开发决策论 [M]. 北京: 石油工业出版社.

李道品, 罗迪强, 刘玉芬, 等, 1997. 低渗透砂岩油田开发 [M]. 北京: 石油工业出版社.

李德荣, 杨书安, 1975. 试论不同力学性质的断裂构造的富水部位及富水性 [J]. 地球科学, (3): 200-229.

李建伏, 徐国权, 张履桥, 2002. 内蒙古海拉尔-二连盆地群含煤地层层序和聚煤盆地类型的划分 [J]. 内蒙古地质, 10 (3): 35-38.

李丕龙, 庞雄奇, 2004. 陆相断陷盆地隐蔽油气藏形成——以济阳拗陷为例 [J]. 北京: 石油工业出版社.

李丕龙, 张善文, 王永诗, 等, 2003. 多样性潜山成因、成藏与勘探 [M]. 北京: 石油工业出版社.

李庆昌, 吴虹, 1997. 砾岩油田开发 [M]. 北京: 石油工业出版社.

李士奎, 朱焱, 2004. 砂岩油田水驱开发研究文集 [M]. 北京: 石油工业出版社.

李勇明, 赵金洲, 岳迎春, 等, 2010. G43断块油藏整体压裂技术研究与应用 [J]. 断块油气田, 17 (5): 611-613.

李子顺, 杨玉峰, 1996. 应用地球物理资料研究含油气系统的尝试 [J]. 石油地球物理勘探, 31 (4): 564-568.

林仲虔, 1992. 海拉尔盆地侏罗-白垩系砂岩储集层的成岩作用研究 [J]. 石油实验地质, 14 (3): 227-235.

刘春喜, 王始波, 2002. 海拉尔盆地断层封闭性研究 [J]. 大庆石油地质与开发, 11 (3): 20-21.

刘丁曾, 王启民, 1996. 大庆多层砾岩油田开发 [M]. 北京: 石油工业出版社.

刘树根, 赵锡奎, 罗志立, 1992. 内蒙古海拉尔盆地拉张史分析 [J]. 成都地质学院学报, 19 (1): 34-41.

刘泽容, 1998. 断块群油气藏形成机制和构造模式 [M]. 北京: 石油工业出版社.

龙永文, 王洪艳, 1998. 海拉尔盆地超薄砂、泥岩复层油层 [J]. 大庆石油地质与开发, 17 (5): 19-20.

卢双舫, 付广, 王朋岩, 2002. 天然气富集主控因素的定量研究 [M]. 北京: 石油工业出版社.

吕延防, 陈章明, 陈发景, 1995. 非线性映射分析判断断层封闭性 [J]. 石油学报, 16 (2): 36-41.

吕延防, 付广, 高大岭, 等, 1996. 油气藏封盖研究 [M]. 北京: 石油工业出版社.

罗笃清，姜贵周，1993. 松辽盆地中新生代构造演化 [J]. 大庆石油学院学报，17（1）：11-13.

罗群，庞雄奇，2003. 凹陷盆地群的含油气系统特征——以海拉尔盆地乌尔逊、贝尔凹陷为例 [J]. 新疆石油地质，24（1）：27-30.

马淑华，2008. 辽河低渗透油层压裂工艺探讨和应用 [J]. 科技信息，26（3）：387-388.

潘元林，孔凡仙，杨申镳，等，2001. 中国隐蔽油气藏 [M]. 北京：地质出版社.

蒲仁海，2002. 断陷湖盆层序地层学的几点进展 [J]. 石油与天然气地质，10（4）：410-414.

沈平平，廖新维，2009. 二氧化碳地质埋存与提高油气采收率技术 [M]. 北京：石油工业出版社.

沈平平，杨永智，2006. 温室气体在石油开采中资源化利用的科学问题 [J]. 中国基础科学，8（3）：23-31.

史成恩，潘增耀，2000. 特低渗透油田开发的主要做法 [J]. 低渗透油气田，5（3）：57-69.

史成恩，熊维亮，朱圣举，2005. 创新油田开发技术提高特低渗透油田开发效果 [R]. 中国石油学会油气田开发技术大会暨中国油气田开发科技进展与难采储量开采技术研讨会：19.

孙焕泉，曲岩涛，2000. 胜利油区砂岩储集层敏感性特征研究 [J]. 石油勘探与开发，4（5）：30-32.

汪伟英，唐周怀，2001. 储层岩石水敏性影响因素研究 [J]. 江汉石油学院学报，6（2）：23-25.

王宝玲，汪桂娟，2000. 储层损害对阿南油田注水受效影响 [J]. 钻井液与完井液，10（5）：23-27.

王华芳，曲中英，1997. 王庄变质岩油藏 [M]. 北京：石油工业出版社.

王家亮，张金川，张杰，等，2003. 海拉尔盆地贝尔凹陷的油气运聚分析 [J]. 现代地质，17（4）：459-465.

王升兰，姜在兴，邱隆伟，等，2014. 现代滩砂沉积特征及其对油气勘探的启示 [J]. 油气地质与采收率，21（1）：16-19.

王涛，姚约东，李相方，等，2008. 二氧化碳驱油效果影响因素与分析 [J]. 中国石油和化工，24（1）：31-33.

王永昌，姜必武，马延风，等，2005. 安塞油田低渗透砂岩油藏重复压裂技术研究 [J]. 石油钻采工艺，27（5）：78-80.

王正来，姜洪福，关琳琳，等，2015. 海拉尔盆地复杂断块油藏优势储层形成机理探讨 [J]. 岩性油气藏，27（1）：26-31.

温庆志，张世诚，王雷，等，2005. 支撑剂嵌入对裂缝长期导流能力的影响研究 [J]. 天然气工业，25（5）：65-68.

伍英，陈均亮，张莹，2009. 海拉尔–塔木察格盆地构造带与油气关系 [J]. 大庆石油学院学报，33（3）：31-35.

肖淑蓉，张跃明，2000. 辽河盆地基岩潜山油藏裂缝型储层特征 [J]. 中国海上油气（地质），14（2）：108-111.

谢泰俊，2000. 琼东南盆地天然气输导体系及成藏模式 [J]. 勘探家，5（1）：17-21.

辛仁臣，2000. 油藏成藏年代学分析 [J]. 地学前缘，7（3）：48-54.

许志刚，陈代钊，曾荣树，2007. $CO_2$ 的地质埋存与资源化利用进展 [J]. 地球科学进展，22（7）：698-707.

阎庆来，何秋轩，尉立岗，等，1990. 低渗透油层中单相液体渗流特征的实验研究 [J]. 西安石油学院学报，5（2）：1-4.

燕列灿，2000. 确定含油气系统关键时刻研究方法的探讨 [J]. 新疆石油地质，21（4）：270-274.

姚凯，党龙梅，唐汝众，等，2004. 史 103 断块小井距整体压裂技术先导试验 [J]. 特种油气藏，11（2）：63-65.

尹志军，彭仕密，高荣杰，2001. 裂缝性油气储层定量综合评价 [J]. 石油天然气地质，15（3）：

21-25.

于秀英, 杨懋新, 王革, 2004. 乌尔逊断陷构造演化与含油气系统 [J]. 大庆石油地质与开发, 23 (3): 14-16.

张长俊, 龙永文, 1995. 海拉尔盆地沉积相特征与油气分布 [M]. 北京: 石油工业出版社.

张成, 魏魁生, 2005. 乌尔逊凹陷南部层序地层特征及成藏条件 [J]. 石油学报, 26 (2): 47-52.

张吉光, 1992. 海拉尔盆地构造特征与含油气探讨 [J]. 大庆石油地质与开发, 11 (3): 15-20.

张吉光, 2002a. 乌尔逊凹陷沉积成岩体系与油气分布 [J]. 古地理学报, 4 (3): 475-481.

张吉光, 2002b. 海拉尔盆地不整合的形成及其油气地质意义 [J]. 大庆石油地质与开发, 1 (5): 8-10.

张吉光, 陈萍, 1994. 贝尔湖拗陷构造迁移与油气分布 [J]. 石油勘探与开发, 21 (2): 16-21.

张吉光, 张宝玺, 2002. 乌尔逊–贝尔断陷油气藏类型与勘探方法探讨 [J]. 石油勘探与开发, 29 (3): 48-50.

张吉光, 张宝玺, 陈萍, 1998. 海拉尔盆地苏仁诺尔成藏系统 [J]. 石油勘探与开发, 25 (1): 25-28.

张吉光, 彭苏平, 张宝玺, 等, 2002. 乌尔逊–贝尔凹陷油气藏类型与勘探方法 [J]. 石油勘探与开发, 29 (3): 1-4.

张丽媛, 刘立, 曲希玉, 等, 2010. 海拉尔盆地乌尔逊凹陷含片钠铝石砂岩捕获 $CO_2$ 总量的估算 [J]. 地质科技情报, 29 (1): 108-111.

张青林, 任建业, 王明君, 2005. 松辽盆地十屋断陷反转构造与油气聚集 [J]. 大地构造与成矿学, 29 (2): 182-188.

张人权, 梁杏, 杨巍然, 1997. 中国第四纪构造活动强度增长的样式 [J]. 地学前缘, 4 (3-4): 290.

张晓东, 刘光鼎, 王家林, 1994. 海拉尔盆地的构造特征及其演化 [J]. 石油实验地质, 16 (2): 119-127.

张照录, 王华, 杨红, 2000. 含油气盆地的输导体系研究 [J]. 石油与天然气地质, 21 (2): 133-135.

赵惊蛰, 李书恒, 屈雪峰, 等, 2005. 特低渗透油藏开发压裂技术 [J]. 石油勘探与开发, 26 (5): 93-95.

赵忠新, 王华, 郭齐军, 等, 2002. 油气输导体系的类型及其输导性能在时空上的演化分析 [J]. 石油实验地质, 24 (6): 527-532.

周鹏, 2012. 低渗透油藏水力压裂井数值模拟方法研究与应用 [D]. 成都: 西南石油大学.

周文, 1996. 海拉尔盆地乌尔逊、贝尔断陷泥岩类破裂作用研究 [J]. 天然气工业, 16 (3): 20-23.

周文, 刘文碧, 程光瑛, 1994. 海拉尔盆地泥岩盖层演化过程及封闭机理探讨 [J]. 成都理工学院学报, 21 (2): 62-70.

周晔, 段玉秀, 2001. 强水敏地层提高注水能力的预处理技术 [J]. 河南石油, 8 (1): 31-33.

朱平, 王成善, 1995. 海拉尔盆地碎屑储集岩成岩变化与孔隙演化关系 [J]. 矿物岩石, 15 (2): 41-46.

朱伟林, 1995. 从近年来 AAPG 年会看含油气盆地研究的主要趋向 [J]. 地学前缘, 2 (2): 259-261.

朱战军, 周建勋, 2004. 雁列构造是走滑断层存在的充分依据? ——来自平面砂箱模拟实验的启示 [J]. 大地构造与成矿学, 8 (2): 142-148.

Ambati P, Ayyanna C, 2001. Optimizing medium constituents and fermentation conditions for citric acid production from palmyra jaggery using response surface method [J]. World Journal of Microbiology and Biotechnology, 17: 331-335.

Annadurai G, 2000. Design of optimum response surface experiments for adsorption of direct dye on chitosan [J]. Bioprocess Engineering, 23: 451-455.

Bekele E, Person M, de Marsily G, 1999. Petroleum migration passways and charge concentration: a three dimensional model: discussion [J]. AAPG Bulletin, 83: 1015-1019.

Berg R R, Avery A H' 1995. Sealing properties of Tertiary growth faults, Texas Gulf coast [J]. AAPG Bulletin, 79 (3): 375-393.

Bouvier J D, 1989. Three dimensional seismic interpretation and fault sealing investigation, Num Rier field, Nigeria [J]. AAPG Bulletin, 73 (11): 1397-1414.

Bryant D W, Monger T G, 1988. Multiple-contact phase behavior measurement and application with mixtures of $CO_2$ and highly asphaltic crude [J]. SPE Reservoir Engineering, 3 (2): 701-710.

DeMeo M, Laget M, Mathieu D, 1985. Application of experimental designs for optimization of medium and culture conditions in fermentation [J]. Bioscience, 4: 99-102.

Downey M W, 1984. Evaluation seals for hydrocarbon accumulations [J]. AAPG Bulletin, 68 (11): 1752-1763.

Dreger T, Scheie A, Walderhung O, 1990. Nlinipermeter-based study of permeability trends in channel sand bodies [J]. AAPG Bulletin, 74: 359-374.

Englezos P, Lee J D, 2005. Gas hydrates: a cleaner source of energy and opportunity for innovative technologies [J]. Korean Journal of Chemical Engineering, 22 (5): 671-681.

Enick R M, Holder G D, Pittsburgh U O, et al. 1987. Four-phase flash equilibrium calculations using the Peng-Robinson equation of state and a mixing rule for asymmetric systems [J]. SPE Reservoir Engineering, 2 (4): 687-694.

Ester R G, Alvaro B N, Alberto C B J, 2001. Optimisation of medium composition for clavulanic acid production by Streptomyces clavuligerus [J]. Biotechnology Letters, 23: 157-161.

Gibson R G, 1994. Fanlt-zone seals in siliciclastic strata of the Columbus Basin, offshore Trinidad [J]. AAPG Bulletin, 78 (9): 1372-1385.

Iqbal G M, Tiab D, 1989. Effect of dispersion on miscible flow in heterogeneous porous media [J]. Joumal of Petroleum Science & Engineering, 3 (1-2): 47-63.

Kassen J H, 1996. Practical consideration in developing numerical simulators for thermal recovery [J]. Journal of Petroleum Science and Engineering, 15: 281-290.

Knott S D, 1994. Fault seal analysis in the North Sea [J]. AAPG Bulletin, 78 (2): 778-792.

Lang K R, Biglarbigi K, 1994. Potential for additional carbondioxide flooding projects in the Permian basin [C]. Proceedings-SPE Symposium on Improved Oil Recovery: 193-201.

Lee K H, EI-Saleh M M, 1990. Full-field numerical modeling study for the ford geraldine unit $CO_2$ flood [C]. Proc SPE DOE Seventh Symp Enhanced Oil Recovery: 517-528.

Malone M R, 2001. Fracturing with crosslinked methanol in water-sensitive formations [C]. SPE Permian Basin Oil & Gas Recovery Conference. DOI: 10: 2118/70009-MS.

Merritt M B, Groce J F, 1990. Case history of the hanford san andres miscible $CO_2$ project [C]. Proc SPE DOE Seventh Symp Enhanced Oil Recovery: 541-548.

Negahban S, Shiralkar G S, Gupta S P, et al., 1990. Simulation of the effects of mixing in gasdrive core tests of reservoir fluids [C]. SPE Reservoir Engineering, 5 (3): 402-408.

O'Brien J, Kilbride F, Lim F, 2004. Time-lapse VSP Reservoir monitonring [J]. Leading Edge, 23 (11): 1178-1184.

Rama P, Reddy M, Reddy G, 1999. Production of thermostable pullulanase by Clostridium thermosulfurogenes SV2 in solid-state fermentation: optimization of nutrients levels using response surface methodology [J]. Bioprocess Engineering, 21: 497-503.

Smith D A, 1980. Sealing and nonsealing faults in Louisiana Gulf Coast salt basin [J]. AAPG Bulletin, 6 (2): 145-172.

Smith D A, 1996. Theoretical consideration of sealing and nonsealing faults [J], AAPG Bulletin, 5 (1): 14-27.

Weaber K J, Daubkora E, 1975. Petroleum geology of the Niger Delta [J]. 9th Word petrol Congress, 2643-2653.

Yielding G, Frcedma B, Necdham D T, 1997. Quantitative fault seal prediction [J]. AAPG Bulletin, 81 (6): 897-917.